天津市科技计划项目（18PTZWHZ00150）

生物质资源化利用国家地方联合工程研究中心(南开大学)项目

现代生物质资源化应用技术

李维尊　编著

Contemporary Applied Technology on Biomass Utilization

化学工业出版社

·北京·

内容简介

《现代生物质资源化应用技术》从生物质固体废物的资源化、高值化利用入手，详细分析了现有的生物质固体废物主要处理处置方法及前沿技术。本书针对不同的原料与产品重点介绍了好氧堆肥技术、厌氧发酵技术、蚯蚓堆肥技术、生物质热解气化技术等当前主流工艺技术，同时针对学术前沿介绍了基于沸石的生物质炼制技术、光催化生物质高值转化技术以及生物炭复合材料等前沿处置技术。

本书可以供环境工程、资源循环科学与工程科研人员以及从事相关生产应用的工程技术人员阅读参考。

图书在版编目（CIP）数据

现代生物质资源化应用技术/李维尊编著. —北京：化学工业出版社，2021.6
ISBN 978-7-122-38985-5

Ⅰ.①现… Ⅱ.①李… Ⅲ.①生物能源-能源利用-研究 Ⅳ.①TK6

中国版本图书馆 CIP 数据核字（2021）第 072504 号

责任编辑：满悦芝　　　　　　　　　文字编辑：王　琪
责任校对：李　爽　　　　　　　　　装帧设计：张　辉

出版发行：化学工业出版社（北京市东城区青年湖南街 13 号　邮政编码 100011）
印　　装：北京建宏印刷有限公司
787mm×1092mm　1/16　印张 10¾　字数 259 千字　2021 年 9 月北京第 1 版第 1 次印刷

购书咨询：010-64518888　　　　　售后服务：010-64518899
网　　址：http://www.cip.com.cn
凡购买本书，如有缺损质量问题，本社销售中心负责调换。

定　价：78.00 元

前　言

　　生物质是由植物、微生物以及以植物、微生物为食物的动物及其产生的废弃物组成的，主要包括农作物、农作物废弃物、木材、木材废弃物和动物粪便。生物质具有可再生性、低污染性、广泛分布等特点。生物质失去其原来价值或在一定时空中未能被利用，从而导致被搁置的状态，因其为固态，由此形成了生物质固体废物（全书简称"固废"）。作为一种可再生的生物质资源，木质纤维素等有机物质不仅存量丰富，而且十分廉价。受传统生产方式和生活习惯的影响，目前我国生物质固废利用率只有约30％，处理后再被利用的生物质资源也很少，相当数量的生物质秸秆资源被废弃或焚烧，不仅造成资源浪费，还污染空气。

　　生态文明作为人类文明的新形态，是人与自然和谐共赢的文明，也是绿水青山向金山银山转化的动力，更是全面建设小康社会和精准扶贫的重点要求。随着生态文明建设的不断深入，以生物质为纽带来建设生态文明独具优势，生物质的无害化、减量化、资源化与生态文明建设之间存在着重要的辩证关系，如能有效利用生物质资源，可有效减少生物质固废堆积、填埋、焚烧等带来的污染，更具有显著的经济效益、社会效益、环境效益、生态效益。

　　生物质资源化利用国家地方联合工程研究中心（南开大学）是依托南开大学成立的国家级工程研究中心。中心成立伊始就致力于生物质固废的高值转化与利用，中心集科学研究与产业转化于一身，以落实创新驱动发展战略要求，利用南开大学科研优势，汇聚各方研究力量，针对城乡生物质固废资源化利用问题开展研究，形成系列创新成果；通过技术创新促进产业技术进步和结构调整，服务地方现代化建设，提升区域发展竞争力。

　　本书从生物质固废的资源化、高值化利用入手，详细分析了现有的生物质固废主要处理处置方法及前沿技术。本书针对不同的原料与产品重点介绍了好氧堆肥技术、厌氧发酵技术、蚯蚓堆肥技术、生物质热解气化技术等当前主流工艺技术，同时针对学术前沿介绍了基于沸石的生物质炼制技术、光催化生物质高值转化技术以及生物炭复合材料等前沿处置技术。

本书由李维尊编著，在本书的编写过程中得到杨茜、韦良焕、黄访、陈昱、候其东、刘乐等的帮助。本书还参考了相关领域的著作、教材、文献、专利，在此向有关作者致以谢忱。

　　由于作者水平所限，书中难免存在不足和疏漏之处，希望得到专家、学者及广大读者的批评指正。

编著者

2021 年 5 月

目 录

第1章 概 述

1.1 生物质固废

生物质（biomass）主要是指能通过光合作用将二氧化碳（CO_2）和水（H_2O）转变为葡萄糖，在实现光能储存的同时，将葡萄糖聚合为木质纤维素（纤维素、半纤维素、木质素）和淀粉等有机化合物。人类利用生物质进行生产和消费的过程中产生的废弃物就是生物质固废：包括粮食、果实的农作物（秸秆、果树等）以及农产品加工副产物和废弃物；林业生产过程中丢弃的木屑、树皮、树枝和树叶等；畜禽养殖产生的粪便等。

生物质固体废物简称生物质固废，具有固体废物和生物质资源两种属性，其主要来源于动植物以及可被微生物降解的固体废物，包括种植/养殖业固废、林业固废、工业生产中所涉及的生物质固废、城市与农村生活中的生物质固废等。由于生物质固废中含有大量的生物质能，若能将其高效利用将对环境和经济的可持续发展具有重要意义。

当前能源短缺、燃料枯竭日益加重，环境污染日趋严重，上述问题已成为制约世界发展的重要问题。可持续的经济和工业的增长需要可再生能源的支持，逐步减小对化石燃料的依赖。伴随着各国经济产业结构调整，环保产业及相关政策亦随之而动，依托生物质固废，利用节能、高效技术和生产工艺实现生物质固废的无害化、减量化、资源化、能源化利用，开发出能够替代或部分替代传统资源的能源、化工产品和材料，有效缓解环境污染与经济发展的矛盾，已成为各国学者重点攻关的研究领域。

1.2 生物质固废木质纤维素结构特点

生物质固废的主要组成成分是木质纤维素类有机化合物。通常该类物质主要由三部分组成，分别为纤维素、半纤维素、木质纤维素（以下简称木质素）（图1-1），自然界中约90%的植物生物质是非粮食贮备物质。半纤维素主要是由 C_5 和 C_6 为基本单元的多糖组成，这种生物聚合物主要用于生产生物质能源和呋喃等高值化合物的中间体。由于纤维素是由 β-1,4-

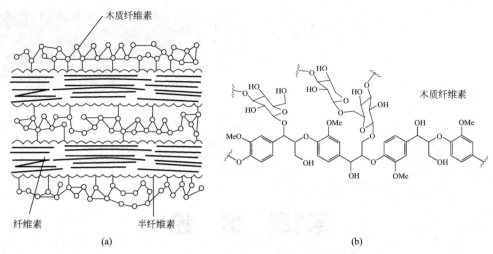

图 1-1　植物中纤维素、半纤维素、木质纤维素的连接结构示意图和木质纤维素的化学结构示意图

（a）纤维素、半纤维素、木质纤维素的连接结构示意图；（b）木质纤维素的化学结构示意图

纤维素

半纤维素

愈创木基结构

紫丁香基结构

对羟苯基结构

木质素基本单元

木质素

图 1-2　纤维素/半纤维素、硬木质素和软木质素的结构示意图

葡苷键组成的大分子物质，纤维素经裂解后也能用于生产生物乙醇燃料以及脂肪族化合物等高热值产品。木质素由复杂的芳香族大分子构成，通常是由松柏醇、香豆醇和芥子醇三种苯丙醇基本单元组成。上述三种醇类物质通过化学键相互连接形成了三维空间结构，根据醇羟基的含量将木质素分为硬木木质素、软木木质素。松柏醇是构成软木质素的主要物质，约占90%；硬木质素中芥子醇和松柏醇各占约50%，然而也有一些例外情况。正是由于木质素的不规则交联结构，植物才能够抵御微生物、水以及常规化学品的侵蚀。在木质纤维素中，木质素利用不够充分，由于其具有高热值的特点，木质素一直被用于传统的纸浆制造工业。木质素中含有大量的芳香环结构单元，并通过 β-O-4（主要结构）、β-β、β-1、4-O-5 等化学键（图 1-2）相互连接，这种特殊结构吸引了大量科学家的关注。

1.3 合理开发生物质固废资源的意义

1.3.1 在国民经济中的意义

能源问题举世瞩目。能源是人类生存不可或缺的重要资源，能源发展与经济发展息息相关。能源战略是国家的经济命脉和社会发展的重要战略，同时也是可持续发展战略和现代化经济建设的重要基础。化石能源是全球各个国家主要消耗的能源，每年占全球能源消耗的80%以上。然而，近年来随着化石能源的不断消耗和价格的上涨，以及温室气体的大量产生，使得世界各国对开发更加清洁的可再生能源的需求不断增加。因此，开发节能减排技术、实现可再生能源高效利用成为了解决能源安全与生态环保问题的必经之路。中国自改革开放以来，工业化、城市化速度加快，产业结构不断升级，经济持续高速增长已取得了举世瞩目的成就。在发展的同时，我国对能源的需求也在急剧增长，现已成为世界第一大能源消费国，且能源供需缺口越来越大。同时，中国对新能源的开发、利用尚显不足。

生物质能源由于不会净增温室气体的排放且在一定范围内维持甚至增加陆地土壤的碳储量（如生物质固废制备有机肥的回填再使用），使其不同于太阳能、风能、地热能、核能等新能源，从而具有解决化石能源枯竭和全球环境污染问题的潜能，这也对协调能源和环境问题、调整经济结构、构建低碳经济有重要作用，是实现可持续发展的重要措施。在过去的十年中，全球多数国家陆续颁布了关于新能源与环境的政策，大力推动生物质能的发展，同时也推动社会经济的不断转型发展。然而，据 FAO 数据显示，伴随着生物质能的发展，利用食用或饲料的加工物（如玉米、大豆等）生产生物燃料，国家和地区将会面临粮食安全的问题。但是，合理利用生物质生产和消费过程中产生的废弃物（生物质固废），则能有效缓解能源、经济发展和与人争粮之间的矛盾。

随着各国对生物质固废的深入研究，生物质固废的开发和利用均取得了巨大进步。通过发酵回收生物质固废中的生物能，将生物质固废转变为新能源（沼气、氢气、乙醇）以及重要的化工平台化合物（如 5-羟甲基糠醛等），实现变废为宝，不仅能产生良好的环境效益，还能在生态的可持续发展中起到重要作用，对国家社会经济的发展也有重要的推动作用。一方面，石油短缺和国际原油价格的不断上涨，由生物质获得的沼气、氢气、生物乙醇、5-羟甲基糠醛等产品能够与化石燃料在市场上形成直接竞争；另一方面，在农产品市场上，利用生物质固废制造的有机肥还田再利用能与传统化肥形成拮抗竞争。目前，中国正在进行社会主义新农村建设，沼气的发展是解决我国农村能源的基本途径之一。沼气的发展在新农村建设中具有改善农村环境、提供有机肥料、改善人民生活环境、沼渣作为饲料等生态效益、经济效益和社会效益。并且，根据不同地区也提出了不同的发展模式。例如，根据新疆的特点提出了生态节能型家庭农场模式，这逐渐成为新疆农业发展的一个趋势，具体包括生产区的"种养结合"生态农业模式和生物区的"四位一体"节能型模式；根据南方的特点，提出了"猪-沼-果"的生态模式，对当地农业循环经济的发展起到了很大的推动作用。我国在"十三五"期间，将重点发展生物质产业并实现规模化发展，这将带动我国新型城镇化建设，促进农村经济发展。目前，北美和欧洲一些发达国家的学者对生物质能源开发的经济性问题进行了深入研究，主要包括生物质原料供应成本优化、生产成本控制以及市场推广。

1.3.2 在能源结构调整中的意义

技术成熟、应用广泛的生物质能产业将在应对全球气候变化、缓解能源供需矛盾、保护生态环境等方面发挥着重要作用。生物质能源在世界能源消耗中居第四位，仅次于煤炭、石油、天然气，占世界总能耗的 15%～18%，成为国际能源转型的重要力量。虽然生物质能源资源丰富，具有很大的开发潜力，但是整体开发率却很低。加快推进生物质能的分布式开发利用，是能源生产和消费革命的重要内容，是改善环境质量、发展循环经济的重要任务。

在中国，生物质能源来源广、分布广，主要涉及薪柴、农作物秸秆、畜禽粪便、城市污泥、餐厨垃圾、园林绿化垃圾以及新能源产物（如藻类、水葫芦）等。调研表面，我国可作为能源利用的生物质固废（如秸秆、农林业加工剩余物、生活垃圾与有机废弃物等）总量每年约 4.6 亿吨标准煤。以农作物秸秆为例，据不完全统计，仅 2015 年和 2016 年中国农作物秸秆的产量分别高达 8.5 亿吨和 7.9 亿吨。"十二五"时期，中国生物质能产业发展较快，开发利用规模不断扩大，生物质发电和液体燃料的生产形成一定规模。生物质成型燃料、生物天然气等发展已起步，并呈现良好势头。"十三五"时期，能源转型升级，为生物质能产业化发展带来了重要机遇。截至 2019 年 6 月底，生物质发电累计装机达到 1995.4 万千瓦，其中农林生物质发电装机 915.5 万千瓦，垃圾发电装机 1005.9 万千瓦，沼气发电 74.0 万千瓦。2020 年，生物质能利用量约 5800 万吨标准煤。生物质发电和液体燃料产业已形成一定规模，生物成型燃料、生物天然气等产业已起步，并呈现良好的发展态势。表 1-1 是中国生物质能的利用现状。

表 1-1　中国生物质能利用现状

利用方式	利用规模		年产量		折标煤 /(万吨/年)
	数量	单位	数量	单位	
生物质发电	1030	万千瓦	520	亿千瓦时	1520
户用沼气	4380	万户	190	亿立方米	1320
大型沼气工程	10	万处			
生物质成型燃料	800	万吨			400
生物燃料乙醇	—	—	210	万吨	180
生物柴油			80	万吨	120

生物质能是唯一可转化成多种能源产品的新能源，通过处理废弃物直接改善当地环境，是发展循环经济的重要内容，综合效益明显。但从资源和发展潜力来看，生物质能总体仍处于发展初期。根据"十三五"规划的内容，生物质能的发展趋势如下。

① 生物质能多元化分布式应用成为世界上生物质能发展较好国家的共同特征。

② 生物天然气与成型燃料供热技术和商业化运作模式基本成熟，逐渐成为生物质能重要的发展方向。生物天然气不断拓展到车用燃气和天然气供应等市场领域。生物质供热在中、小城市和城镇应用空间不断扩大。

③ 生物液体燃料向生物基化工产业延伸，技术重点向利用非粮生物质资源的多元化生物炼制方向发展，形成燃料乙醇、混合醇、生物柴油等丰富的能源衍生替代产品，不断扩展到航空燃料、化工基础原料等应用领域。

1.4　本书编写的指导思想和原则

根据《政府工作报告》、"十三五"规划纲要和近年来的中央一号文件相关内容，推进新型城镇化、推进农业现代化、加快改善生态环境、优化现代产业体系，是关系人民福祉、关乎民族未来的长远大计。为全面贯彻党的十八大、十九大以及中央经济工作会议的精神，坚持创新、协调、绿色、开放、共享的发展理念，紧紧围绕能源生产和消费革命，把生物质能作为优化能源结构、改善生态环境、发展循环经济的重要内容。本书将针对当前生物质固废的前沿技术，包括厌氧消化技术、好氧堆肥技术、蚯蚓利用技术、热解气化技术、平台化合物转化技术、光催化技术等进行介绍。本书编写的指导思想和原则是：立足于资源化开发利用，加快技术进步、完善产业体系、加强政策支持，推进生物质能规模化、专业化、产业化和多元化发展，促进新型城镇化和生态文明建设。

第2章 好氧堆肥技术在生物质固废中的应用

堆肥是重要的有机固体废物生物利用资源化技术。随着堆肥技术的不断进步和环境标准的逐步提高，结合国家产业政策调整以及农业生态环境整治，堆肥技术与高值的绿色有机农业相结合，成为堆肥产业发展的助推器。堆肥获得的有机肥可改善土壤理化性质、提高土壤肥力、可实现农作物优质高产；此外，有机固废产量逐年增加，对其处理处置过程中的环保要求日益严格，本着资源再生和节约能源的目标，堆肥技术成为了有机固废资源化的重要手段。

堆肥技术主要是利用自然界中的微生物，通过人工方法将其纯化筛选，进而分析微生物菌株的特性来组合，从而达到降解有机物并转化为稳定的腐殖质的过程。根据微生物生长代谢过程是否需要氧气，可将堆肥分为好氧堆肥和厌氧堆肥两种。厌氧堆肥是指专性和兼性厌氧微生物在无氧条件下利用自身产生的酶将生物质中的有机物进行分解转化，最终获得甲烷、二氧化碳、热量和腐殖质等。好氧堆肥是指专性和兼性微生物在有氧条件下利用自身产生的酶将有机物进行分解转化，最终获得二氧化碳、水、热量和腐殖质等。腐殖质的主要组成元素为碳、氢、氧、氮、硫、磷等，颜色为黑褐色，是经微生物分解而形成的有机物质。腐殖质中含有植物生长发育所需的元素，能改善土壤，增加肥力。

2.1 好氧堆肥技术的概述

2.1.1 好氧堆肥的概念

（1）堆肥的概念 堆肥一般是指在一定的条件下，依靠细菌、真菌和放线菌等微生物的发酵和生化降解作用，将物质中可被生物降解的有机物转变为有机肥料，通过这样一种生物化学过程达到无害化的目的。堆肥过程中，原料中的各种有机物质在微生物酶的作用下，转化成小分子的有机化合物或对土壤有利的腐殖质、CO_2、氨、水和无机盐等，能够被植物吸收利用，或施用于农田土壤之后，通过土壤微生物的作用，能迅速转化并被植物吸收。堆肥过程在增加有益微生物菌群的同时，还可以将其中的病原菌和寄生虫卵杀死，使之无害化。堆肥获得的产品可作为土壤改良剂、有机肥料等使用。

（2）堆肥化作用　堆肥化是利用微生物将有机垃圾进行人工降解，转化为腐殖质的过程（人工腐殖质），在此过程中常残留少部分可降解物。施用该堆肥产品能有效增加土壤中腐殖质含量，使土壤形成团粒结构，产生的有益效果如下。

① 疏松土质，使其孔隙增多，保水性增强，增加透水和渗水能力，改善土壤理化性质。

② 堆肥产物具有负电荷属性，能够吸附作物所需的养分（阳离子），使土壤地力增强，其吸附容量是普通黏土的几倍到几十倍。

③ 腐殖质具有螯合能力，通过螯合作用抑制活性铝与磷酸的结合，从而促进作物生长。

④ 堆肥获得有机肥属于缓效性肥料，不会对农作物产生损害。

⑤ 腐殖质中的有机物能够调节作物生长，同时促进作物根系发育和生长，从而扩大根部范围。

⑥ 堆肥产物中富含微生物菌群，施用于土壤可有效增加土壤微生物菌群数量，从而改善根系有益微生物环境，进而促进作物吸收养分并加速生长。

（3）好氧堆肥技术　好氧堆肥是指在有氧条件下，好氧微生物对生物质中有机质的吸收、分解、利用与转化。微生物依靠自身的新陈代谢把生物质中可被微生物吸收的有机物转变为简单的无机物，以能量的形式供自身生命活动；另一部分有机物转变为营养物质，通过自身繁殖形成新的微生物菌体。

2.1.2　好氧堆肥技术所需条件

好氧堆肥过程主要依靠好氧微生物的作用，将有机物吸收、分解、利用与转化，而微生物的生存需要一定的营养条件和环境条件，这些都会成为影响好氧堆肥技术的因素。

（1）温度　温度是影响微生物生存的主要因素之一，因此也成为影响好氧堆肥过程的一个重要因素。在好氧堆肥过程中微生物的种类和活性会受到堆料含水率的影响，温度的高低会直接影响到堆料的含水率，也会直接影响到堆肥产品的质量。根据温度变化的不同可以将微生物分为三类，分别是嗜冷微生物、嗜温微生物和嗜热微生物，它们适宜温度范围分别为0～25℃、25～45℃、高于45℃。

好氧堆肥过程中，微生物的生命活动会产生热量，所以可以根据温度变化将好氧堆肥过程分为以下三个阶段。

① 中温阶段　中温阶段是指有机肥在堆肥生产的开始阶段，起始温度基本保持在15～45℃，主要发挥作用的微生物为嗜温性微生物，包括真菌、细菌和放线菌，并以糖类和淀粉为基质原料。在物质转换和利用的过程中，一部分转化为化学能和热能，由于堆肥体具有良好的保温作用，从而使体系内堆体温度不断上升。

② 高温阶段　当温度上升到45℃则进入高温阶段。堆体中适应45℃以上高温的嗜热微生物起主要作用，与此同时嗜温性微生物受到抑制。这个阶段，嗜热微生物继续分解上一阶段未分解完的可溶性有机物并开始分解部分难以被嗜温性微生物分解的有机化合物，如纤维素等。这个阶段是堆肥的稳定状态，也是腐殖质的形成阶段。适应不同温度的嗜热微生物菌株在升温过程中相互交替，在50℃时，真菌和放线菌发挥主要作用；当温度达到60℃时，嗜热性放线菌与细菌在堆肥过程中活跃；当温度高于70℃时，将不再适宜大多数嗜热性微生物的生存，大部分微生物死亡或休眠，也不再会有能量转化时的热量产生。由此高温阶段结束，而温度逐步降低，直至室温。

③ 降温阶段　在堆肥生产后期，料堆中仅剩微生物较难利用的有机物以及形成的腐殖

质。在此过程中嗜温性微生物从休眠状态中恢复并重新发挥作用，从而成为体系中的优势菌群继续分解未被利用的物质。因此，在整个堆肥过程中腐殖质含量持续增加，体系逐步稳定化，最终堆肥进入腐熟阶段。

（2）含水率　堆肥过程中物料含水率的多少会直接影响到堆料中有机物的溶解和微生物的新陈代谢活动。与温度对好氧堆肥的影响相似，含水率也主要影响堆肥中微生物的活性。要满足微生物生长的正常需求，使堆肥能够顺利进行，堆料中的含水率不能低于40%；相反，如果堆肥过程中水分含量过高，超过70%又会使好氧堆肥过程中的通气情况受到影响而进入厌氧环境，直接影响到有机物的降解速度，延长堆肥的时间。一般情况下，调节好氧堆肥的初始含水率为50%～60%最为合适。

（3）pH　微生物的生长和繁殖需要适当的酸碱条件，好氧堆肥过程中，pH值的大小一方面影响微生物生长代谢活动，另一方面影响堆肥物料中氮素的含量。随着好氧堆肥反应的不断进行，堆料中的pH值也在不断地发生变化。首先堆肥起始，堆料中大量的有机物被微生物吸收利用产生小分子的挥发性脂肪酸，使pH值下降，随着堆肥的进行，温度逐渐升高，微生物吸收利用小分子的脂肪酸以及蛋白质，分解生成的NH_3使得pH值又逐渐升高，最后稳定在偏碱性的水平。一般情况下，在pH值为中性或弱碱性（7.5～8.5）的时候最适合微生物生存，也可获得最大的堆肥效率。另外一方面，随着碱性的增强，氨氮挥发速度越快，堆肥体系中的氮素含量降低，肥效变差。因此，合理调节堆肥过程中pH值是保证微生物活性和控制氨氮损失的一种有效措施。

（4）供氧量　氧气充足与否会直接影响到微生物正常的生命活动、好氧堆肥反应速率以及堆肥的效果。一般依靠通风来对堆体供氧。有研究表明，通风不仅可以去除堆料中多余的水分，还可以调节堆体的温度，减少恶臭的产生。堆肥过程中通风过大或过小都不利于堆肥的进行。通风太大时，堆体温度的维持会受到影响，而且会过多消耗能源，堆肥产品的质量也会受到影响；通风量不足时，堆体供氧不足，出现厌氧环境，堆体升温缓慢且会产生有害气体。

（5）C/N　微生物需要有一定的能量和营养来维持其自身的生长、代谢和繁殖。好氧堆肥过程是微生物利用有机物作为自身的碳源和能源并且分解有机物的过程，因此，C/N也就成为影响好氧堆肥过程的另一个重要因素。不同研究结果表明，在堆肥过程中最适C/N应该是20～30。如果C/N太高，微生物的生长会受到影响，进而会影响到有机物的发酵速率，延长好氧堆肥的时间；如果C/N太低，堆肥过程中氮素损失增大，会降低堆肥的肥效。部分有机固废C/N如表2-1所示。

表2-1　几种常见有机固废的C/N

有机固废	C/%	N/%	C/N
麦秸	46.50	0.48	96.9:1
玉米秸	40.00	0.75	53.0:1
豆秸	49.50	2.44	20.4:1
玉米芯	42.30	0.48	88.1:1
麦麸	44.70	2.20	20.3:1
黄牛粪	38.60	1.78	21.7:1
奶牛粪	31.80	1.33	24.0:1
猪粪	25.00	2.00	12.6:1
羊粪	16.00	0.55	29.0:1
鸡粪	30.00	3.00	10.0:1

（6）添加剂　有机肥生产中的添加剂是指能够加快有机肥生产或为提高有机肥质量而在原料中加入的微生物、有机或无机物质。根据添加剂的作用可分为接种剂、营养调节剂、疏松剂（膨胀剂）、pH调节剂等（表2-2）。一般在堆肥初期，与原料混合后加入。

表 2-2　有机肥生产添加剂

添加剂种类		成分	添加作用
接种剂	微生物接种剂	堆肥中分离的菌种	加速较难分解有机质的降解，促进腐殖质的生成，提高初期原料中有效微生物的总数，加速生产过程，同时可以形成高温消灭某些病原体、虫卵和杂草种子
	商业添加剂	微生物制剂、矿物营养、酶等	
	自然材料	指粪肥、菜园土等含有种类丰富的微生物群体的材料	
营养调节剂	起爆剂	有机物质如糖、蛋白质，以及适合微生物生长的氯化亚铁、硝酸钾、磷酸镁等化学药品	为其中微生物提供充足的营养物质，保证微生物的繁殖速度，增加生产过程初期的微生物的活性
调理剂	调节剂	适当有机物或无机物（如稻草、秸秆、树叶、木片、锯末、粉煤灰等）	平衡堆肥原料中的含水率，溶解有机物，调节温度
	膨胀剂		一类质地疏松的物质，用于改善料堆的通气性
其他特殊调节剂	pH调节剂	石灰石、石膏等	调节pH值，防止pH值波动过大
	氮素抑制剂	沸石、脲酶抑制剂等	控制氮素损失
	金属钝化剂		解决重金属的污染和危害

除上述影响因素之外，有研究表明堆肥中物料的高度也会影响堆肥的效果。荆红俊对不同的堆积高度的羊粪堆肥过程中温度、含水率、pH值、有机碳、全氮、全磷、全钾、总养分和种子发芽指数的变化进行了研究，结果表明，不同堆积高度的物料在堆肥过程中温度升高快慢、堆肥腐熟过程以及肥效上均有差异。堆肥中物料颗粒的大小也会影响堆肥的效果，主要表现在如果物料颗粒太大，微生物与物料颗粒就不能充分地接触，对有机物的完全降解会产生影响；如果物料颗粒太小，物料之间的空隙减少，氧气供应不足，产生厌氧发酵，同时还会使发酵时间延长。还有堆肥物料中有机质的含量会影响微生物的生存和繁殖，从而也会影响堆肥的效果，一般在高温好氧堆肥中，堆肥的有机物含量范围在20%～80%。有机物含量太低，不利于微生物的活性的增强，有机物含量太高，消耗大量的氧气，很容易使堆肥处于厌氧状态，因此，堆肥的有机物含量范围一般控制在20%～80%最合适。

2.1.3　好氧堆肥技术的原理

2.1.3.1　预处理技术原理

（1）预处理目的　对于堆肥原料的预处理，主要包括筛分、分级、破碎、研磨、添加剂的混合等。堆肥前预处理的主要目的包括以下五个方面。

① 提高堆肥原料中的有机物含量　为了保证堆肥中微生物的正常繁殖，堆肥原料中应含有较高的有机质比例。通过预处理工艺，可以去除玻璃、金属、石头等不可堆腐物，提高有机质比例的同时，可以回收资源化材料。

② 为后续发酵提供适宜的物料粒度　堆肥原料的粒度决定了发酵时间和发酵速率。堆肥原料的粒度越小，比表面积越大，微生物接触到的面积越大，从而其作用面越广，使得微生物新陈代谢速度快，由此加速发酵过程，有效缩短了发酵时间。综合国内外研究结果并结合经济性指标，物料的粒度应不高于50mm，且随着粒度减小，其能耗相应大幅提高。故物

料的粒度亦不应过细。

③ 调节水分和 C/N　堆肥原料合适的含水率和 C/N 可以提高生产效率，获得高效的有机肥产品。通常使用的调节含水率和 C/N 的调节剂有堆肥成品、木屑、人畜粪便等。堆肥成品、稻草、木屑可作为水分含量大、C/N 低的原料的调节剂，人畜粪便可作为水分含量低的原料的调节剂。

④ 防止杂物绞入　防止后续设备装置被纤维、绳子、金属等绞入而影响操作。

⑤ 增加透气性　通过加入膨胀剂和有机调节剂增加透气性，保证好氧工艺的进行。

（2）预处理技术

① 破碎　破碎的目的在于降低物料尺寸，该过程是通过人力或机械等外力作用下的物理操作过程。如果进一步降低尺寸，将小块物料分裂成细粉状的过程称为磨碎。破碎是固体废物处理技术中最常用的预处理工艺。

破碎的方法有三种，分别是干式、湿式和半湿式。在破碎的过程中，湿式破碎和半湿式破碎工艺具有分级分选的处理工艺。干式破碎即通常所说的在外力作用下的破碎作用，按外力方式可分为机械能式与非机械能式。机械能破碎方式有多种，常用的有挤压、摩擦、剪切、冲击、劈裂、弯曲等；非机械能破碎则是利用电能、热能作用于固体废物，包括热力破碎、超声波破碎。

破碎机的技术指标有两个：单位能耗，破碎单位质量产品的能耗，用于衡量破碎机的经济性；破碎比，原物料粒度与破碎后粒度的比值，破碎比衡量的是物质被破碎的程度。一般破碎机的平均破碎比为 3～30，磨碎机的破碎比在 40～400 以上。

物料每经过一次破碎机或磨碎机就被称为一个破碎段。如果要求的破碎比不大，则一段破碎即可，对于某些要求入料粒度很细的处理工艺，如浮选、磁选等需要进行多段破碎。破碎段数越多，流程越复杂，能源消耗越高，工程投资相应增加。

② 分选　分选的目的在于将可回收利用的或者不利于后续处理工艺的物料进行分离。堆肥工艺中通常通过分选可以达到以下三个目的。

a. 回收有利用价值的物质，如金属等。

b. 将大块异物、织物、金属等不可堆肥的物质去除，从而提高后续堆肥效率和堆肥肥效。

c. 在固体废物进入下一步工艺之前，分选固体废物中可能造成危害的物质，如废旧电池等，减少对土壤的污染。

废物分选的原理主要是根据物料的物理性质或化学性质（如粒度、密度、磁性等）不同而进行分选，包括筛分、重力分选、磁选、电选、浮选、摩擦力与弹力分选、光电分选以及最简单的人工分选。

目前最广泛采用的分选办法是在传送带上进行人工手选，大多数堆肥厂都适用本方法。这种方法虽然效率低，不适宜大规模的固废处理工艺，但是效果理想。所以在大型处理过程中，常采用人工机械相结合的方法。

筛分是将不同粒径的物料进行分选的过程，将粗、细物料分开。一般堆肥工艺进行筛选预处理的目的是将可堆物料与不可堆物料分开，提高堆肥质量。由于城市生活垃圾中各物料性质不同，组分复杂，形状不一，湿度不同，造成了筛分难度。因此在堆肥工艺的前处理中，一般配备多种筛选机械。其中，固定筛和滚筒筛常用于固体废物的预分选，为固体废物的发酵做准备；振动筛和弛张筛主要用于精分选。

磁选是利用固体废物中各物质的磁性差异，在不均匀磁场中进行分选的一种处理方式，主要去除原料中的磁性物质，提高堆肥质量，避免堆肥产物在使用过程中对环境的危害，同时进行资源回收。

电力分选是利用垃圾中的各种组分在高压电场中的电性差异而实现分选的方法。电力分选对于电的良导体、半导体和非导体都有较好的分选效果。

风选是利用空气流对不同物料的作用，根据其密度差或粒度大小导致的空气阻力差异而进行分离。向上气流可以将固体废物中的塑料、纸张等轻质废料带走，而较重物料如金属、玻璃可以沉降，从而进行资源回收利用。在分选过程中，为了取得更好效果，通常将多种分选方法结合使用。

③ 其他预处理技术 堆肥工艺的其他预处理方法包括原料混合、添加各种菌种和酶等。

梁彦杰等提出可以使用高速离心机用水洗脱的方法降低餐厨垃圾的水分，减少含盐量，防止土壤酸化、损害作物根部以及盐碱化。杜彦武等提出对有恶臭气味的堆肥原料进行除臭，除臭方法主要有吸收、吸附、氧化和生物除臭，其中生物滤池是目前研究较多的恶臭控制方法，可以使用熟化堆肥和树皮等进行填料。W Horst 提出可以用洗涤塔将空气冷却，加入 HCl 除氨。

2.1.3.2 好氧堆肥工艺

（1）好氧堆肥工艺流程 好氧堆肥的工艺流程是由前处理、主发酵（一次发酵）、后发酵（二次发酵）、后处理、脱臭及贮存等组成，具体工艺流程如下。

① 前处理 前处理工艺又称为预处理工艺，主要通过粉碎、分选、添加菌种、酶制剂、有机调理剂和膨胀剂等达到增加物料表面积、降低水分、增加透气性、调节 C/N 等目的，以便后续工艺的进行。

② 主发酵（一次发酵） 主发酵可以在露天、发酵池或发酵装置内进行，在发酵期间通过翻滚、搅拌或强制通风向堆积层或发酵装置内对物料进行氧气供给，以满足微生物生长代谢的需要。此时，物料在微生物的作用下发酵。首先被分解的是易分解有机质，产生了 CO_2 和 H_2O，同时产生大量热量，料堆温度上升。

随着温度上升，嗜热菌代替了嗜温菌，堆肥进入高温阶段。此时应注意堆体温度不应过高，保证氧气充足。经过一段时间发酵，大部分有机质被降解转化，各种病原菌均被灭杀，温度开始下降。

③ 后发酵（二次发酵） 后发酵工艺主要是对主发酵的半成品堆肥中的未分解完全的易于分解的和较难分解的有机物进行深度分解，使之转化为腐殖物等稳定的有机物，进而获得腐熟的堆肥产品。通常后发酵过程对堆层高度的要求为 1～2m，同时需要对其自然通风和间歇性翻堆，特别需要防止雨水进入。

在后发酵过程中，发酵速度大幅降低，耗氧量下降，该过程所需时间较长。后发酵时间可根据堆肥产品的用途进行调整。如在温床中使用堆肥产品，则可在主发酵结束后直接使用，无须进行二次发酵；对于数月不耕作的土地，也可以不经过后发酵工序而直接使用；对于长期耕作的土地，需要对堆肥体进行腐熟操作，实现产品的无害化，最终不会影响土壤中的营养元素。后发酵时间通常为 20～30 天。

④ 后处理 堆肥工艺过程中的后处理过程主要是去除预处理工艺中的塑料、玻璃、小石块、金属等杂物。与此同时，对于精制堆肥产品则需要进行再破碎，并根据市场需求向产品中加入氮、磷、钾等营养元素，由此构成复合肥。最后对堆肥产品进行包装、贮存、根据

需求进行固化造粒等工艺。

⑤ 脱臭　由于堆肥过程中氧气分布不均匀，造成局部物料厌氧发酵，从而产生恶臭气体，所以必须对堆肥过程的排气进行脱臭处理。去除臭气的方法主要有碱水、水溶液过滤、化学除臭剂、活性炭或沸石等，常用的装置是堆肥过滤器。

⑥ 贮存　有机肥产品主要在春秋使用，所以夏、冬生产的有机肥制品需要对其进行贮存。贮存方式可选择在二次发酵仓或装入袋中，注意保持室内环境干燥而透气。如若在室外、村外，需要有不透雨的覆盖物进行保护。

（2）好氧堆肥工艺方法

① 静态堆肥工艺　《城市生活垃圾好氧静态堆肥处理技术规程》（CJJ/T 52—93）中提出了明确的静态好氧堆肥工艺及其标准。图 2-1 和图 2-2 分别为一次发酵和二次发酵的工艺流程。

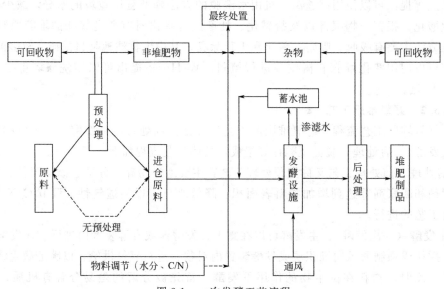

图 2-1　一次发酵工艺流程

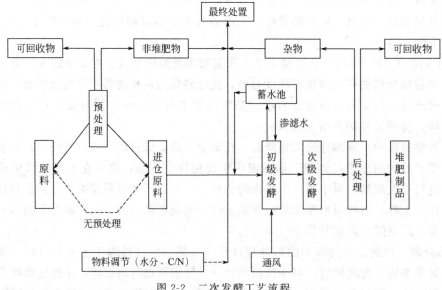

图 2-2　二次发酵工艺流程

标准中规定了如下相应的发酵周期和发酵条件。

a. 一次性发酵工艺的发酵周期不宜少于 30 天,二次发酵工艺的初级发酵和次级发酵周期均不宜少于 10 天。

b. 发酵设施必须有保温、防雨、防渗的性能,必须配置通风、排水和其他测试工艺参数的装置。

c. 发酵过程中,必须测定堆层温度的变化情况,检测方法应符合标准规定。堆层各测试点温度均应保持在 55℃ 以上,且持续时间不得少于 5 天,发酵温度不宜高于 75℃。

d. 发酵过程中,应进行氧浓度的测定,检测方法应符合标准的规定。各测试点的氧浓度必须大于 10%。

e. 发酵过程中,必须进行通风,通风方式应符合下列要求:自然通风时,堆层高度宜在 1.2～1.5m,并应采用必要的强化措施;机械通风时,应对耗氧速率进行跟踪测试,及时调整通风量,标准状态的风量宜为每立方米垃圾 $0.05～0.20m^3/min$;风压可按堆层每升高 1m 增加 1000～1500Pa 选取。通风次数和时间应保证发酵在最适宜条件下进行。

f. 发酵终止时堆肥应符合下列要求:含水率宜为 25%～35%;碳氮比(C/N)不大于 20:1;达到无害化卫生要求,必须符合现行国家标准《粪便无害化卫生标准》的规定。

静态堆肥一般在强制通风条件下在露天或密闭发酵仓中进行。由于堆肥物料一直处于静止状态,通风困难,经常造成厌氧状态,延长了发酵周期。这也是静态堆肥工艺的缺点。

② 间歇式好氧动态堆肥工艺　间歇式堆肥工艺采用原料分批发酵的方式,在发酵过程中间歇性翻堆并维持强制通风垛,或者是在间歇性进出料的发酵仓中进行堆肥。在处理高有机质含量的物料时,在强制通风的同时,会使用翻堆机对物料进行间歇翻堆,从而利于氧气供给,加速发酵过程,缩短发酵时间。常见的发酵装置有长方形池式发酵仓、倾斜床式发酵仓等,在上述设备中均配置通风管来维持体系内氧气的供给。

③ 连续式好氧动态堆肥工艺　连续式堆肥是物料在专门的发酵装置中,采用连续进出料的方式进行发酵,该发酵工艺进一步缩短了发酵时间。在连续式好氧动态堆肥工艺中,物料处于连续的翻滚状态,利于通气与水分蒸发,从而缩短发酵周期,防止异味产生。发达国家广泛采用 DANO 回转窑式发酵器、浆叶立式发酵器等连续式堆肥工艺和装置。

李维尊、鞠美庭等设计了一种高效混合菌剂降解园林绿化垃圾生产有机肥,该方法将园林绿化垃圾粉碎后与可降解木质素、纤维素的菌液混合,发酵培养;同时采用低频超声波照射促进微生物产酶,可在 10 天内生产出高质量的有机肥。该方法所用的设备简单,工艺简便,解决了园林绿化垃圾处理处置的难题。

李维尊、鞠美庭等构建了一种麦秸秆高效降解复合菌有机肥的方法,该方法将玉米芯作为载体,将微生物菌株固定于载体上,在好氧状态下将负载有微生物菌剂的玉米芯与麦秸秆粉末相混合,利用微生物代谢机制实现麦秸秆的高效降解与转化。该方法能够有效提高降解效率,缩短反应时间,实现快速资源化的目的。

刘金鹏、鞠美庭等开发了一种利用农业废弃物制作有机肥的方法,该方法以牛粪、秸秆和玉米芯为原料,经粉碎后与发酵菌液混合发酵,当温度降为 40℃ 时加入菌剂Ⅱ继续发酵 5～8 天后获得有机肥,该发明充分利用农业废弃物,消除病原体,有机肥中有机质和营养基质含量高。

刘金鹏、鞠美庭等开发了一种利用中药渣生产有机肥料的方法,该方法以玉米芯和黏土为原料,以木屑为发酵菌载体,经两次发酵获得产品。其Ⅰ号发酵菌由枯草芽孢杆菌和嗜热脂肪芽孢杆菌组成；Ⅱ号发酵菌由侧孢芽孢杆菌、巨大芽孢杆菌和康宁木霉组成。利用该方法可有效地将中药渣变废为宝，实现资源化利用。

李维尊、鞠美庭等开发了一种园林绿化垃圾高效降解复合菌剂，该菌剂由纤维单胞菌、担子菌、芽孢杆菌、曲霉、链孢霉、木霉、放线菌和酵母菌组成。在好氧条件下，该菌剂与园林绿化垃圾充分混合后可将有机质快速腐烂并转化为可改良土壤的有机肥。

2.1.3.3 好氧堆肥腐熟化指标

腐熟堆肥不是简单地指经过长期的堆肥化处理使大部分有机质被分解，而几乎没有有机能量和生物学活性的堆肥，而是指在堆肥过程中易分解的有机质被降解，农田施用后对土壤和作物生长没有不利影响，且具有相当高能量的堆肥。衡量堆肥产品质量的核心指标包括稳定度和腐熟度。稳定度是指有机物经降解以后达到稳定化的程度，也就是有机物质的生物利用率。如果堆肥物料含有大量生物可利用有机物质，就会增加微生物活性，因而这种物料被认为是不稳定的。而腐熟度指的是有机物降解后达到稳定并且对植物没有不利影响的程度。相关评价指标包括物理指标、化学指标和生物指标。

物理指标主要是通过堆肥产品的颜色、粒度、疏松情况以及有无恶臭来判断的。一般堆体颜色呈现茶褐色或者黑色，粒度变细，堆料较疏松且无恶臭气体时，说明堆肥已达到腐熟。除此之外，温度也是判断堆肥是否达到腐熟的一个物理指标。好氧堆肥的初始阶段，易降解的有机物被降解，会释放能量，堆体温度逐渐升高，随着易降解的有机物被彻底降解，堆肥释放的热量减少，堆体温度不断降低，最终降至室温。因此根据堆体温度的变化也可以判断堆肥的进程以及堆肥是否达到腐熟阶段。

化学指标主要包括糖类、淀粉、蛋白质、脂肪等易降解有机物和木质素、纤维素等难降解有机物的量、可以表征总有机物含量的化学耗氧量、生化耗氧量、总有机碳、阳离子交换量、堆体中的 C/N、腐殖类物质（有机物质经过微生物分解和再合成后的一类组成与结构都很复杂的褐色或暗褐色的天然高分子胶体物质）的变化等来判定堆肥的腐熟程度。一般堆肥初期易降解的有机物作为微生物的碳源和能源首先被分解，堆体温度升高以后，难降解的有机物质在嗜热菌的作用下逐渐被降解，当堆肥达到腐熟时，以富里酸、胡敏酸为代表的大分子腐殖类化合物产生，可以通过腐殖类物质占有机物的比例即腐殖化程度来判定堆体的腐熟度，也可以通过胡敏酸和富里酸的比值即腐殖化指数来判定堆肥的效果。

生物指标主要是通过种子发芽率、耗氧速率、酶活变化、微生物变化等来评价堆肥的腐熟度。由于通过单一的指标来判定堆肥腐熟度都存在一定的局限性，因此一般在判定堆肥产品是否达到标准时，往往采用多种指标综合评价。

2.2 好氧堆肥技术在农林生物质固废中的应用

农林业废物是指农、林、牧、渔各业生产及农民日常生活过程中产生的秸秆、木屑等废物。主要包括农业生产、畜禽饲养以及农村居民生活和农副产品加工的过程中排出的废物如农作物稻秆、畜禽粪便和农村生活垃圾等。数量巨大的农林废物也是很好的有机肥资源。秸秆、木屑等含有极丰富的有机质，具有资源分布广、廉价易得等特点，经过堆肥化处理后制成有机肥比原有的利用方式拥有更好的肥效和收益。

2.2.1 农林生物质固废的概述

(1) 来源、产量及使用情况 我国是农业大国，农业废物种类繁多数量巨大，我国每年产生各类农作物秸秆约 10.0 亿吨，蔬菜废弃物超过 1.0 亿吨，肉类加工厂和农作物加工厂废弃物约 1.5 亿吨，林业废弃物（不包括薪炭林）约 0.5 亿吨。约 30% 的秸秆资源以焚烧方式处理，不但污染环境，而且浪费有机质资源。秸秆中含有的氮、磷、钾、镁、钙等元素都是农作物生长所必需的核心营养元素，因此，生物质固废生产有机肥处理技术是世界上提倡推广的秸秆处理处置方法。

我国每年产生的农林业废弃物数十亿吨计，然而农林业废弃物在生产过程中的可利用价值不高，成分较为复杂，导致了二次利用成本高，开发较为复杂，造成了空气、水、景观污染，影响土壤功能、作物的生长以及产品的产量和品质等，逐渐引起政府的重视。

(2) 结构以及组成 农林业废弃物的可利用成分含量如表 2-3 所示。

表 2-3 中国农林业废弃物的可利用成分含量

种类	数量/10^8t	有机质含量/10^4t	氮含量/10^4t	磷含量/10^4t	钾含量/10^4t
农业秸秆	7.0	36386	430	57	651
蔬菜类废弃物	1.0	1748	69	7.3	37
林业废弃物	0.5	3205	34	55.5	500

(3) 特点 在堆肥过程中，需要加入生物添加剂以缩短堆肥时间、加速有机质的降解，常见的秸秆腐熟菌剂有催熟剂、酵素菌、白腐菌等。秸秆孔隙率大、含水率低，可以与污泥、城市垃圾等进行混合堆肥。不同作物种类的秸秆，其尺寸差别较大。秸秆在风干之后，质地坚硬，大部分茎秆外表还有不易降解的蜡质。因此在堆肥之前要对秸秆进行粉碎预处理，通常粉碎的粒度为 1～2cm。对于粗茎秆如玉米秸秆，还应对其进行压碎处理。

堆肥过程中涉及的相关原料还应包括堆肥填充料。填充料在堆肥体系中有为体系提供碳源、提高堆体的孔隙度、提高透氧量、调节物料含水率等作用。因此，填充料应具有干燥、疏松的特点。常见添加料包括木屑、稻壳、秸秆（除棉秆）、废纸、锯末等。

2.2.2 在农作物秸秆中的应用

农作物秸秆是籽粒收获后残留下的含纤维成分很高的作物残留物，农作物秸秆组成复杂，化学组成主要包括纤维素、半纤维素、木质素、粗蛋白、可溶性糖和粗灰分等，工业组成包括水分、挥发分、灰分和固定碳等，元素组成包括碳（C）、氢（H）、氧（O）、氮（N）、硫（S）等，矿质元素包括磷（P）、钾（K）、钠（Na）、钙（Ca）、镁（Mg）、铁（Fe）、铜（Cu）和锌（Zn）等，灰分组成包括二氧化硅（SiO_2）、氧化铝（Al_2O_3）、五氧化二磷（P_2O_5）、氧化钾（K_2O）、氧化钠（Na_2O）、氧化镁（MgO）、氧化钙（CaO）、氧化铁（Fe_2O_3）、氧化锌（ZnO）和氧化铜（CuO）等。据统计，2009 年，全国农作物秸秆理论资源量为 8.20 亿吨（风干，含水量为 15%）。其中玉米秸秆、稻草秸秆、棉秆、麦秆、油料作物秸秆、豆类秸秆、薯类秸秆等产量及所占比例见表 2-4。2016 年《中国统计年鉴》显示（表 2-5），按照粮食产量∶秸秆产量≈1∶1 计算，全国粮食秸秆产量约 62143.9 万吨，棉花秸秆产量约 560.3 万吨，油料秸秆 3537 万吨。

表 2-4　各种农作物秸秆理论资源量及所占比例

项目	2009 年	
	产量/万吨	比例/%
理论资源量	82000	100
玉米秸秆	26500	32.3
稻草秸秆	20500	25
麦秆	15000	18.3
油料作物秸秆 （主要为油菜和花生）	3737	4.6
豆类秸秆	2726	3.3
棉秆	2584	3.2
薯类秸秆	2243	2.7

注：数据来自《全国农作物秸秆资源调查与评价报告》。

表 2-5　2016 年中国粮食产量

项目			产量/万吨
	合计		62144
粮食	谷物	合计	57228.1
		稻谷	20822.5
		小麦	13018.5
		玉米	22463.2
		其他	923.9
	豆类		1589.8
	薯类		3326.1
棉花			560.3
油料	合计		3537
	花生		1644
	其他		1893

注：数据来自《中国统计年鉴》(2016)。

一般秸秆资源化途径主要包括秸秆的能源化、肥料化、饲料化、材料化等。我国农作物秸秆主要包括稻草、玉米、花生、薯类藤蔓和秋杂粮作物秸秆等，数量较多、分布广、体积大且不便运输，秸秆由于含有木质纤维素类物质导致其自然降解过程相当缓慢，那么大量的秸秆会以堆积、焚烧等形式直接进入环境，不仅造成严重的资源浪费，而且在焚烧过程中会带来一系列的环境污染问题，例如以下几个。

① 秸秆在焚烧的过程中增加大气中 SO_2、NO_2 以及可吸入颗粒物的排放，尤其 SO_2 会造成酸雨，也会刺激人的眼睛、鼻子和咽喉含有黏膜的部位，可能造成咳嗽、胸闷、流泪，甚至导致支气管炎等，严重污染大气，危害人类健康。

② 秸秆焚烧会引发火灾，威胁公众的生命财产安全。

③ 还会造成交通事故，影响道路和航空安全。

④ 秸秆焚烧过程中会破坏土壤结构，降低土壤质量，影响农作物的生长，降低农业收益。

因此有很多学者研究了好氧堆肥技术在农作物秸秆中的应用。表 2-6 给出了我国主要农作物固废的来源、成分及资源化方法。

现代生物质资源化应用技术

表 2-6　我国主要农作物固废的来源、成分及资源化方法

种类		来源	主要成分	资源化方向
玉米秸秆		北方春播玉米区、黄淮海平原夏播玉米区、西南山地玉米区、南方丘陵玉米区、西北灌溉玉米区、青藏高原玉米区	生物化学组分包括总糖、粗脂肪、粗蛋白、粗灰分、Ca、P、中性洗涤纤维（NDF）、酸性洗涤纤维（ADF）和木质素。Ca、P 元素主要分布在叶片中，其次在叶鞘中，其中叶片中 Ca、P 的质量分数分别可以达到 1.0% 和 0.1% 左右。总糖含量一般在茎皮，茎节、茎髓中含量最高，质量分数分别可达到 10%、18%、15% 左右。粗蛋白存在于叶片中，新收获玉米秸秆中粗蛋白质量分数可以达到 15% 左右	① 有机肥 ② 饲料 ③ 生物燃料 ④ 药物中间体 ⑤ 发电 ⑥ 建筑材料 ⑦ 环保餐具
稻草秸秆	水稻秸秆	稻草是水稻的茎，一般指水稻脱粒后的秸秆	干物质含量可达 90% 以上。稻草秸秆在未经处理的情况下粗蛋白一般为 2%～6%，无氮浸出物约 40%，纤维素和半纤维素含量分别约为 40% 和 20%，木质素含量约 10%	① 有机肥 ② 饲料 ③ 生物燃料 ④ 药物中间体 ⑤ 发电 ⑥ 建筑材料 ⑦ 环保餐具
	麦秸秆（麦草）	小麦脱粒后的秸秆。2011—2012 年度，我国小麦产量约为 11500 万吨，以谷草比为 1 计算，约有 11500 万吨的麦秸秆产生	小麦秸秆各个部位的干物质含量有很大不同，茎秆干物质含量可达到 40% 左右，叶片、叶鞘为 10%～20%	
棉秆		棉花产业的副产物，其产量在一般情况下可达到 5000 万吨	棉秆中蛋白质等营养含量低，而木质素、纤维素等含量较高，棉秆中半纤维素含量接近 20%。按质量分数皮占总量的 30%，木质部分占 65%，髓占 4.5%；按体积分数计算，皮占 20.47%，木质部分占 63.3%，髓占 15.95%	① 有机肥 ② 生物燃料 ③ 药物中间体 ④ 发电 ⑤ 建筑材料
油料作物秸秆		油料作物是以榨取油脂为主要用途的一类作物。这类作物主要有大豆、花生、芝麻、向日葵、棉籽、蓖麻、苏子、油用亚麻和大麻等	主要成分为木质纤维素，其中纤维素含量为 35%～46%，高于其他秸秆类物质	① 有机肥 ② 饲料 ③ 生物燃料 ④ 药物中间体 ⑤ 发电 ⑥ 建筑材料 ⑦ 环保餐具

2007 年茹菁宇等对小麦秸秆、小麦秸秆加调理剂和微生物菌剂、小麦秸秆加豌豆秸秆加调理剂和微生物菌剂三种不同原料配比进行高温好养堆肥，分别对堆肥过程中温度、pH 值、水分、物料湿重、干重、体积、密度以及有机质的变化进行了分析研究，结果表明农田秸秆在添加了接种剂的堆肥中升温快，加速腐熟，而添加了豌豆秸秆的堆料比单纯的小麦秸秆堆肥升温更快、更高，且在堆肥过程中适当调节 pH 值有利于物料的快速降解；2011 年赵建荣等研究了添加不同比例的鸡粪作为氮源对小麦秸秆高温好氧堆肥过程中 pH 值、温度、碳氮比以及养分的影响，为秸秆的资源化利用提供依据；兰时乐利用油菜秸秆和鸡粪为主要原料，研究了其高温好氧堆肥过程中不同部位细菌、放线菌、霉菌、酵母菌、纤维素分解细菌和固氮菌数量的变化规律，同时对堆肥中营养元素的变化进行了分析并将堆肥产品应用于田间，比较分析了施用化肥、有机堆肥和生物有机无机复混肥对辣椒、豆角、黄瓜、西瓜、夏阳白、烤烟、苋菜等产量影响。2013 年冯致、李杰等采用高温好氧堆肥技术，利用不同微生物菌剂对玉米秸秆的好氧堆肥效果进行了研究，结果表明添加微生物菌剂的堆肥效果优于不添加微生物菌剂的自然堆肥，可以加快堆肥的升温速度，延长堆肥过程中高温持续

时间，并且筛选出了适合在甘肃省酒泉市肃州区非耕地荒漠区进行秸秆堆肥的微生物菌剂。2015年康智明、徐晓俞、李爱萍等从原料预处理、菌剂的配置、堆置点的选择、堆置过程与条件控制、堆后管理以及堆肥腐熟管理五方面介绍了蚕豆秸秆的好氧堆肥技术，在温度、水分、通气良好的条件下，蚕豆秸秆在堆肥后的8～9天堆体内温度达到最大值，并且可以维持不少于3天的高温，经过25天左右的翻堆处理，蚕豆秸秆开始变黑、变软、臭味消失，由此表明了堆肥过程已完成。还有应用农作物秸秆堆肥还田，牟力介绍了农作物秸秆堆肥还田技术的发展、应用、推广现状，探讨其在保护环境及培肥地力方面的重要作用及优势，论述了影响农作物秸秆堆肥技术应用效果的主要因素，包括碳氮比、氧含量、含水量、pH值、温度，为农作物秸秆的综合利用提供了理论依据。除此之外，不同作物秸秆与猪粪、秸秆与奶牛场废弃物、秸秆与城市污泥等进行高温好氧堆肥，为提高秸秆资源化提供了科学依据。

2.2.3　在蔬菜类废弃物中的应用

蔬菜是人们生活的必需品，蔬菜种植业在丰富市民菜篮子的同时也产生大量的废弃物。蔬菜废弃物是指蔬菜产品在收获及再加工过程中被丢弃的、无用的根、茎、叶、烂果及尾菜等。据统计，中国每年蔬菜废弃物产量高达1亿吨以上。蔬菜类废弃物具有低的C/N，在6.7～22.4；含水率比较高，约为90%；而且由于农药的使用，蔬菜类废弃物还可能含有残留农药等污染物。大量堆积在田间地头、沟渠等的蔬菜类废弃物，一方面非常容易腐烂、变质，滋生蚊蝇，同时会产生大量的渗滤液，污染土壤、地表水及地下水，再加之其气味臭不可闻，严重影响周边居民的生产、生活和身体健康。另一方面，蔬菜废弃物携带有大量的病虫害，是蔬菜疫病的主要传染源，随意丢弃或不合理的处理处置方法都将威胁农业安全生产。

根据表2-7常用蔬菜副产物的基本理化性质，蔬菜废弃物中有机质含量很高，占总固体成分的70%～95%，可以应用高温好氧堆肥对蔬菜废弃物进行资源化利用。席旭东等以蔬菜废弃物为主要原料分析比较了包括地下、地上式的厌氧和好氧堆肥处理技术，发现地上好氧堆肥处理的温度上升快、含水率下降明显、腐熟度好、堆肥质量高，蔬菜废弃物的资源化效率高，转化速度快。2002年Rahn研究了13种蔬菜秸秆好氧堆肥的降解速率，总结出降解速率和生物有效碳与材料的氮含量有关，堆肥腐熟后，堆料中的有机物含量和堆肥原料与非生物可利用碳（木质素）相关。同时糖的添加可以提升堆肥高温期的温度，高温持续时间与添加的糖量有关。据报道，堆肥过程中，温度在52～60℃范围内是最适合生物降解的。堆肥温度的高低和持续时间的长短是病菌失活和杀虫剂摧毁的可信赖的指标。莫舒颖在"蔬菜残株堆肥化利用技术研究"一文中，测定辣椒、番茄、黄瓜、茄子、结球甘蓝和芹菜6种蔬菜的化学成分，蔬菜残株各部位含水量为73.77%～91.91%；以烘干基计算，N、P、K含量为31.7～85.7g/kg，中、微量元素（Ca、Mg、Fe、B、Zn）含量为16.2～87.1g/kg，有机质含量为428.4～674.3g/kg，其中主要是纤维素和木质素；C/N为7.0～21.3；并利用不同微生物菌剂对这6种蔬菜进行静态箱式强制好氧堆肥研究，结果表明，蔬菜残株富含有机质及氮、磷、钾等矿质营养，可以通过堆肥化进行再利用，并在土壤改良中发挥重要作用。张唐娟等以武汉市黄陂区盛产作物薯尖秧和毛豆秸秆为主要原料，添加玉米秸秆为辅料，研究酵素菌的添加比例及渗流对蔬菜废弃物好氧堆肥的影响，测试了堆肥过程中温度、pH值、含水率、EC等指标的变化，并利用小白菜盆栽试验，验证了堆肥肥效。结果表明利用好氧堆肥技术处理蔬菜类废弃物均能达到《粪便无害化卫生标准》(GB 7959—87) 规定的高温灭菌要求。

表 2-7 常用蔬菜副产物的基本理化性质

名称	W/%	TOC/%	TN/%	P_2O_5/%	K_2O/%	C/N
白菜	94.59～95.90	51.17～61.17	2.72～5.56	0.373～0.770	1.70～4.99	8.57
花椰菜	88.24	60.24	4.23	0.53	0.80	8.27
紫甘蓝	89.62	63.51	3.78	0.46	1.57	9.75
生菜	93.90～94.80	60.31～71.85	3.56～4.77	0.47～0.61	4.93～5.37	10.00
青菜	88.00～88.70	63.20～81.69	2.76～3.96	0.67～0.82	4.99～6.08	9.80
西芹	92.75～94.00	56.91	3.959～4.04	0.520～0.667	1.990～4.998	9.83
萝卜	91.25	62.32	3.23	0.49	2.96	8.94
胡萝卜	87.04	68.08	3.54～4.41	0.51～0.59	2.94～3.22	12.23
莲花白	89.91		3.667	0.296	1.577	
青花菜	88.68		3.998	0.346	1.851	
芹菜	85.00～90.00	70.00	2.70	1.50	2.30	
西红柿	83.79	64.90	1.95～3.70	0.419～0.559	1.780～2.801	
叶菜皮	92.00～96.08	0.8±0.1	5.60			
竹笋壳	86.00～89.00	92.70±0.20	2.90			
葵白壳	91.00～95.00	92.60±0.40	1.20			
茄子	69.10	66.80	3.50	0.414	1.76	10.6
黄瓜	72.40	46.80	3.90	0.661	4.19	6.70
辣椒	70.30	69.60	4.80	0.477	3.78	8.00

除了对蔬菜废弃物好氧堆肥研究外,还有针对蔬菜与其他固废的联合好氧堆肥研究。2004 年 Maniadakis 等将番茄、黄瓜、辣椒和茄子残株及其混合物以葡萄枝条、橄榄枝叶、橄榄压缩块调节后进行条状堆肥;2009 年 Kalamdhad 等将蔬菜废弃物与树叶进行了联合堆肥研究;张相锋利用高水分蔬菜废弃物和花卉、鸡舍废弃物联合堆肥,张静分类收集蔬菜垃圾与植物废弃物混合堆肥,袁顺全以蔬菜秧、牛粪和玉米秸秆为原料进行高温好氧堆肥试验,都获得了稳定无害的堆肥产品。并且混合堆肥可以同时完成两种以上的生物质固废的资源化处置。

2.2.4 在园林废弃物中的应用

(1) 园林废弃物的概述 园林废弃物是指园林植物自然凋落或经人工修剪所产生的枯枝、落叶、草屑、花败、树木与灌木剪枝及其他植物残体等,也有研究者称之为园林垃圾或绿色垃圾。随着我国城市化进程的加快以及城市绿化的不断提高,园林废弃物的数量也越来越多。传统的填埋、焚烧等处置方法,造成了园林废弃物中有机质、营养元素、木质素、纤维素以及半纤维素等物质没有被充分利用,不仅会增加处理的成本,浪费土地资源,污染环境,还会造成园林废弃物这一生物质能源的浪费。因此,园林废弃物的资源化成为政府和很多学者关注的课题之一。

将园林废弃物进行生物好氧堆肥处理是实现其资源化利用的重要途径之一，主要是因为园林废弃物除了其本身含有大量的可降解的有机碳物质外，不含或含很少的重金属等有害物质，且堆肥化处理的成本较其他处理方式相对较低。园林废弃物的好氧堆肥就是将园林绿地中产生的枯枝、落叶（植物凋落物）、树枝和草坪修剪、杂草和残花等有机固体废物经过微生物好氧分解，在适宜的条件下将其转化为有机营养物或者腐殖质，形成可再次利用的产品，达到园林废弃物无害化、减量化、资源化的目的。很多研究证明园林废弃物直接覆盖或堆肥后土地利用，不仅可以减少填埋过程中造成的资源能源浪费，节约填埋场面积、减少病原菌的繁殖场所，而且堆肥后的产品还可以提高土壤肥力，改善土壤性质，降低城市绿地维护成本并带动城市循环经济发展。

（2）好氧堆肥技术在园林废弃物中的应用　早在20世纪80年代美国最先开始研究园林废弃物好氧堆肥，并在1994年颁布了园林废弃物和城市固体废物堆肥的EPA530-R-94-003法则，对园林废弃物的收集、处置、应用等环节做了严格的规定。日本、德国也都分别制定了《再生资源利用促进法》和《循环经济与废弃物管理法》，规范了城市固体废物以及园林废弃物的收集和处理过程；除此之外，英国、意大利等国家一方面通过对园林废弃物的好氧堆肥技术进行研究，另一方面又从立法的角度支持园林废弃物的资源化利用。

我国对园林废弃物堆肥化的研究起步较晚，从2007年开始北京、上海、深圳、广州等发达城市相继建成了园林废弃物好氧堆肥处理厂或实验基地，同时也有越来越多的学者开始对园林废弃物的好氧堆肥技术进行实验研究，堆肥后的产品主要用于土壤性质的改良（采用堆肥腐熟产品，添加一定比例的有机酸、生根素、微生物菌种等原料，研制土壤改良剂），用作有机肥、花木基质（采用堆肥腐熟产品，添加泥炭、椰糠、黄泥、珍珠岩等，根据不同作物生长特性和环境，配制专用营养基质）以及园林覆盖物（用于土壤表面保护和改善地面覆盖状况的一类物质的总称）。例如，2005年王引权在不同初始C/N的条件下对葡萄冬剪枝条进行好氧堆肥研究，结果表明葡萄枝条富含大量的糖类化合物、蛋白质、酰胺化合物、脂肪、半纤维素、纤维素和木质素等化合物，是一种良好的堆肥原料。堆肥化过程出现了明显的初始中温、中期高温和后期冷却和成熟阶段，初始C/N越低（29：1），堆体达到的峰值温度速度越快和高温阶段持续越长。在进行新鲜葡萄枝条堆肥化过程中，将初始C/N调节到29～40较为适宜。这样既可以实现堆肥过程的无害化，又能维持有机质良好的降解速率。如果将初始C/N调节得过低，不仅会导致N（以NH_3形式）损失增加，从而影响堆肥产品的质量，而且还会增加调节初始C/N时所需无机N用量，进而增加相应的生产成本。北京林业大学孙向阳教授的课题组对园林废弃物的好氧堆肥以及利用堆肥产品制作栽培基质做了很深入的研究。于鑫对北京不同区域园林废弃物的产生、组成以及再利用进行调查，并通过与鸡粪的好氧堆肥实验研究，分析了园林废弃物好氧堆肥过程中化学性质的变化以及影响堆肥腐熟度的因素，并且研究了添加不同比例园林绿化废弃物堆肥产品对矮牵牛、彩叶草和秋海棠的植株形态、生物量积累和观赏品质的影响。徐玉坤通过添加不同微生物菌剂（腐殖酸、EM菌剂和腐殖酸以及京圃园有机发酵菌和腐殖酸）对园林废弃物（杨树、柳树、白蜡以及杂草等植物的枝叶残体或者凋落物）进行好氧堆肥研究，分别从堆肥过程中温度、物质结构、微生物的数量和分布的变化以及堆肥腐熟四方面做了比较研究，结果表明添加不同微生物菌剂会影响园林废弃物堆肥过程中的物质结构变化，并且能够有效地加快堆肥前期物质的分解速率，促进堆肥后期腐殖酸的生成；明显加快堆肥进程，提高堆肥产品品质。2015

年赵怀宝等选取了 9 种园林绿化废弃混合物为主要材料，分别添加 5 种不同的微生物复合菌剂进行好氧堆肥试验，分析了堆肥过程中堆体温度、氮含量的变化，结果表明，添加微生物菌剂可以使堆肥中高温期提前，加速其中有机物的分解，从而缩短堆肥周期，加快园林废弃物的资源化进程，而采用不同的菌剂对园林废弃物进行发酵处理，其堆肥产品中的有益组分含量略有不同。

为了能很好地降解园林废弃物中的木质素、纤维素类难降解有机物质，很多学者研究了园林废弃物与其他物质混合堆肥，既能为堆肥中的微生物提供有机质，起到调节起始 C/N、堆体孔隙度、提供外接菌源的作用，还能同时实现对园林废弃物和其他生物质固废的资源化、无害化。张相逢等研究了花卉秸秆与牛粪混合好氧堆肥以及堆肥过程中 N 的迁移，结果表明联合好氧堆肥可以有效地控制堆肥过程，能快速去除水分且使有机物料的快速稳定，并分析了总氮、有机氮、无机氮、氨氮、硝氮等氮素形态转化；王引权除了研究不同初始 C/N 条件下葡萄冬剪枝条的高温好氧堆肥过程外，还利用葡萄冬剪枝条与羊粪联合堆肥，分析了堆肥过程中温度、堆料颗粒大小和容积密度、干物质、有机质、总 N、硝态氮、氨态氮、C/N 等的变化，并对堆肥的腐熟度以及植物的耐受性做了相应的研究，结果表明葡萄冬剪枝条与羊粪堆肥的有机物质含量高于城市固体废物堆肥，低于葡萄枝条堆肥的含量，但其 P 和 K 含量高于葡萄枝条堆肥的含量，在碱性土壤中不宜过多施用。清华大学王洪涛教授的课题组利用园林废弃物与污泥混合好氧堆肥，山东建筑大学吕德龙研究了脱水污泥与园林废弃物混合堆肥的通风技术，沈洪艳等研究了餐厨垃圾与绿化废弃物不同混合堆肥比例对黑麦草生长的影响，还研究了餐厨垃圾与绿化废弃物换向通风好氧堆肥原料理化性质的变化。

除此之外，由于目前城市化的不断发展，需要大面积的城市绿化改善城市环境空气质量，而现在我国几乎所有城市中都是高楼密集，交通拥堵，很难再腾出有限的空地植树造林，因此屋顶绿化技术逐渐进入人们的视线。屋顶绿化是花草树木等绿色植物栽种于屋顶，由此形成的绿地。屋顶绿化既具有节约室内耗能、改善环境质量、减少城市热岛效应、提升城市品位、减少生活和工作的压力的功能，还具有旅游发展前景，又可以减少光危害、减弱温室效应和噪声、延长屋顶寿命、美化城市。要实施屋顶绿化，绿色植物栽培基质必不可少。王浩利用园林废弃物、茶叶渣、猪粪以及园林废弃物、生活污泥两种不同底料配比混合高温堆肥制备屋顶绿化栽培基质，各项指标均能满足栽培标准。

2.2.5　在畜禽废弃物中的应用

自从 20 世纪 90 年代以来，顺应改革开放的大潮，许多大规模的畜禽养殖场的建立造成了大量的畜禽废弃物的排放。随着我国农村经济和畜牧业的发展，禽畜场越加规模化，数量也增多，粪便废物相应地越来越多。2007 年我国畜禽粪便总量约为 12.47 亿吨，其中可开发用量大约在 8.8 亿吨，畜禽粪便的主要来源是牛粪（约 4.64 亿吨）、猪粪（约 3.39 亿吨）和鸡粪（约 0.80 亿吨）。我国生猪年出栏量从 2007 年的 5.65 亿头增长到 2017 年的 6.89 亿头，增长了 21.86%；牛的存栏量保持稳定，2016 年在 1.07 亿头；羊的存栏量从 2007 年的 2.56 亿只提高到 2016 年的 3.01 亿只，年均复合增速 1.65%；家禽的出栏量从 95.79 亿只增长到 119.87 亿只，9 年时间增长了 25.14%。根据各种畜禽的粪污排放系数，在统计部分畜禽种类的粪污产量基础上，可以推算出我国主要畜禽的粪便年产量在 11 亿吨以上，尿液的年产量在 8 亿吨以上，而粪和尿的总量在 20 亿吨以上。然而大部分畜禽粪便都没有得到合理利用，其中的有机质、氮、磷、钾等资源也作为污染物被浪费，不仅对环境造成了严重的污染，同时也会对人类健康产生很大的影响。禽畜粪便中可利用成分见表2-8。

表 2-8　禽畜粪便中可利用成分

种类	干物质含量/%	可利用氮/(kg/t)	总磷/(kg/t)	总钾/(kg/t)
肉鸡粪	60	10.0	25.0	18.0
蛋鸡粪	30	5.0	13.0	9.0
牛粪	6	0.9	1.2	3.5
猪粪	6	1.8	3.0	3.0

（1）畜禽废弃物的污染现状　伴随着我国畜禽养殖业的不断发展和壮大，产生了越来越多的规模化畜禽养殖产业，同时也造成了越来越多的畜禽粪便的排放。2000年国家环保总局对全国23个规模化畜禽养殖集中的省、市调查显示，1999年我国畜禽废弃物产生量约为19亿吨，是工业固体废物的2.4倍，畜禽废弃物中含有大量的有机污染物，仅COD就达到7118万吨，已远超工业和生活污水的COD总和。再加之为了运输方便，规模化畜禽养殖场都建立在城市近郊，大量的畜禽粪便等废弃物随意丢弃、堆放，给城市的生态环境造成的很大的压力。

畜禽废弃物对环境的主要影响，首先是畜禽粪便自身含有对人和动物生活环境造成危害的生物性病原并滋生蚊蝇、细菌，且粪便经过一定化学变化会产生大量的有毒、有害、恶臭物质；其次，畜禽废弃物排放进入水体，其中含有的大量有机物以及N、P、K等营养元素会造成水体富营养化，大量藻类繁殖，消耗水体中的溶解氧，随着溶解氧的减少，水体呈现厌氧状态，释放H_2S、NH_3等气体，水环境恶化，改变水生生物的生存环境，最终导致水生生物死亡；第三，畜禽废弃物不经处理长期堆放，会产生恶臭气体（H_2S、NH_3、CH_4等）污染空气和人畜健康；第四，畜禽废弃物进入土壤，其本身以及分解产物会导致土壤的物理性质和化学性质发生改变，并且携带的病原微生物、有毒有害物质在土壤中会随食物链迁移至人和动物体内，严重威胁人体健康。

综上所述，大量的畜禽废弃物的产生如果得不到及时处理，不仅会对生态环境和人体健康造成很大的影响，而且由于其本身含有大量的糖类化合物和营养元素没有得到有效利用，浪费资源，污染环境，因此，将畜禽粪便变废为宝，使其无害化、减量化和资源化利用迫在眉睫。通常，畜禽粪便资源化的方法包括物理法、化学法和生物法。其中，由于生物法中的高温好氧堆肥以其无害化程度高、堆腐时间短、处理规模大、成本较低、产品肥效高、易于推广等优点，逐渐成为畜禽粪便最受欢迎的一种处理方法。

（2）好氧堆肥技术在畜禽废弃物中的应用　好氧堆肥技术处理畜禽废弃物是指在好氧条件下，利用微生物将畜禽粪便中的有机物氧化、分解、发酵腐熟得到无臭、无虫（卵）及病原菌的优质有机肥料的过程。国内很多学者研究了添加不同的调理剂对不同畜禽粪便的好氧堆肥研究。段微微以新鲜猪粪为底料，添加植物秸秆粉为辅料调节含水率、C/N、通气量等进行好氧堆肥，测定了好氧堆肥过程中的温度、耗氧速率、C/N、含水率、粗灰分等指标，并对堆肥后的产品养分及无害化程度进行了分析研究；李吉进研究了新鲜鸡粪和不同填充料玉米秸秆、糠醛渣和蘑菇渣的好氧堆肥，分别测定了堆体一般性质的变化、主要营养元素的动态变化、生物化学变化特征、腐殖质变化特征、堆肥腐熟指标及其工厂化生产应用，结果表明温度直接影响堆肥产品的质量，各营养元素的绝对量随着总干物重下降均有不同程度的减少，腐熟后的总腐殖酸、游离腐殖酸及水溶性腐殖酸呈下降趋势，但腐殖酸与有机碳的比率增高，说明堆肥过程中碳素腐殖化作用明显，糠醛渣、蘑菇渣与玉米秸秆一样，都可作为畜禽粪便堆肥的填充料，而且糠醛渣、蘑菇渣作为填充料较玉米秸秆作为填充料能使堆肥提前腐熟，更适合有机肥料工厂化生产。还有通过研究炉灰渣和鸡粪、生物质炭和猪粪、橡木炭和猪粪、重金属钝化剂和猪粪、猪粪和稻草、碧糠等的好氧堆肥过程，分析研究堆肥腐熟发酵机理、堆肥产品的肥效以及各类指标的变化。王磊在"牛粪好氧堆肥处理技术"一文中，对照牛粪的发酵参数，对牛粪堆肥发酵的控制和调节以及堆肥产物的评判质量标准做了分析研究，为合理控制牛粪的堆肥条件和堆肥腐熟提供了理论依据。还有学者对兔粪和不同堆积高度的羊粪的好氧堆肥的研究，为畜禽粪便更好、更快的堆肥腐熟以及资源化利用提供了基础和保障。

众所周知，畜禽粪便不加处理直接利用，其本身还有大量的微生物以及重金属等对农作物和人类健康都会带来一定的危害，有学者研究了不同畜禽粪便堆肥过程中微生物种类的变化以及不同重金属形态变化。尤其是重金属类污染物一旦进入环境，其难降解、迁移性差，又具有潜在的危害性，一些学者研究了畜禽粪便好氧堆肥过程中重金属形态和有效态含量的变化。毛晖研究了猪粪好氧堆肥过程中 Zn 和 Cu 形态的变化；孟俊研究了猪粪堆制、热解过程中 As、Cd、Cu、Hg、Mn、Ni、Pb、Zn 等的形态变化及有效态含量；刘飞以牛粪为堆肥原料，锯末作为调理剂，通过静态好氧堆肥试验，系统考察了棉秆木醋液的添加对牛粪堆肥理化性质及时空特征变化的影响，分析了添加棉秆木醋液的牛粪堆肥过程中温室气体排放的情况，探讨了通过木醋液来调控牛粪堆肥过程中温室气体排放的作用机理，以及堆体有机质、温度、总氮与 CO_2、CH_4 的相关性。新疆农业大学贾洪涛课题组利用奶牛污粪好氧堆肥，研究了不同通气量、不同温度和秸秆（苜蓿秸秆）比例对奶牛污粪好氧堆肥的影响，在此基础上优化了堆肥条件，研究了不同来源的秸秆（苜蓿秸秆、棉花秸秆、玉米秸秆、小麦秸秆）添加对牛粪好氧堆肥的影响，除了测定堆肥过程中一些基本指标的变化外，还测定了堆肥中 TN、TP、TK、速效 P、速效 K、Pb、Cd、As、Hg、Fe 和 Mn 等因素的变化，筛选出了适合新疆气候因素的牛粪好氧堆肥秸秆添加剂。

除了研究好氧堆肥技术在各类农林业固体废物中的应用外，还有很多学者研究了各类农林业固体废物的混合好氧堆肥，好氧堆肥成为农林业固体废物资源化的有效途径之一。尉良比较了上海市最常见的农业废弃物牛粪和水稻秸秆以及猪粪和水稻秸秆的混合好氧堆肥，研究了堆肥原料最适宜的启动配比、堆肥达到完全腐熟需要的时间、添加外源微生物菌剂对堆肥腐熟速度和质量的影响，并且建立了一套能有效、快速地检测堆肥腐熟度质量的指标体系。赵玉娇等以牛粪和红薯秸秆为原料进行静态好氧堆肥，比较不同原料配比下，堆肥过程中温度、pH 值、EC、速效氮、总氮、有机质以及种子发芽指数等指标，以期选择出最适宜的发酵配方。湖南大学环境科学与工程学院曾光明、陈耀宁等分别以农业废弃物（稻草秸秆、蔬菜、麸皮以及土壤的混合物）为原料进行堆肥，分析了好氧堆肥过程中不同因子（温度、水溶性有机碳、C/N、pH 值、供氧量以及含水率）对细菌群落结构的影响、氨氧化菌群的变化、物化参数对放线菌群的影响、反硝化细菌的多样性、堆肥不同时期产漆酶担子菌群落的多样性以及堆肥不同位置微生物群落分布特征的驱动机制响应。

2.3　好氧堆肥技术在城市生物质固废中的应用

2.3.1　在城市生活垃圾中的应用

随着城市化进程的不断加快，城市人口迅速增加，人们的生活水平也越来越高，导致城市生活垃圾的数量也逐年增加。城市生活垃圾是城市居民日常生活丢弃的固体废物以及清扫的地灰和商业垃圾等城市废弃物，按照《城市垃圾产生源分类及垃圾排放》(CJ/T 3033—1996) 标准，城市生活垃圾按产生来源可分为九类：居民生活垃圾、清扫垃圾、商业垃圾、工业单位垃圾、事业单位垃圾、交通运输垃圾、建筑垃圾、医疗垃圾和其他垃圾。其主要特点是富含易分解的有机物，同时还有废包装、塑料、废旧生活用品和燃煤炉灰等。有研究者对国内外生活垃圾的主要组成成分进行了研究分析，如表 2-9 所示。据统计，我国城市人均年产生活垃圾 400~500kg，其中 200 万人口以上的城市人均日产 0.62~0.98kg 生活垃圾，中小城市人均日产 1.1~1.3kg 生活垃圾，被填埋或堆弃的城市生活垃圾已达 60 亿吨。全国已有 2/3 的城市被垃圾所包围，露天堆置或存放使得生活垃圾通过各种环境介质（大气、水、土壤）进入到人体，不仅侵占土地，造成土壤、大气和水污染，而且会影响城市市容以及环境卫生。生活垃圾的剧增引起了一系列环境、经济和社会问题，严重阻碍了城市的健康发展和人民生活水平的提高。妥善处理城市生活垃圾，节约资源和能源，实现城市的可持续发展，已经成为各国政府学者关注的焦点问题。

表 2-9　国内外生活垃圾各组分所占比重

国家 或城市	生活垃圾组分/%							
	纸类	木竹	厨余	塑料	织物	金属	玻璃	其他
美国	47.0	0.0	22.0	5.0	0.0	3.0	3.0	20.0
德国	31.0	0.0	16.0	4.0	2.0	5.0	13.0	29.0
意大利	28.0	4.0	31.0	14.0	4.0	3.0	8.0	8.0
日本	35.0	4.0	17.0	18.0	6.0	4.0	9.0	7.0
英国	31.0	0.0	25.0	8.0	5.0	8.0	10.0	13.0
法国	34.0	0.0	15.0	4.0	3.0	3.0	9.0	31.0
印度	0.0	10.0	49.0		7.0	0.0	35.0	0.0
泰国	13.0	6.0	45.0	10.0	11.0	0.0	15.0	0.0
巴西	19.0	1.0	52.0	15.0	6.0	3.0	2.0	2.0
北京	5.5	5.8	51.8	10.4	3.0	1.0	5.4	17.2
上海	4.6	11.6	56.1	8.6	2.3	0.9	2.9	6.8
武汉	9.5	1.6	54.2	1.6	12.7	0.0	9.4	0.0
广州	6.4	2.4	61.0	17.5	4.3	0.8	3.0	4.6
杭州	3.7	1.2	58.2	7.6	2.2	1.0	2.1	24.0
深圳	11.0	0.0	59.4	14.0	3.9	0.0	5.0	6.7

国外对城市生活垃圾最早的处理方式是回收利用。比如美国针对垃圾回收进行奖励，虽然其垃圾产生量世界最大，然而在很大程度上对垃圾进行了回收。同时，美国一些城市还采

用垃圾收费制度以及法律约束制度等实现垃圾的回收利用。城市生活垃圾的处理主要是采取焚烧、堆肥、卫生填埋等常见的处理处置方法，如表 2-10 所示。垃圾的卫生填埋使用设备较少，处理技术简单，但是会产生大量的渗滤液和含有重金属、有机物的污染物，严重污染地表水和地下水，填埋处理过程中还会释放出大量的 CH_4 和 CO_2 等温室气体，加剧气候变暖；焚烧可以快速实现垃圾的减量化，日本、瑞士、丹麦等国家 70% 以上的生活垃圾均采用焚烧法处理，而我国的生活垃圾由于水分含量高、热值低，焚烧处理很容易产生二噁英等有害物质，危害人体健康。堆肥技术起始于 20 世纪 30 年代，至今已形成了各种完善的工艺和设备。再加之进入 20 世纪 90 年代以后，欧美发达国家垃圾填埋场的标准和焚烧处理的排放标准都不同程度地进行了修订并进一步提高，焚烧处理和填埋处理成本也随之增加，为垃圾堆肥处理提供了发展空间。近年来，由于垃圾堆放是可降解有机物的再生利用，因此欧美一些发达国家把堆肥技术视为垃圾减量和资源化的最佳途径之一。

表 2-10　卫生填埋、焚烧及堆肥技术的特点

指标	卫生填埋技术	焚烧技术	堆肥技术
机械设备	设备相对少，处理技术相对简单	设备复杂，处理技术较难，高科技投入多	配套设备较多，技术密集，分选处理相对较难
占地面积	大	小	中
对垃圾质量要求	无要求	垃圾热值大于 3350～4186J/g	有机物含量高于 40%
二次污染	地面水、地下水、大气均有二次污染，尤以地下水污染较难控制	大气污染严重，需采用先进技术控制有害气体排放	对土壤、地面水有轻微污染
资源化产品及用途	沼气，用于发电、供热	燃料气、燃料油用于发电、供热	腐熟堆肥，直接农用或配置高效系列有机复合肥
废物利用率	低，严重浪费资源	高，充分利用废物资源的热能	高，物尽其用，变废为宝
最终处理	无	残渣占 10%，须填埋	残渣 10%～15%，须填埋
单位投资额	低	高，35～45 元/t	中等，15～30 元/t
利润	低	高，45～80 元/t	中等，30～50 元/t
技术方法	压缩填埋，破碎填埋，渗滤填满	热解法（提取燃料气和油），水解法（提取酒精）	好氧发酵

　　我国城市垃圾处理起步较晚，20 世纪 90 年代以后垃圾处理率逐渐提高。随着人民生活水平的不断提高，生活垃圾的组成成分也在不断变化，其中有机成分占比不断提高。因此堆肥处理是一种很有效的，使生活垃圾减量化、资源化和无害化的途径，同时垃圾堆肥后的产品可以作为肥料应用于农业生产，促进农作物的生长发育并提高土壤有机质含量。20 世纪 90 年代初期湖北大学张延毅利用城市生活垃圾堆肥产品做肥料研究了水稻、小麦、油菜的生长以及对土壤的影响，结果表明使用生活垃圾堆肥产品做肥料能够明显改善水稻、小麦、油菜的生长发育、产量及品质，并提高土壤的有机质含量，增加了土壤肥力，虽然出现了重金属累积的现象，但远低于环境标准的允许值。马琨等研究了城市生活垃圾堆肥对春小麦生长和土壤的影响，常连国等研究了生活垃圾堆肥在林业上的应用，曾峰海等通过盆栽试验研究了城市生活垃圾堆肥对草坪土壤性质和草生长的影响，赵树兰等通过田间试验研究了城市

生活垃圾堆肥基质对高羊茅和黑麦草不同品种草坪植物生态及质量特征的影响，结果表明生活垃圾堆肥能明显改善土壤质量，提高肥效，促进植物生长。范海荣等对城市垃圾堆肥的肥力效应、生物效应和环境效应进行了分析，结果表明城市生活垃圾堆肥在肥力效应方面可以增加土壤有机质，提高其养分，改善土壤的理化性质；持续改善土壤的微生物菌群结构，提高植物的产量和品质；但是，同时也产生相应的环境效应，比如长期施用会造成土壤的沙化、盐渍化、重金属积累等环境问题，因此为了提高垃圾堆肥的质量，要发展无机有机复合肥。邵华伟等以玉米为研究对象，通过连续三年的施用以城市生活垃圾为原料的堆肥产品，在分析土壤和玉米各器官重金属分布规律及对土壤养分的影响基础上，得到的结果为土壤养分增加明显，土壤重金属含量呈现累积，但高施肥量（$60000kg/hm^2$），土壤中的 Cd、Cr、Pb、As、Hg 五种重金属含量仍远低于土壤二级标准。由此可见，城市生活垃圾堆肥生产出的堆肥产品能够代替化学肥料应用到农林业生产中去，但如果施入土壤的堆肥产品是没有腐熟的，则会造成植物缺氮，此外，微生物在土壤中持续代谢亦消耗土壤中的氧气，进而产生厌氧环境，从而影响植物根系的生长。因此有学者对城市生活垃圾堆肥腐熟度的评价做了研究，比如袁荣焕对重庆市城市生活垃圾堆肥腐熟度综合评价指标与评价方法进行了研究，宁尚晓以乌鲁木齐城市生活垃圾综合处理厂为例，通过调节堆肥 pH 值和含水率来进行堆肥实验。分析测定堆肥过程中的温度、含水率、pH 值、电导率（EC）、有机碳、有机质、碳氮比（C/N）、NH_4^+-N、种子发芽指数（GI）和总磷、总氮、总钾等参数的变化情况，建立堆肥腐熟度评价标准，对评价指标进行分级，采用模糊数学的方法计算出堆肥产品在腐熟、较好腐熟、基本腐熟、未腐熟四个级别中的隶属度，评价堆肥产品的腐熟程度。除此之外，也有学者对不同类型生活垃圾的来源、分类进行了分析研究，并以其中最主要的成分进行堆肥研究。西南大学易蔓对重庆地区四个不同类型村庄的农村生活垃圾的来源、产生量、主要组成成分等进行了研究，并将其与污泥混合堆肥，分析了污泥的添加对堆肥过程中主要指标的影响。中国农业大学的杨帆分析了生活垃圾（以其主要成分餐厨垃圾和玉米秸秆混合）堆肥过程中甲烷、氨气等污染气体的减排与管理的生命周期评价，并提出了堆肥过程中污染气体减排的技术措施，降低温室气体的排放，减小全球气候变暖的潜势。

2.3.2 餐厨垃圾

（1）餐厨垃圾的来源、特征及其危害 餐厨垃圾是宾馆、饭店及机关企事业等餐饮单位以及家庭抛弃的菜帮、菜叶、剩余饭菜以及骨头等的通称，是人们生活消费过程中产生的一类有机固废。根据是不是经过烹饪处理可将餐厨垃圾分为餐前垃圾（厨余）和餐后垃圾（泔脚）。餐前垃圾一般呈固态，基本保持原有食材特性，而餐后垃圾经加热烹饪处理后，一般呈流体状，含水量大，并含有大量的油脂、盐分及其他各种调味料物质等，也更易滋生微生物而腐败。餐厨垃圾是城市生活垃圾的主要组成部分，不同国家或地区城市生活垃圾中餐厨垃圾所占的比例不同，其中广州最多，占到生活垃圾的 61%，其次是深圳、杭州、上海、武汉以及北京。造成这一现象的原因在于不同地区的饮食结构、文化氛围不同。国内外生活垃圾差异性明显，其中餐厨垃圾的比重表现的差异最大。我国不同城市餐厨垃圾占生活垃圾的比例均高于国外其他国家。

餐厨垃圾来源组成和特性受经济水平、文化习俗、气候和饮食习惯等多方面的影响而有所不同，从物理组成上来看，主要成分包括剩菜、剩饭、水果、蔬菜残料、动植物油脂等；从化学组成上来看，主要成分包括淀粉、纤维素及半纤维素、蛋白质及脂肪等大分子有机化合物和水分。主要特征表现在以下几方面。

① 成分复杂，餐厨垃圾来源广泛，包括饭店、单位或学生食堂、餐厅、家庭等，因此餐厨垃圾产生量大，且成分复杂。

② 有机质含量较高，主要是因为餐厨垃圾中含有很多主食，主要成分为淀粉、蛋白质和糖类等，还含有蔬菜类物质，其主要成分为纤维素、半纤维素以及木质素等，最后还包括肉类，主要成分为脂肪和蛋白质。

③ 含水率和含盐率以及油脂含量高，餐厨垃圾中一方面由于含水率高达 $60\% \sim 80\%$，燃烧热值很低，给收集运输带来很大的困难，另一方面由于其高的含盐率和油脂含量，会影响微生物的活性。

④ C/N 含量低，易腐烂发臭，滋生蚊蝇，热值低，易产生渗滤液，处理过程中占用大量的土地并污染地下水，对环境和人类健康的影响较大。

(2) 好氧堆肥技术在餐厨垃圾中的应用　餐厨垃圾既是一种废物，又是一种可以利用的资源。目前，我国餐厨垃圾传统的处理方法主要是填埋、焚烧、直接喂猪以及粉碎直排等，虽然处理简单、成本低，但是占用土地、污染环境、浪费资源，且餐厨垃圾本身含水率高、热值低，焚烧过程中燃烧不完全很容易产生二噁英等有害物质，对人类健康产生很大的影响。餐厨垃圾的资源化方法主要有高温发酵堆肥、厌氧发酵产气以及饲料化。其中高温发酵堆肥技术运行周期短，操作简单，应用普遍，成为餐厨垃圾资源化的首选处理方法。不同学者对餐厨垃圾高温好氧堆肥的试验过程、影响因素、工艺优化等做了研究，对堆肥过程中的含水率、C/N、pH 值、有机质等不同参数进行了测定和分析比较，了解了好氧堆肥的最佳条件和工艺参数，为餐厨垃圾的资源化技术提供了参考。杨延梅等以木屑为调节剂分别与厨余和泔脚混合堆肥进行研究，结果表明厨余初始的微生物数量较泔脚多，泔脚堆肥的水溶性比厨余堆肥高，pH 值比厨余堆肥低，高温期持续时间长，CO_2 释放率高；两个堆肥系统原料中有机氮含量占绝对优势，厨余堆肥、泔脚堆肥的氮损失率分别为 35% 和 14.5%，NH_3 挥发占氮损失的比例分别为 60% 和 58%。孟潇研究了强制通风对餐厨垃圾好氧堆肥中各参数的影响，结果表明通风量对堆肥中含水率和温度影响明显，且通过不同参数的对比，得到了餐厨垃圾堆肥的最佳通风量。罗珈柠对上海市三种典型餐厨垃圾（果蔬垃圾、混配餐厨垃圾和居民区家庭餐厨垃圾）堆肥的理化性质及堆肥腐熟性进行了分析，并利用盆栽试验研究了不同餐厨垃圾堆肥按不同配比均匀混入土壤后，对土壤性质及常见速生园林植物的影响，结果表明餐厨垃圾堆肥的有机质、氮、磷含量高，重金属含量低，有毒有害成分少，因此施与土壤之后，能显著提高土壤的有机质、氮、磷含量，增加土壤的保水能力，促进植株生长，抑制分枝。

除此之外，何李健、李兵、邹德勋等研究了餐厨垃圾和污泥、水葫芦以及菌糠等联合好氧堆肥的效果，对堆肥过程中各参数变化、堆肥腐熟度、重金属元素以及酶活等指标进行了研究分析，都得到了较好的效果。沈红艳等研究了餐厨垃圾与绿化废弃物好氧堆肥过程中温室气体的排放。林山衫等通过测定餐厨垃圾的含盐量和油脂含量，研究了以厨余垃圾、秸秆和豆渣为原料的好氧堆肥过程，测定了堆肥过程中不同温度阶段的优势种群，缩短了堆肥周期，且堆肥产品达到了稳定化、无害化程度的评价标准。Tosun 等将厨余垃圾和玫瑰花种植产生的废弃物进行了混合堆肥研究。Olufunke 等针对厨余垃圾和污泥的混合物开展了堆肥发酵的工艺研究。Lhadi 等将厨余垃圾和畜禽粪便混合堆肥并研究了堆肥过程中的有机物变化规律。张红玉利用厨余垃圾与农业废弃物联合好氧堆肥，比较了餐厨垃圾单独堆肥、秸秆与猪粪堆肥、添加50％和60％厨余垃圾与秸秆和猪粪堆肥中温度、pH值、O_2、EC以及腐殖酸光学特性（E4/E6）等指标的变化，结果表明堆肥物料对堆肥过程中温度影响较大，厨余垃圾和农业废弃物联合堆肥更有利于有机物的无害化和腐熟。

2.3.3　污泥

污泥是污水处理过程中产生的沉淀物质，其中包括泥沙、纤维、动植物残体及其凝结的絮状物、各种胶体、有机物及吸附的金属元素、微生物、病菌、虫卵、杂草种子等固体物质。

当前主流的污泥处理处置方法包括填埋、焚烧、倾倒和土地利用等。污泥可以单独填埋，也可以和其他废弃物比如生活垃圾一起填埋，这种方法处理污泥简单，成本较低，但是占地面积大，难以选址，填埋后还会不断产生渗滤液，持续污染土壤和地下水；焚烧是利用高温将污泥中的有机质彻底氧化，最大限度地实现减量化和资源化，不受气候条件的影响，但是由于污泥含水率高，热值低，燃烧后会释放出有害物质，因此焚烧耗资大、设备复杂、对操作人员的素质和技术水平要求高；海洋倾倒会对海洋造成严重的环境污染，被世界各国明令禁止，我国也于1998年停止采用海洋倾倒的方法处理处置污泥。由于环境容量减小、环境压力增大，且上述三种处理方法易产生二次污染问题，故已逐步淘汰使用。污泥中丰富的有机质资源和营养物质使得土地利用方式越来越引起重视。用堆肥法处理污泥，进行土地应用，经济简便、无二次污染、实现了资源的回收利用。目前国内外有大量的研究以及工艺开发将污泥转换为有机肥，具有良好的市场前景。但是由于城市污水成分复杂，含有大量的微生物、有机质以及植物生长所需的氮、磷、钾等营养物质，也含有钙、铁、硫、镁、锌、铜、锰、硼、铂等微量元素。其中有机物含量在30％～50％，来自食品、造纸、炼油等行业的工业废水处理污泥中也含有大量的有机物。同时污泥又具有含水率高、易腐烂、有恶臭的特点，部分污泥比如处理工业废水所产生的污泥中含有较高的重金属含量、多种病原体、持久性有机污染物等，比较常见的有多环芳烃类（PAHs）、多氯联苯类（PCBs）、邻苯二甲酸酯类、氯代酚类（CPs）、卤代烷烃类等，在环境中持久性存在，毒性强，危害大，有致畸、致癌、致突变作用，如不妥善处理会引起严重的二次污染问题，堆肥工艺中应注意控制。

城市污泥的含水量较高、颗粒细小、透气性较差，在脱水过程中加入了絮凝剂后，使得其更易板结，因此，在污泥的堆肥化处理中，根据污泥自身的性质，需要在堆肥化原料中加入树叶、木屑、秸秆等作为调理剂，增加污泥孔隙率、降低黏度，从而能够改善堆体的水分和透气，为高效堆肥提供必要条件。在堆肥过程中，堆体温度需达到$60～70℃$，消灭污泥中病原体及寄生虫等。唐淦海等利用不同农作物秸秆作为城市污泥的填料进行好氧堆肥，研究了堆肥后的产物对土壤氮素矿化度的影响，分别测定了其铵态氮和硝态氮的含量变化，结果表明秸秆污泥堆肥可以促进土壤氮的矿化，不同秸秆污泥堆肥间土壤氮的矿化速率没有明显变化规律。还有学者以花生壳、锯末等为调理剂，研究其在污泥好氧堆肥过程中的影响。李洋等依托上海松江区固体废物处理厂，选取鸡粪、猪粪、厨余、杂草、果蔬垃圾、秸秆、园林垃圾、污泥以及生活垃圾九种不同原料，采用工厂化好氧堆肥工艺进行堆肥实验，对堆体的温度、含水率、pH值、C/N、w（OM）、ρ（NH_4^+-N）、ρ（NO_3^--N）、ρ（DOC）、ρ（DOC）/ρ（DON）及GI腐熟度评价指标变化规律进行研究，结果表明堆肥腐熟度受多方面因素的影响，不同物料由于组分含量不同，堆肥腐熟的难易程度也不同，其中畜禽粪便最易腐熟，在堆肥的第 29 天就达到腐熟标准，第 35 天时所有原料均达到了完全腐熟标准，建议将工厂化好氧堆肥周期统一为 35 天，缩短了工程实际堆肥天数，提高了堆肥效率。浙江大学花莉等针对城市污泥的堆肥资源化工艺技术开展针对性研究，分析了发酵过程中污染物的控制机理。在研究中首先对浙江省 12 家主要污水处理厂的污泥中 PAHs、重金属以及其他一些基本性质做了研究，结果表明，浙江省主要的污水厂污泥有机质含量都比较高，并且富含氮、磷等营养元素，有利于其进行农业资源化利用；其次，针对污泥中含量较高的 PAHs 类化合物，利用好氧堆肥技术对其进行生物解毒处理研究，证实了好氧堆肥技术可以有效降低 PAHs 的污染风险；由于好氧堆肥过程中氮损失严重以及污染物解毒效率低，因此利用生物质炭为调理剂研究了污泥好氧堆肥过程中氮素损失和污染物控制，并利用盆栽试验，研究了生物质炭添加对堆肥污泥的肥效及污染物累积效应的影响，实验结果表明在土壤中施用堆肥污泥可以明显改善土壤养分，但如果过量使用会导致土壤中持续累积重金属、PAHs 等，从而增加土壤污染的环境风险。孙文彬也研究了生物质炭对城市污泥好氧堆肥过程中碳素转化及堆肥品质的影响，结果表明生物质炭的添加可以缩短污泥好氧堆肥的高温期、提高堆体中的有机碳含量、降低堆肥中腐殖酸（HS）、胡敏酸（HA）和富里酸（FA）的含量，但可以提高堆肥中 HA/FA，同时可以降低堆体中有效 Cu、有效 Zn 的含量。朱刚等对城镇污水处理厂的剩余污泥、马雪梅对兰州市通过将不同的外加剂或调理剂添加到城市生活污泥中，对污泥好氧堆肥的机理及各项参数的变化进行了研究，结果表明好氧堆肥技术可以实现污泥的资源化利用，但好氧堆肥过程中的恶臭气体的释放成为限制其无害化的主要因素之一。赵占楠研究了污泥好氧堆肥过程中臭气排放特征和防控，结果表明挥发性有机物（VOCs）在臭味贡献中占很大比重，堆肥过程中通风策略、温度和 pH 值会影响挥发性有机污染物的排放，其中通风策略是最重要的影响因素之一。

2.4　好氧堆肥技术在工业生物质固废中的应用

工业生产过程中产生的生物质固废主要来源于生物质加工产业生产所得的固体废物，包括甘蔗渣、果渣、茶叶渣、中药渣、稻壳、花生壳等（表 2-11）。

表 2-11　生物质加工产业产生的固体废物

种类	来源	成分
甘蔗渣	甘蔗渣是制糖工业的主要副产品，我国每年产糖 1000 万吨，甘蔗渣有近 1 亿吨	纤维素和纤维的含量很高，纤维形态虽然比不上木材和竹子，但是比稻、麦草纤维则略胜一筹。甘蔗渣含糖量在 2%～3%
稻壳	稻谷碾出大米后留下的稻壳，我国稻壳年产量达 4000 万吨，居世界首位。稻壳作为农业废弃物，约占稻谷总产量的 20%	富含纤维素、木质素、二氧化硅，其中脂肪、蛋白质的含量较低，稻壳中所含木质素和硅质较高，直接施放到田间作肥料不易腐烂
花生壳	我国每年花生产量约为 1500 万吨，其中花生壳产量约为 500 万吨	花生壳的主要成分是粗纤维、粗蛋白、粗脂肪、双糖、还原糖、淀粉等。还含有一些矿物质，如钙、磷、钾、铁、锰等
木竹	天然竹子、林木经过斧、锯、刨、凿、钻、开榫等加工后的剩余物统称为"废物"。2010 年我国木材产量约为 8089.62 万立方米，竹材产量约为 143007.81 万根，在加工过程中，利用率只有 30%，其余 70% 都成为废料	结构和组成成分随树木种类、植株茎、叶等位置的不同而不同，纤维素、半纤维素、木质素的含量亦不同

甘蔗渣是制糖工业的主要副产品，是一种重要的可再生资源，其主要成分是木质纤维素，还含有少量的蛋白质、淀粉和可溶性糖等，甘蔗渣的干物质含量为 90%～92%，其中粗蛋白质 2.0%，粗纤维 44%～46%，粗脂肪 0.7%，无氮浸出物 42%，粗灰分 2%～3%。由于甘蔗渣木质化程度较高，在反刍动物饲料的应用和直接用作食用菌的栽培料等方面都有所限制。目前，甘蔗渣最普遍的应用有以下几方面：一是燃烧发电，比如用作锅炉燃料，但是在燃烧过程中会造成空气污染，且这种利用的经济效益偏低；二是将甘蔗渣用于制浆造纸的原料；三是用于生产人造板材，通过使用甘蔗渣废弃物能够实现资源的再利用，同时也能减少木材使用；四是甘蔗渣的高值转化利用，即制取木糖、木糖醇、糠醛、糠氯酸、活性炭、保健食品、药物、缓释剂以及生物材料等。除此之外，利用甘蔗渣做调理剂或直接将甘蔗渣高温好氧堆肥，可以更好地实现其资源化和无害化。例如，聂艳丽等针对我国云南省热区的甘蔗主产区产生的甘蔗渣，采用不同堆肥方式及不同物料配比等设计速生阔叶树种团花育苗基质配方，在使用甘蔗渣量达到 90% 的条件下，基质中养分（速效磷、速效钾、交换性钙）含量均能满足团花苗木需求，实现了甘蔗渣的无害化、资源化高效利用。在甘蔗渣堆肥化处理过程中，堆体中 C/N 呈下降趋势，基质中总 N 含量下降明显，而速效磷、速效钾、交换性钙的含量呈增加趋势。黄朝晖等对城市污泥促进甘蔗渣好氧堆肥的腐熟度进行了研究，结果表明甘蔗渣与不同含氮物质如牛粪、鸡粪和尿液等混合堆肥均可以满足堆肥腐熟度的标准要求，堆体添加城市活性污泥后可以在一定程度上促进腐熟，综合其对堆体温度、含水率、pH 值、有机质变化以及发芽率等指标的影响，可以使堆肥时间平均减少 5～7 天。邓晓等利用甘蔗渣做调理剂，研究了不同比例组合的香蕉秆和甘蔗渣在香蕉秆堆肥过程中的微生物变化规律，结果表明不同处理组的微生物种群总数呈"波浪型"的变化规律，其中细菌和放线菌种群的数量变化与微生物种群总数的变化规律一致，真菌种群的数量变化呈降低趋势。在整个堆肥化过程中，由于中温微生物数量始终高于高温微生物，且中温微生物的菌群数量总是最高，因此，中温微生物菌群成为香蕉秆堆肥过程中的优势菌群。在香蕉秆堆肥处理处置过程中加入一定比例的甘蔗渣，能够有效提高堆肥温度，而且也能促进微生物种群数量的增加。

果渣是果品加工后的废渣，其主要成分为水分、果胶、蛋白质、脂肪、粗纤维等，含水率约为 70%。在发达国家，果渣的综合利用已实现规模化，比如生产酒精，在美国利用曲霉发酵产生的 β-糖苷酶降解果渣中纤维素，转化成酵母可利用的葡萄糖，然后进行厌氧发酵转化为酒精。还有生产香料、膳食纤维、果胶、低聚糖、食用菌、柠檬酸等。王景伟等以柿酒渣、牛粪为原料，采用小型条垛好氧高温堆肥方式进行堆肥试验，分析研究了堆肥产物的腐熟度、养分以及生物效应，结果表明该类混合堆肥的产物稳定性好，堆肥产品的养分含量优于牛粪堆肥产品，同时将堆肥产品用于菠菜种植，经与牛粪堆肥产物的施用对比分析，菠菜地上部分、地下部分干重、生物量显著提高，从而解决了废弃物柿酒渣的环境污染问题，并延长了柿子产业链。

中药渣即中药材通过一定的方式提取有效成分后所剩余的残渣，含水量很高，属湿物料的范畴，且富含易降解糖类及小分子有机化合物，在自然环境下长期堆置会被微生物腐化分解，若不及时处理，就会对自然环境和人类健康造成影响。我国大部分中药制药企业环保意识薄弱，对于中药渣大多采用传统的焚烧、填埋、固定区域堆放等处理方式，这样不仅造成了资源浪费，也使得环境遭到破坏。王引权等利用尿素为氮源，调节不同初始碳氮比，采用自制高温好氧堆肥反应器对中药渣进行了高温好氧堆肥试验，研究表明中药渣是一种较好的高温好氧堆肥原料，同时采用混合中药固渣和植物油品加工生产的菜籽油渣饼为原材料，利用好氧静态发酵箱进行堆肥化试验，研究了不同比例的中药固渣和菜籽油渣饼联合堆肥处理过程中主要参数的变化，用以探讨中药固渣的利用，并得到了可以改善土壤肥力和品质的堆肥产品。孙利鑫等针对不同纤维素含量的黄芪渣、白芷渣和桃仁渣为研究对象，利用好氧堆肥反应装置，通过化学分析、物理分析、生物学测试、色谱分析等研究手段分析堆肥过程参数和温室气体排放，结果表明随着堆肥反应的进行，温室气体的质量浓度随堆肥时间的增加均降至较低水平。通过堆肥工艺技术，黄芪渣基本实现了堆肥物料的资源化、减量化和无害化，转变为了一种结构良好、富含植物养分的优质堆肥化原料；桃仁渣的通透性不足，为了保证堆肥的顺利进行，需添加辅料进行调节，而白芷渣的初始 C/N 不满足要求，需调整其碳氮含量。

叶长明利用花生壳和秸秆做调理剂研究了污泥在好氧堆肥过程温度、pH 值、氨氮、总磷、含水率以及有机质的变化特征，研究结果表明当花生壳添加量为 20％ 左右时，堆肥升温较快，总磷含量高，氨氮损失小。张蔓比较了锯末、花生壳、厨余＋锯末为调理剂对污泥好氧堆肥的影响。谷思玉研究稻壳做调理剂在不同 C/N 条件下鸡粪的好氧堆肥，探索鸡粪与稻壳高温堆肥的最佳 C/N 配比。李荣华研究了添加不同比例木炭，以稻壳为调理剂的猪粪的好氧堆肥过程，研究结果表明添加木炭能促进堆肥有机物料的降解，加快堆肥腐熟脱毒，同时堆肥产物中总氮质量分数增加，产品质量得到提升。倪娜娣等通过引入木屑、稻壳、米糠等调理剂在塑料大棚内对猪粪进行高温好氧堆肥，分析堆体温度、水分、碳素、氮素、耗氧速率等指标随时间的动态变化。邹璇等在堆肥过程中同时引入调理剂（干鸡粪、米糠、堆肥返料）和磷矿粉对木薯渣进行好氧堆肥，研究木薯渣堆肥过程中堆肥理化性质的变化及木薯渣堆肥对难溶性磷的活化作用，研究结果表明木薯渣堆肥对难溶性磷有一定的活化作用，为解决堆肥资源化产品中植物可利用磷含量偏低的难题开拓了一条生物学途径。

2.5 好氧堆肥技术面临的主要问题

在一个管理良好的堆肥过程中，大约会有 50％ 的可生物降解的有机物质转化为 CO_2、H_2O、矿物盐和能量，还有大约 20％ 的有机物经过复杂的代谢转化生成腐殖质类物质，另外 30％ 会转变为简单的有机分子。在这个堆肥的过程中，根据堆肥系统、堆肥时间、通风情况、有机物的质量、堆肥粒径、C/N 以及温度的不同，有机物在被降解过程中会有一定程度的损失。比如含氮有机物（蛋白质）在被微生物降解的过程中会产生游离氨，如果游离氨没有立即被硝化细菌氧化，就会通过挥发进入大气环境，造成堆肥过程中的氮素损失。而堆肥过程中的恶臭气体来源于发酵过程的氮素严重损失，碳氮比的失衡导致堆肥时间延长。根据相关研究，在有机废弃物的堆肥过程中，氮素的损失率在 16％～67％ 范围内，而其中又主要是以氨挥发的形式损失。堆肥过程中的氮素损失造成堆肥恶臭扩散的同时，也会造成养分的大量流失，从而使堆肥产品的农用价值降低。另外，臭气控制技术缺乏，臭气排放量大，会对环境造成严重污染，大大降低了堆肥技术的社会接受度。

2.5.1 有机肥生产臭气控制及处理技术

有机肥生产的臭气主要来自垃圾运输车、贮料仓、分选区和堆肥区。恶臭气体的主要成分是：硫化氢、氨、甲硫醇、三甲胺、甲基硫、二甲基硫、三甲胺、甲基硫、苯乙烯、乙醛等。在考虑除臭技术时，一般主要考虑上述物质的前四种，其余几种引起的臭味不大。其中，甲基硫和甲硫醇的臭味最大。这些气体不仅对大气造成二次污染，而且影响附近居民的生活质量，甚至可直接对呼吸系统、内分泌系统、循环系统等产生危害，威胁人身健康。因此，解决臭气问题是堆肥工艺的一个关键问题。

垃圾堆肥厂通常可以采取一些有效的措施对臭气问题进行控制。常用的措施有：采用封闭的垃圾运输车；在卸料平台设置风幕门；采用负压的方法使垃圾贮料仓形成负压状态，通过在其上方抽气，将气体输送至好氧发酵或焚烧阶段提高氧气含量，由此防止恶臭外溢；定期清理贮料区的陈腐垃圾等。这些措施虽然能一定程度上减少恶臭的产生，但是想要深度解决恶臭问题，需要对堆肥过程进行优化，使用物理、化学、生物方法进行处理。

控制臭气的首要方法是保证堆肥过程不会出现厌氧状态。所以要在堆肥过程中，对原料配比、同期设备、管道结构、系统控制等进行优化配置。尽管严格的管理措施以及过程的优化可以有效减少臭气的产生，但是气体依然无法达标。所以需要对臭气进行脱臭处理，可以分为生物法和物化法。常见的方法有吸附法、焚烧法、水洗法、中和法、催化氧化法等。

（1）物化法处理

① 吸附法　吸附法是将臭气排入活性炭、硅胶等具有吸附能力的物质上，利用这些物质的吸附能力对恶臭气体进行吸附处理。在利用活性炭吸附的过程中，一般采用柱状容器内填双层颗粒状活性炭，恶臭气体均匀通过活性炭层面时被吸附。虽然活性炭的吸附效率较好，但是活性炭的消耗不可恢复，需要再生或者重新装填，容易堵塞。因此不能作为主要的处理方式，适合在低浓度臭气时使用或湿式处理法后使用。

② 焚烧法　臭气的热值很大，焚烧过程无须大量的燃料，去除污染的效率极高，在污染处理行业有广泛的应用。但是焚烧法设备投资大、运行成本高，仅适用于较小气量和较高浓度的处理环境，同时，此法处理有二次污染的可能性。

③ 水洗法　水洗法可以有效处理水溶性较好的气体，例如氨气和硫化氢，主要有的工艺是喷淋、管道和鼓泡。

④ 化学洗涤法　化学洗涤法是利用化学溶剂对气体的吸收、中和以及氧化去除异味气态物。主要工艺有喷雾和填料。由于对不同成分的气体需要不同的洗涤剂，当臭气成分复杂时，该法成本较高，需要使用废水进行后处理。

⑤ 催化氧化法　当臭气的可燃成分浓度较低或者排气温度较低，可以使用催化剂对臭气进行氧化和分解。使用催化剂脱臭装置把臭气加热到 $200\sim400$℃，使之发生氧化反应，分解为无臭无害气体，可以用于处理链状烷烃、萘烷类、烯烃类、芳香族类、醛类、酮类、胺类、有机酸及脂类。此法的优点是设备体积小、重量轻，但是要注意催化剂的使用。

⑥ 化学氧化法　化学氧化法是使用臭氧、次氯酸盐、高锰酸钾、过氧化氢等氧化剂的氧化能力，使之与臭气中的致臭物质发生化学反应，从而达到脱臭的目的。该法不受高温高湿影响，因此适用多组分复合恶臭气体。化学氧化法整体来说运行设备高、投资大。

⑦ 掩蔽剂法和中和剂法　掩蔽剂法是在排出的气流中加入芳香气味以掩蔽，中和剂法是通过与臭气成分反应或吸附而降低臭气浓度。两种方法的不确定因素很多，产物通常不稳定，不易控制，现在已经较少使用。

⑧ 高空扩散法　将排出的气体通入高空中，利用大气自然条件对其进行稀释，仅适用于人烟稀少地区。

（2）生物法处理　生物法是利用微生物对臭气成分进行分解、转化从而达到无臭化、无害化的目的，也称为微生物除臭法。近些年生物法得到了迅猛的发展，它的优点在于：微生物作用温度低，无须加热，能耗低；微生物作用产物的二次污染以及跨介质转移问题出现的可能性低；装置简单，对低高浓度臭气均能高效处理，去除效率高；设备运行维护费用低，易于管理等。

微生物除臭法的主流工艺包括珍珠岩棉除臭法、土壤除臭法、堆肥除臭法、泥炭土除臭法、活性污泥除臭法等。在上述处理过程中常用的微生物有硝化细菌、亚硝酸菌、反硝化细菌、硫化细菌等。这些微生物都是好氧微生物，需要充足的氧气和充足的营养物质、适宜的温度、pH 值等。要求所需处理的臭气具有一定的可生物降解性和水溶性，温度不高于50℃，并且不含抑制微生物生长的有害物质。

① 土壤除臭法　土壤除臭法是将臭气通入质地疏松、富含有机质、通气性和保水性能强的土壤（火山灰土、腐殖质土等）中，使其被土壤中的颗粒吸附或溶解在土壤水分中，利用土壤中的微生物菌群将其分解转化。亦可以采用肥沃的表层土壤和一些有机材料（堆肥产品）以一定比例混合调配而成人工土壤。

在处理处置过程中要注意控制通风的臭气物质的含量以及静止压力，防止降低土壤除臭效果，同时要注意通气温度应低于40℃，防止温度过高对微生物的生长抑制。

该方法占用大量土地。为了降低土地使用面积，在实际应用中常添加一些质地疏松、通气性好的无机材料（如珍珠棉岩）。但是要注意使用一段时间后，要对土壤进行疏松以使空气流通，珍珠棉岩很容易失水，所以要在除臭槽的上部配有散水管道定时补充水分。同时还要防止杂草生产，避免杂草根系对土壤通透性造成阻碍。

② 活性污泥除臭法　活性污泥除臭法是将臭气通入污水处理中的活性污泥曝气池，利用污泥中的微生物将臭气分解从而除臭。此法的除臭效果取决于臭气和污水、污泥的接触状况，即分散程度越好，接触时间越长，除臭效果就越好。该法不需要投资建设专门的除臭装置，但是只适合于具有污水处理设备的场所使用。

③ 堆肥除臭法　堆肥除臭法是以有机废物为原料，通过好氧发酵得到腐熟的堆肥产品用以除臭的技术。堆肥产品中细菌繁殖密度高，故除臭效率高。该方法无须单独建设除臭装置，有效节约土地资源和设备投入，其应用前景光明。尤其是在垃圾堆肥厂中使用本厂产品直接进行除臭，经济效益高。但是除臭效果因堆肥种类以及性质不同而不同。例如牛粪堆肥产品的效果要好于猪粪。

④ 泥炭土除臭法　泥炭土中含有丰富的纤维类物质，质地疏松、通气性好，适合微生物的生长和繁殖，也是一种较好的除臭装置材料。但是由于泥炭土本身容易分解，长时间使用会造成通气不良，所以材料应该定期更换。

⑤ 锯末除臭法　锯末具有通气性好、吸附性强、保水性适中的特点，同时也适于微生物的生长和繁殖，因此也成为一种较好的除臭填充材料。在实际应用中，可以在锯末中添加营养物质使得微生物更好地繁殖。同时在使用中，要注意锯末的分解性，要注意观察，及时更换。

⑥ 填充塔形脱臭法　该法装置合理、占地面积小、高效除臭，使得其应用愈加广泛。在除臭过程中，臭气由塔下进入，自填充层底部进入生长微生物的填充层，经微生物分解而实现除臭。为了提供微生物生长繁殖所必需的营养物质和水分，需在填充塔顶端连续或间歇喷淋水。

填充塔的选择很重要。填料应具备以下特性：对臭气成分去除效率高、保持水分好、材质好、经济廉价。现有的填充料主要有多孔陶瓷、硅酸盐材料、海绵等。

臭气处理方法没有一种是万能的。在实际应用中，通常都是组合使用，根据臭气成分情况进行合理的搭配，常将生物过滤法与物化法配合使用，使生物法与物化法进行互补使用，实现工艺环境效益和经济效益的最大化。

江洋等开发了一种高效、无臭有机肥的生产方法，该方法将树叶、鸡粪混合搅拌均匀，将可降解木质纤维素的真菌、放线菌、细菌菌悬液分别加入底物中，利用好氧微生物对底物的协同降解作用以及除臭微生物对反应体系中的氮、硫等元素的利用，实现堆肥过程中的无臭化，整个堆肥过程高效、快速。

候其东等开发了一种生产有机复合肥的试验装置，该装置包括风机、堆肥反应室、吸收瓶 a、干燥器、氧化瓶、硫化氢报警器、吸收瓶 b 和二氧化硫报警器，并通过管道串联连接，风机、堆肥反应室、干燥器、硫化氢报警器和二氧化硫报警器的出口管道上分别设有阀门，堆肥反应室为密封箱体，室内固定有水平设置的蛟龙式搅拌机，吸收瓶 a 内装有稀硫酸，干燥器为盛有生石灰的球形干燥管，氧化瓶内装有浓硫酸，吸收瓶 b 内装有碳酸氢铵溶液。该装置利用了生物发酵法和化学方法，以废弃秸秆、禽畜粪便、碳酸氢铵、硫酸和生石灰为原料，生产出了富含氮、硫等矿质营养和有机质的高效有机复合肥，同时避免了堆肥过程中臭气的产生，提高了肥效，同时避免了二次污染。

2.5.2 有机肥生产中渗滤液控制及处理技术

堆肥过程中的渗滤液是垃圾中的有机成分在堆肥过程中经过复杂的变化产生出来的。渗滤液是一种高浓度废水，其中含有大量的病原微生物、重金属物质，以及大量的酸碱成分。如果处理不当，会严重影响周边环境，危及人畜健康。

堆肥工艺中的垃圾渗滤液的处理可以参照填埋工艺中垃圾渗滤液的处理技术，两者的渗滤液都具有污染物浓度高、有害物质含量高特点；与垃圾填埋处理技术相比，堆肥工艺中的渗滤液设有废液收集系统，具有较易控制的特点。

堆肥工艺中的部分渗滤液可以用作二次堆肥工艺的水分调节，其余部分要进行妥善处理，通常采用厂内处理和厂外处理两种方法。厂内处理则是在厂内建设污水处理设施进行收集处理；厂外处理则是通过排入城市污水处理厂进行合并处理。在进行厂外合并处理时，为了避免渗滤液中有毒有害物质对污水处理厂的危害，要进行一定的预处理，去除其中的重金属离子，降低氨氮、色度等。主要方法分为物化法和生物法两大类。物化法主要有吸附、化学沉淀、催化氧化等方法；生物法主要是水解酸化。

渗滤液的处理既有常规污水处理技术的共性，又与其具有不同之处。处理方法主要有生物法、物理化学法等，一般采用几种方法相结合的处理方法。

（1）生物法　生物法处理是目前采用的主要处理方法，包括好氧生物处理与厌氧生物处理。好氧处理技术主要有活性污泥法、曝气氧化塘、生物膜法等工艺，好氧处理可以有效降低渗滤液中的 BOD、COD 和氨氮，去除铁、锰等金属；厌氧处理工艺相对好氧处理工艺，优势在于动力消耗低、剩余污泥量较少、能耗少、操作简易、设备要求低、所需营养物质少等，其主要工艺方法包括厌氧生物滤池、上流式厌氧污泥床、厌氧序批式反应器以及厌氧折流板反应器等。厌氧方法对 COD 和氨氮的处理效果较差，同时还存在 pH 值和温度要求较高的问题，所以在实际工艺中，采用好氧与厌氧方法相结合的方法处理垃圾渗滤液。

（2）物化法　物化法主要有：使用臭氧、过氧化氢和紫外线进行化学氧化工艺去除生物不能降解或难以降解的 COD 和部分有毒物质；絮凝和沉降方法主要用来去除生物难降解的 COD、聚合物、重金属和氢氧化钙；利用活性炭的吸附作用去除有机污染物；膜工艺常见有超滤、纳滤和反渗透，在处理中与好氧生物处理组合应用，即所谓的膜生化反应器技术。目前，物化法应用愈加广泛。

垃圾渗滤液处理的新技术也在国内外得到广外研究。例如反渗透处理技术、高级氧化技术、有效微生物 EM 法、膜生物反应器技术等。在实际应用中，也应根据所处理的垃圾渗滤液的特征，耦合不同的处理工艺进行分布组合处理，最后达到理想的处理效果。部分生化垃圾渗滤液处理技术及其处理效果见表 2-12。

表 2-12　部分生化垃圾渗滤液处理技术及其处理效果

处理技术	目标污染物						说明
	BOD	COD	SS	TN	色度	重金属	
接触氧化	优	一般	差	差	差	差	污染浓度相对较低
生物转盘	优	一般	差	差	差	差	污染浓度相对较低
活性污泥	优	一般	差	差	差	差	COD 去除率为 30%～80%，氨氮可能转化成硝酸盐氮
氧化塘	一般	一般	差	一般	差	差	当原污水中 BOD 浓度较高时，工艺去除效率低，但工艺运行费用较低
生物填料过滤	优	一般	优	差	差	差	BOD 负荷率高，占地面积小
生物反硝化	优	一般	差	优	差	差	氨氮能转化成氮气排放
混凝沉淀	一般	优	优	差	优	差	能够有效去除 SS、COD 和色度
砂过滤	差	差	优	差	差	差	作为活性炭吸附方法的预处理
活性炭吸附	差	差	一般	差	优	一般	可以有效去除 COD 和色度，并能去除水中有毒物质和有机氮
臭氧氧化	差	一般	差	差	优	差	在去除色度方面具有特殊的效果
螯合树脂	差	差	差	差	差	优	能够有效去除重金属

2.5.3　有机肥生产中重金属污染控制及处理技术

用于堆肥的有机物固体垃圾来源广泛，有些常夹带有害物质，其中就有镉、汞、铅等重金属离子。如果重金属离子伴随着堆肥产品进入土壤而被作物吸收，进而在作物体内进行积累，不但会影响作物的生长发育，而且通过食物链扩散，会严重威胁人畜健康。目前对重金属污染的研究主要包括施用有机肥后土壤耕作层重金属的变化、农作物中各部分重金属的富集、存在形态及其影响因素。

土壤中的重金属的毒性取决于含量及其活性，以及转入溶液的能力。可以通过化学法以及测定植物体内吸收的重金属的量确定重金属的生物有效性，化学法主要是利用单一或几种化学试剂进行浸提的方法。一般来说，重金属的生物有效性与重金属的形态有密切关系，堆肥中重金属的存在形态有水溶态、酸溶态、碳酸盐和硫化物络合态、残渣态等。

影响重金属生物有效性的因素主要有 pH 值，土壤有机质的吸附、络合及螯合。金属有机络合物的稳定性随 pH 值的升高而增强，在酸性土壤中施用石灰，可以提高土壤的 pH 值，从而减少重金属的可溶性；腐熟堆肥中含有大量的腐殖质与重金属元素发生吸附、络合、螯合反应，从而降低重金属的生物有效性，所以达到腐熟的有机肥产品，比未腐熟的有机肥危害性低。

重金属污染的治理途径主要有两种：改变重金属在土壤中存在的形态，提高在土壤中的稳定性，降低其生物可用性；去除土壤中的重金属。结合上述基本原理，治理土壤中金属的方法很多，各种方法的优势和局限性各不相同，在实际生产中应根据实际情况选择合适的治理方法。

（1）工程措施

① 施用客土或换土　施用客土是在污染土上覆盖一层无污染的土壤，使污染物含量降低或减少植物与重金属污染物的接触。换土是指将受污染的耕作层挖除适当深度后填入未污染土壤。施用客土会使耕地面积增高，产生浇灌困难，所以客土的应用受到了一定的限制，采用换土的技术居多。

② 隔离法　隔离法是使用水泥、石板、塑料板等防渗材料，将污染土壤与未污染土壤或水体分隔开，以减少因扩散作用而导致的污染，该法适用于污染严重、易于扩散且污染物得到控制后可在一段时间内分解的情况。

③ 清洗法　清洗法是用清水或含有某种化学物质的水把重金属污染物从土壤中洗去的方法。例如在被重金属污染的土壤中加入适合的络合剂以增加重金属的水溶性，从而去除。清洗法适用于轻质土壤。

（2）抑制剂　可以在被重金属污染的土壤中加入化学物质从而降低其生物有效性。对于重金属，可以加入石灰、高炉灰、矿渣、粉煤灰等碱性物质提高土壤的 pH 值，从而降低重金属的溶解性。增加磷肥、硅肥也可以降低植物体中重金属含量。

（3）提高土壤环境容量　有机肥中的有机质能够增加土壤胶体对重金属的吸附能力。同时有机质可以作为还原剂促进土壤中的镉形成镉沉淀，高价铬变成毒性低的低价铬。

（4）生物方法

① 通过使用硫酸盐还原菌与重金属形成不溶性的化合物；使用磷酸酶催化有机磷酸释放出磷酸盐发生沉淀反应处理重金属。

② 使用生物有机体（包括活的和死的微生物细胞）对重金属进行吸收；一些特定的微生物可以改变重金属元素的存在形态，改变其化学性质；某些植物对重金属也具有吸收能力，例如羊齿类铁角蕨对镉的吸收，香蒲对铅、锌的吸收等，但是植物要连根铲除，并妥善保管收获的植物。

2.5.4　有机肥检测及生产装置创新

刘乐等开发了一种快速测定有机肥料中有机质含量的检测仪，该装置包括仪表盒、光源、可变光栅、比色室、比色池、光电检测器、消煮液池、蒸馏水池、消煮反应器、砂芯滤膜、微型蠕动式液体输送器、控制芯片及电源板和显示屏。其中光源、可变光栅、比色室的两个透光孔、检测用比色池和光电检测器的位置应使光线呈直线传输；消煮液池、蒸馏水池、微型蠕动式液体输送器、消煮反应器与比色池通过硅胶管连接并通过挤压力作用实现液体无压力输送；光源、可变光栅、比色池转动架、光电检测器、显示屏和微型蠕动式液体输送器分别通过导线与控制芯片及电源板连接。该装置具有检测精度高、速度快、易于操作、结构简单、安全可靠等特点。

李维尊等设计了一种生物质发酵反应装置，该装置包括物料传送器、搅拌装置、双层反应器、温度感应装置、进出料口。每层反应器均设置湿度控制装置和排风装置，该反应装置通过分布器使得加入的水分能够在反应器中与物料均匀接触。排风装置能够维持反应器中氧气浓度，减少因好氧发酵而产生的浓度波动，该装置能够实现一次投入菌剂，两步法发酵反应。本反应器利用高效太阳能技术提供反应所需热源。该反应装置具有结构简单、成本低、处理量大、节约能源、自动化程度高、易于操作、安全可靠等特点。

王心一等开发了一种节水型生物质固废好氧发酵反应装置，该装置包括发酵反应器、搅拌装置、加热装置、水收集装置和温度湿度控制装置，发酵反应器分别设有进料口、出料口、加液管道进口、热水进/出口管和排风扇。搅拌装置包括电机和螺旋式搅拌器；加热装置为太阳能加热板，其换热器设于发酵反应器前壁和后壁的夹层内；水收集装置包括冷凝罩、溢流槽、收集瓶和排水口；测温传感器和测湿传感器的探头位于发酵反应器内并与控制室的测温仪和测湿仪连接。该装置能耗低、节水率高、易于操作、成本低，通过一次加水即可保证微生物发酵过程中对水的需求，实现水在反应器内部的循环，提高微生物生长代谢速度和发酵效率，可广泛用于生物质固废好氧发酵体系。

李维尊等开发了一种新型好氧堆肥反应器，该反应器由反应室和搅拌系统组成。反应室为设有水夹套的密封容器，在反应室顶盖处分别设有进气口和出气口，进气口通过管道与风机相连，搅拌系统由搅拌桨、变速机、电机等组成，其中搅拌桨采用布尔马金式搅拌桨，电动机与搅拌桨相连接。该装置保温性能好，可延长堆肥的高温期，堆置时间短；搅拌桨的结构能够有效避免结块，增加了氧气与物料的充分接触，环境友好。

鞠美庭等开发了一种利用生物质为原料的高效微生物固态发酵反应装置，该装置主要由进料口、反应器、搅拌装置和出料口组成。反应器为中空的矩形体，在矩形体上部的一端设有进料口，进料口下部的反应器两角为弧形，在矩形体另一端侧面设有出料口提板和出料口。在搅拌装置定期往复搅拌下，可实现物料的充分翻动，达到好氧的目的，与此同时，当搅拌装置沿同一方向转动时，可实现物料传送，达到出料的效果。该高效微生物固态发酵反应装置具有结构简单、成本低、易于操作、安全可靠的特点。

第3章　厌氧发酵技术在生物质固废中的应用

3.1　厌氧发酵概述

资源短缺、生态退化、环境污染、灾害频繁、粮食安全是目前世界各国发展中存在的主要问题。为避免与人争粮生产新能源，人们将更多的视线转移到了生物质固废的合理利用上。在处理生物质固废中，处理方法主要有化学法、物理法、生物法与联合法。与化学、物理的处理技术相比，微生物处理技术以其低污染、低成本的优势备受关注。生物质固废的微生物处理技术，主要包括好氧处理技术和厌氧处理技术。通过发酵的方法回收再利用生物质能源变得越来越重要。好氧处理中，微生物通过有氧呼吸来氧化有机物，生成二氧化碳和水，同时获得能量用于自身的生长、繁殖。由于好氧微生物生长较快，并使大部分有机物转化为微生物的新生个体，使得生物质固废在好氧处理过程中又得到了大量的固体废物，人们又必须对这种固体废物进行再处理。相较于好氧处理技术，通过厌氧技术向废弃物中索取能源，同样是通往生物质资源化理想彼岸的捷径。在厌氧条件下，除去少量用于微生物自身生长、繁殖所需的有机物被转化外，大部分有机物都被转化成了甲烷和二氧化碳。根据"十三五"规划的内容，借助厌氧消化技术能有效将生物质固废进行资源化、无害化和减量化处理，对促进中国能源结构转变具有深远意义，符合中国当前的能源政策，也是中国大力倡导发展的技术之一。

"十三五"规划中已明确提出，到 2020 年应初步形成一定规模（年产量达到 800 亿立方米）的绿色低碳生物天然气产业并建设 160 个生物天然气示范县和循环农业示范县（表 3-1）。依托粮食主产省份以及畜禽养殖集中区等种植养殖大县的生物质固废的资源优势，打造能源、农业、环保的"三位一体"格局，实现整县推进的方式来建设生物天然气循环经济示范区。

表 3-1　"十三五"规划全国天然气建设布局

序号	区域	重点省份	种植养殖大县数量	2020 年前建设示范县的数量	秸秆理论资源量/万吨	粪便理论资源量/万吨	生物天然气发展规模/(亿立方米/年)
1	华北	河北、内蒙古等	37	22	5550	9250	11
2	东北	辽宁、吉林、黑龙江	57	36	8550	14250	18

序号	区域	重点省份	种植养殖大县数量	2020年前建设示范县的数量	秸秆理论资源量/万吨	粪便理论资源量/万吨	生物天然气发展规模/(亿立方米/年)
3	华东	江苏、浙江、安徽、江西、山东等	66	32	9900	16500	16
4	华中	河南、湖北、湖南	69	32	10350	17250	16
5	华南、西南	广西、重庆、四川等	34	16	5100	8500	8
6	西北	陕西、甘肃、新疆等	37	22	5550	9250	11

3.2 厌氧发酵的概念

3.2.1 定义

厌氧发酵，也可称作厌氧消化（anaerobic digestion）或甲烷发酵（发酵法制甲烷），主要是在厌氧条件下利用微生物分解代谢有机物，一方面利用少部分有机物和能量来满足微生物自身的生长繁殖，另一方面将大部分有机物转化为能源（甲烷）和二氧化碳。

3.2.2 沼气的组成

沼气是一种混合气体，它含有甲烷（CH_4）、二氧化碳（CO_2）、硫化氢（H_2S）、一氧化碳（CO）、氢气（H_2）、氮气（N_2）等气体。沼气中气体的组分受到发酵原料的种类及各组分的相对含量、发酵时间、发酵阶段等因素的影响而不同。一般情况下，沼气的大致组分是：甲烷50%～70%、二氧化碳30%～40%、一氧化碳0%～2%、氢气0%～7%、氮气0%～4%、氧气0%～4%、硫化氢0%～0.1%、低级烃类化合物0%～7%。

3.2.3 厌氧发酵的特点

（1）厌氧发酵的特点　厌氧发酵技术能将生物质固废中的有机质转化为清洁能源——甲烷，剩余的物质可以做有机肥利用，实现有机废弃物的零污染排放和安全高效分级组合资源化利用，相比其他生物质能源生产工艺更具生态环保的特点，对地球的环境效益亦有重要意义。厌氧发酵技术常见的特点如下。

① 利用厌氧微生物分解代谢生物质固废中的有机物，产生的沼气经过提纯可用于并网发电、居民生活等，产生的甲烷在一定程度上具有能够部分代替化石燃料的功能，同时还能起到减排（减少二氧化碳）的效果，实现了生物质固废的资源化、能源化利用。

② 生物质固废经过厌氧发酵后实现了减量化利用，剩余的沼液、沼渣易于进行堆肥化处理制备优良的液体肥料或固体肥料，实现固废的二次利用。

③ 经过厌氧发酵后的沼液、沼渣中的病原微生物残留减少，免疫学安全性提高，回田再利用风险降低。

④ 厌氧发酵还能产生氢气，氢气在化工、航天燃料、燃料电池等行业都有广泛的用途，扩展了生物质固废在新能源领域的应用途径。

⑤ 厌氧发酵不仅能回收能源，还能通过资源的物质循环减少环境污染和环境负荷，对建设循环型社会有重要意义。

⑥ 厌氧发酵在经济上也有重要意义，利用生物质固废产生的能源——甲烷，可解决中国农村地区用能和种植业污染问题，缓解中国的能源紧张，缓和农村经济发展、能源及环境之间的矛盾。

（2）厌氧消化的优缺点　生物质固废的微生物处理法包括好氧处理和厌氧处理。与好氧处理技术相比，厌氧发酵作为一种处理技术自身具有一定的优缺点。

① 厌氧发酵的优点　根据厌氧发酵降解生物质固废的特点，总结得到厌氧发酵的优点如下。

a. 运行成本与能耗低　厌氧生物处理的产泥率低，可以节省处理污泥的后续费用；厌氧发酵不需要供氧设备，能耗较少；终产物为甲烷、氢气和二氧化碳等，组分提纯后可用于能源使用。

b. 所需要的营养成分较少　根据报道，厌氧发酵所需的最佳 C/N 为 $(25:1) \sim (30:1)$，$BOD_5 : N : P$ 为 $100 : 2.5 : 0.5$，而好氧处理所需的 $BOD_5 : N : P$ 为 $100 : 5 : 1$。

c. 处理底物的负荷高　通常，好氧法的容积负荷（以 BOD_5 计）为 $2 \sim 4 kg/(m^3 \cdot d)$，而厌氧法的容积负荷（以 COD 计）为 $5 \sim 15 kg/(m^3 \cdot d)$。

② 厌氧发酵的缺点　同样的，根据厌氧发酵降解生物质固废的特点，总结得到厌氧发酵的缺点如下。

a. 底物处理的程度低，尤其是沼液，发酵后一般不能达到规定的排放标准，需要好氧法或其他处理技术再处理。

b. 厌氧发酵法不能去除底物中的磷。

c. 厌氧发酵的反应过程较慢，微生物代谢较慢，反应过程中产能较少，因此厌氧发酵过程的装置启动与处理时间偏长。

3.3　厌氧发酵的原理

3.3.1　原理

从古代，人们就知道沼泽、湖泊、河底能产生可燃性气体。1868 年，法国人 Bechamp 首先指出甲烷是在微生物反应过程中产生的，从微生物的角度阐释了甲烷形成机理。在这个时期确认反应的原料可以是不同组成的物质，且有反应的最适温度存在。

厌氧发酵的生物化学过程很复杂，中间反应步骤和中间产物较多，每步反应过程都有相应的微生物及酶或其他物质的催化，总反应式如下：

$$\text{有机物} + \text{水}(H_2O) + \text{营养物} \xrightarrow{\text{厌氧微生物}} \text{增殖微生物} + CH_4 + CO_2 + NH_3 + H_2 + H_2S + \cdots + \text{热量} + \text{抗性物质}$$

1920—1930 年，随着 Buswell 等对厌氧处理以及化学和微生物理解的加深，并指出中间产物挥发性脂肪酸的重要性，二阶段学说对 20 世纪 70—80 年代二相厌氧消化反应的研究进行了总结。到 1960 年，甲烷发酵二阶段学说正式提出：酸化阶段（acid digestion）和甲烷化阶段（methane digestion）。图 3-1 为有机物厌氧发酵的二阶段理论示意图。

20 世纪 70 年代后期开始，二相四阶段学说的研究兴起，通过对酸生成相和甲烷生成相两相分别进行研究，对发酵最适条件和菌群特征进行系统分析。随着厌氧消化的理论经过发

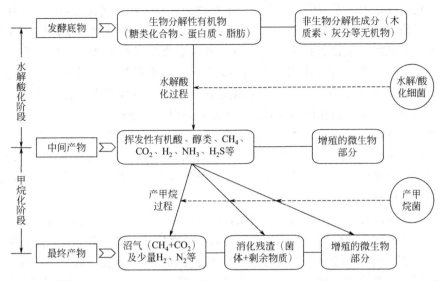

图 3-1　有机物厌氧发酵的二阶段理论示意图
(虚线为微生物参与对应阶段；实线为物质流向)

展，到 20 世纪 80 年代，在研究产氢乙酸共生细菌共生方面有了很大的进步，1979 年 Bry-ant 等根据微生物的生理种群提出了厌氧消化三阶段理论：①水解酸化阶段；②产氢产乙酸阶段；③产甲烷阶段。三阶段消化理论主要考虑了产氢产乙酸菌在水解与发酵细菌及产甲烷细菌间起的共生关系，明确指出了产氢产乙酸细菌的作用，并把其独立地划分为一个阶段，具有极为重要的作用。图 3-2 为有机物厌氧发酵的三阶段理论示意图。

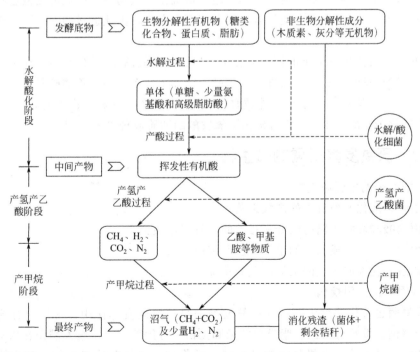

图 3-2　有机物厌氧发酵的三阶段理论示意图
(虚线为微生物参与对应阶段；实线为物质流向)

水解酸化阶段是厌氧发酵的第一阶段：农作物秸秆、人畜粪便及其他有机废弃物都是富含碳、氢、氧的大分子化合物。由于农作物秸秆中的大分子有机物（蛋白质、纤维素、淀粉、脂肪等）不能被微生物直接利用，必须通过微生物分泌的胞外酶（如纤维素酶、蛋白酶、脂肪酶、淀粉酶等），将其体外酶解为小分子可溶性有机物（如低分子糖类化合物、氨基酸、脂肪酸、甘油等），然后进入微生物细胞内，进行一系列的生物化学反应。水解性细菌或发酵性细菌能将复杂的有机物水解成丙酮酸；蛋白质水解成氨基酸，再经脱氨基作用形成有机酸和氨；脂类水解后形成甘油和脂肪酸，有机酸类进一步降解形成各种低分子量的有机酸，如乙酸、丙酸、丁酸等，甲酸和铁氧化蛋白的氧化作用会生成氢气和二氧化碳。一般情况下，水解阶段是沼气发酵的限速步骤，结合预处理方法加快水解阶段的进行，提高水解液化程度，可加快整个发酵速度并增加沼气量。

产氢产乙酸阶段是厌氧发酵的第二阶段：该阶段由产氢产乙酸菌和同型产乙酸菌共同作用完成。产氢产乙酸菌利用第一阶段生产获得的各种有机酸，将其分解为乙酸、氢气和二氧化碳；同型产乙酸菌将糖酵解形成乙酸，同时又能将氢气和二氧化碳转化为乙酸。在产酸微生物群的作用下，将单糖、肽、氨基酸、甘油、脂肪酸等物质进一步转化为简单的有机酸（如甲酸、乙酸、丙酸、丁酸、乳酸等）、醇（如甲醇、乙醇等）、二氧化碳、氢气、硫化氢等。其中以乙酸为主的有机酸为主要产物，约占80%。

产甲烷阶段是厌氧发酵的第三阶段。产甲烷菌利用二氧化碳、氢气和其他一碳化合物（一氧化碳、甲醇、甲酸、甲基胺等以及分解利用乙酸盐）形成沼气（主要成分是甲烷和二氧化碳）。

厌氧消化的三个阶段之间无法严格地分割，每个阶段的产物均是下一阶段的底物，各部分之间相互协同配合，微生物间通过协同作用、拮抗作用共同维系厌氧消化微生物群落的稳定性，任何一个阶段的变化都会使得微生物群落发生变化，由此造成的波动不利于获得最终产物甲烷。

在1979年三阶段理论提出的同时，在第一届国际厌氧消化会议上J. G. Zeikus提出了四阶段理论。四阶段理论是在三阶段理论的基础上增加了一个同型产乙酸阶段。该理论认为在复杂的厌氧发酵过程中，有另外一种被称为同型产乙酸菌的微生物参与，该菌种可以将H_2/CO_2等转化为乙酸。图3-3为有机物厌氧发酵的四阶段理论示意图。

3.3.2　厌氧发酵所需的微生物

厌氧发酵所需的主要微生物如下。

① 与水解、酸化发酵有关的产酸细菌。

② 与丙酮酸和乳酸等脂肪酸分解相关的产氢产乙酸细菌。

③ 将糖类、氢气生成乙酸的单一产乙酸细菌。

④ 将乙酸氧化生成氢气的厌氧乙酸氧化细菌。

⑤ 生成甲烷的产甲烷菌。

水解发酵菌也称作发酵细菌，在厌氧发酵的第一阶段发挥作用，常见的有纤维素分解菌、果胶分解菌、淀粉分解菌、脂类分解菌和蛋白质分解菌等。水解发酵菌在厌氧消化的第一阶段，不溶性的大分子有机物经胞外水解酶的作用，将复杂的有机物分解为简单的有机物，分解后的小分子化合物进入水解发酵菌的细胞内进一步被分解为更简单的化合物，与此同时，水解发酵菌利用这部分物质进行繁殖合成新的细胞。复杂结构的大分子有机物经水解

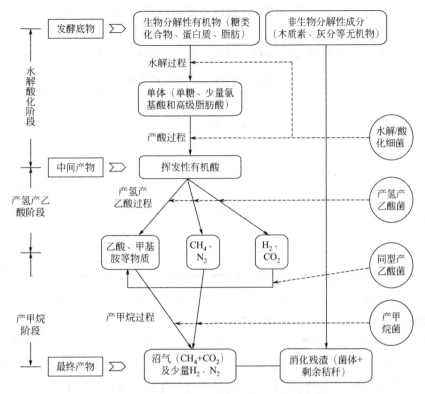

图 3-3 有机物厌氧发酵的四阶段理论示意图

(虚线为微生物参与对应阶段；实线为物质流向)

发酵菌作用后生成四类产物：①甲酸、甲醇、甲胺、乙酸等可以被产甲烷菌利用的有机物；②有机酸、醇、酮等可以被产乙酸菌利用生成乙酸和氢气的简单有机物；③氢气和二氧化碳；④NH_3 和 H_2S。

在厌氧消化的第二阶段发挥作用的是产乙酸菌。由于产甲烷菌只能以甲酸、乙酸和甲醇生成甲烷，而第一阶段的降解产物中还有一些产甲烷菌难以利用的有机酸和醇类，因此产乙酸菌需要将产甲烷菌无法利用的有机物进一步降解为乙酸、氢气和二氧化碳等物质。1979年，J. G. Zeikus 将产乙酸菌进一步划分为产氢产乙酸菌和同型产乙酸菌两类。为了保证产甲烷菌的生长，在利用产氢产乙酸菌将长链脂肪酸降解为产甲烷菌生长所需的乙酸和氢气的同时，也需要将氢气消耗掉，因此需要与耗氢微生物共存。糖类和二氧化碳作为同型产乙酸菌的代谢基质被利用。同型产乙酸菌在代谢糖类时，乙酸甚至是唯一的产物；二氧化碳作为末端电子受体在同型产乙酸菌的作用下还可以生成乙酸。在同型产乙酸菌的代谢作用下，氢气被有效利用，从而降低了厌氧发酵体系环境下的氢气分压，保证了沼气发酵工艺过程的正常运行。

在厌氧消化的第三阶段发挥作用的是产甲烷菌。根据《伯杰系统细菌学手册》的分类，产甲烷菌分为 5 目、10 科、31 属，5 目分别指产甲烷杆菌目（Methanobacteriales）、产甲烷球菌目（Methanococcales）、产甲烷微菌目（Methanomicrobiales）、产甲烷八叠球菌目（Methanosarcinales）和产甲烷火菌目（Methanopyrales）。产甲烷菌按营养类型划分为三类，分别是甲基营养型、氢营养型和乙酸营养型。其中，甲胺和二甲基硫是甲基营养型的营养物质；氢营养型可以利用氢气和二氧化碳生成甲烷；乙酸营养型利用乙酸生成甲烷。由于产甲烷菌世代时间长，且对生长环境有严格的要求，因此产甲烷过程成为厌氧消化过程的关键步骤。

根据苏有勇和野池达也报道的内容，沼气发酵所需的微生物种类和数量如表 3-2 所示。

表 3-2　沼气发酵所需的微生物种类及数量

种类	数量/(个/cm)	主要相关反应	利用的底物	特性
水解酸化菌	$10^6 \sim 10^9$	分解、水解、酸生成、乙酸生成、硫酸盐还原	有机物	梭菌属、拟杆菌属、G^-杆菌
产氢产乙酸菌	10^6	乙酸生成	氢气	G^-杆菌
嗜氢产乙酸菌	$10^5 \sim 10^6$	乙酸生成	氢气	梭菌属、乙酸杆菌属
嗜氢产甲烷菌	$10^6 \sim 10^8$	甲烷生成	氢气	各属产甲烷菌
硫酸盐还原菌	10^4	硫酸盐还原	Ⅰ类主要利用乳酸、乙酸、乙醇、丙酮酸等；Ⅱ类可以氧化脂肪酸	脱硫弧菌属等（属Ⅰ类）、脱硫菌属等（属Ⅱ类）

依据厌氧微生物在反应中所起的不同作用，可将不同种群的厌氧微生物划分为非产甲烷菌和产甲烷菌。非产甲烷菌即产酸菌，包括水解发酵型细菌、同型产乙酸菌、产氢产乙酸菌。这三类菌在发酵反应中各自发挥重要作用，综合作用使消化底物转化为乙酸、H_2、CO_2。这些物质成为产甲烷菌的代谢底物，通过对其利用、转化和降解进行产甲烷活动。产甲烷菌与非产甲烷菌相互依赖，互为对方提供良好的环境条件和营养基质，同时，双方又互相制约，构成一个动态平衡的厌氧生态系统。从生长周期角度，产甲烷菌的生长、繁殖比非产甲烷菌慢，对温度、pH 值及其他环境因素适应能力差很多。

在 20 世纪 80 年代，我国学术界对沼气发酵相关的细菌研究非常活跃。关于厌氧微生物的基础性研究，我国从 20 世纪 80 年代初就已开展关于沼气发酵细菌的相关研究工作。早期由首都师范大学周孟津教授执行，并首次分离出我国第一株沼气甲烷八叠球菌。到 1989 年，国内已成功分离、纯化了 16 株产甲烷菌株和一些非产甲烷细菌，并对沼气发酵过程中微生物生理类群演变、各类微生物生态分布与消长规律以及厌氧颗粒污泥中微生物组成等方面开展了许多研究工作。近年来，与厌氧微生物研究有关的工作主要包括以下几个方面：①细菌学工作和分子生物学；②厌氧微生物菌剂和添加剂的研究；③颗粒污泥的性质研究；④厌氧消化数学动力学模型的研究。

开展低温厌氧微生物菌剂的研究和产品开发对扩展沼气技术的应用范围和解决冬天产气停滞的问题有重要意义。1991 年，农业部沼气科学研究所张辉等开展了沼气发酵相关的研究，探讨了在低温条件下沼气发酵过程中微生物学和强化低温产甲烷的作用机理并在之后一段时间在该领域持续探索。我国于 20 世纪 80 年代中后期开始关于冷藏食品、海洋极地的嗜冷细菌的研究工作，主要包括菌种的分离、鉴定以及一些低温酶性质的研究。近年来，已有耐冷细菌在实际工程应用中的报道。苏海峰等研究了在冬季低温（<17℃）条件下的优良厌氧发酵菌种和沼气促进剂，利用该方法可有效提高农村用户沼气池产气量。针对该研究的特点，定制了 5L 规模的厌氧发酵罐，通过以猪粪为底物，分析了 Fe^{3+}、Ni^{2+}、木炭等因素对厌氧发酵过程产气量的影响，并驯化出优良的产甲烷菌种。微量元素、木炭对厌氧发酵中的产甲烷菌活性和产气均具有促进作用，同时亦能提高微生物菌群对低温的抵抗能力。当 $Fe^{3+} : Ni^{2+} :$ 木炭为 2：1：5 时，驯化出的菌种生物量较高，与驯化前相比提高了 27.3%，

并在农村沼气实际运用中有很好的产气效果。虽然国内外在构建基因工程菌方面的成果较多，但大多以实验室为主，实际工程中应用较少。主要是因为：①菌种库资源缺乏，对特定物质降解有待提高；②降解各种物质的降解基因尚无法精确定位，仍需要大量的研究工作；③基因工程菌在自然环境下的生态评估尚不完善，其环境生态影响未知。

在缺乏沼气接种物的地区使用添加剂能有效缩短沼气池的发酵启动时间并提高原料的产气率。从 20 世纪 90 年代起农业部沼气科学研究所就开始了关于厌氧发酵添加剂的相关研究工作并取得多项研究成果，相关技术已在农业部重点成果转化项目"沼气发酵添加剂的中试及转化"中应用。添加金属阳离子可以促进微生物群体的富集，提高某些特定酶的活性，从而延长微生物的停留时间并提高微生物浓度，增加沼气产量。Michele 等发现在污泥中投加低浓度的镍、钴、铁后，甲烷含量得到明显的提高。为了提高发酵底物的局部浓度，创造更适合微生物活动的环境，可通过添加天然植物的方法来刺激微生物的生理活动，从而提高沼气的产量，Sharma 等设计研发了 400L 转鼓式生物反应器，并利用该反应器对有机垃圾进行厌氧消化。在厌氧发酵过程中将 1% 的洋葱渣作为添加物使用后，沼气的产气量提高了 $40\%\sim80\%$。研究结果表明：厌氧发酵过程中适当加入 Fe、Co、Ni 等微量元素后，能有效缩短厌氧发酵的反应时间，提高基质降解率和产气速率。

1998 年，厌氧消化工艺数学模型攻关研究课题组在国际水质协会（IAWQ）成立。在各国研究人员努力下，经过多年研究，建立了多个不同的厌氧工艺模型并形成了 ADM1 模型的基础。2001 年 9 月，IAWQ 在第九届国际水协（IWA）厌氧消化会议上推出了厌氧消化 1 号模型 ADM1，并于 2002 年印成书正式出版。通过该模型，能有效促进厌氧工艺技术在未来得到更广泛的应用，特别是发挥其在处理废物和废水过程中承受能力强、能耗低、释放导致温室反应气体较少等方面的巨大潜力。

3.3.3 厌氧发酵的底物

我国针对畜禽粪便、城市污泥和高浓度有机废水的处理过程中使用厌氧消化处理技术由来已久，且最典型的应用是农村小沼气池。而由于我国城市生物质废物没有做到分类收集和处理，城市垃圾中的大部分生物质废物没有被分类出来单独处理，大部分是进行卫生填埋或焚烧发电，还有少部分进行堆肥处理。随着生物质固废的处理方式从单纯的消纳处置逐渐向资源回收利用的方式转化，越来越多适合厌氧消化的底物进入人们的视野。

适合厌氧发酵的有机物种类繁多，根据文献报道的常见的有机物有：农业生物质废物（如农作物秸秆和畜禽粪便）、城市生物质废物（如城市污泥和餐厨垃圾）、能源作物（如藻类和柳枝稷等）。农业生物质废物是指农业生产活动中产生的剩余有机部分，主要包括人畜粪便、作物秸秆、林业废弃物等。城市生物质固废是指城市生活垃圾中的有机部分，由集市果蔬垃圾、餐厨垃圾、城市污泥和城市粪便等组成。

（1）餐厨垃圾　餐厨垃圾俗称泔水，是指相关单位在餐饮服务、食品加工等活动过程中产生的食物废料，是城市生活垃圾的重要组成部分。随着全球人口的增长，餐厨垃圾的来源愈加广泛，产量也不断增加。表 3-3 所列为 2010 年不同国家餐厨垃圾的占比情况，表 3-4 所列为 2010 年中国几所城市餐厨垃圾的占比情况。2010 年中国餐厨垃圾的产量已接近 9000 万吨，成为城市固体废物的重要来源。同时，在其他国家，尤其是发达国家，餐厨垃圾的占比也很大。

表 3-3　2010 年不同国家餐厨垃圾的占比情况

国家	美国	英国	法国	德国	荷兰	日本	韩国	新加坡
比重/%	12	27	22	15	21	23	23	30

表 3-4　2010 年中国几所城市餐厨垃圾的占比情况

城市	北京	上海	广州	深圳	南京	沈阳
比重/%	37	59	57	57	45	62

　　餐厨垃圾含有丰富的有机物和营养元素,根据饮食习惯不同,组成比例有所差异,但主要成分是米饭、蔬菜、肉类、蛋类等。其中,总固体含量和挥发性固体含量分别为 18.1%～30.9% 和 17.1%～26.35%,而含水率则高达 70%～80%。由于餐厨垃圾具有含水率高、易腐烂、盐分高的特点,处理不当易对周围环境造成严重影响。传统的餐厨垃圾处置方式主要是粉碎直排、卫生填埋、焚烧、高温好氧堆肥、固态发酵、厌氧发酵等。简单填埋在很多国家被禁止,而新型填埋技术带来的垃圾渗滤液后续处理问题也亟待解决;焚烧处理不但耗能,还会产生二噁英等有害气体;好氧堆肥法,堆肥时间长,且生物安全性存在风险和质疑,这些方法的应用推广均有一定局限性。传统处置方法的局限性促使更环保、高效的处理方法的研究和应用。考虑到餐厨垃圾的高有机质含量,含有多种大量的微量营养元素,有助于微生物的生长和繁殖,厌氧发酵处理技术逐渐成为餐厨垃圾处理的主要研究方向。利用厌氧发酵技术处理餐厨垃圾,处理成本低、残留废弃物少、可能源回收(产生沼气、氢气)、发酵后的产物可用作有机肥,能实现餐厨垃圾的资源化、高效化和无害化。

　　大量实验表明了利用厌氧发酵技术处理餐厨垃圾是切实可行的。湿式、单项、连续、中温厌氧发酵一般采用图 3-4 所示的工艺流程。收集的餐厨垃圾先进入接料池,通过输送装置将固体和液体物质进行初步分离,液体物质进入油水分离系统,固体物质则经过破袋分选系统、破碎除杂系统;再利用固液分离系统进行二次固液分离,有机质干渣经过除砂均浆后进

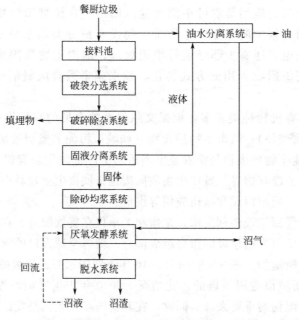

图 3-4　餐厨垃圾综合处理厌氧发酵工艺流程

入厌氧发酵系统，液体物质进入油水分离系统；厌氧发酵后的气体可用于发电或制作天然气，液体或固体物料经过脱水系统，沼液经过脱氮、脱盐、脱硫处理后可作为液体有机肥，沼渣则可制成颗粒有机肥；经过油水分离系统后的油脂可用于生物柴油的生产，分离出的液体含有丰富的有机质，可进行厌氧发酵。

表 3-5 是餐厨垃圾厌氧发酵过程中的参数，从表中可以看出，餐厨垃圾的厌氧发酵过程复杂，反应过程参数不能严格控制，存在转化率低、产气量不高等问题。

表 3-5　餐厨垃圾厌氧发酵工艺影响因素

序号	影响因素	最佳实验条件	实例
1	C/N	25∶1	McCarty 等认为污泥合成细胞的 C/N 约为 5∶1,加上作为能源的 C 含量,C/N 在 10~20 为宜; 乔玮等对有机垃圾进行消化时发现在 C/N 为 25∶1 时产气量要优于(15~20)∶1
2	垃圾粒径	垃圾粒径保证比较高的产气率和便于流态化处理	Eten Brumeler 的试验结果显示,1cm 大小的粒径在产气量最高水平时达到 1290mL,甲烷气体含量高达 51%,餐厨垃圾的粒径从 2.14mm 减到 1.02mm,基质的最大利用常数由 $0.0015h^{-1}$ 上升到 $0.0033h^{-1}$
3	pH 值	6.8~7.5	张波等通过 pH 值对厨余垃圾两相厌氧消化试验,当 pH 值为 7 时,底物由很高的水解和酸化率;金杰等研究表明,发酵罐初始 pH 值在 7.5 时的产气量最大,甲烷含量超过 57%
4	温度	中温:37℃ 高温:55℃	高温厌氧发酵有更短的固体停留时间和更小的反应器容积,能有效降解有机废物和杀灭病原菌,但高温条件易产生高浓度 NH_4^+,毒性抑制更明显;中温厌氧发酵费用较低,实际运用较广
5	搅拌强度	料液最大线速度<0.5m/s	适当的搅拌可缩短发酵周期;不搅拌则有可能引起物料的漂浮以及物料与接种物的分层现象

（2）木质纤维素类生物质　农业生态系统是自然生态系统的重要组成部分。农作物通过光合作用，把二氧化碳固定到作物体内，用于自身的生长。收割果实后，剩余作物植株作为固废丢弃。中国作为传统的农业生产大国，各类农作物秸秆资源丰富、分布广泛，其中，水稻秸秆、玉米秸秆和小麦秸秆是最主要的三大农作物秸秆。据不完全统计，仅 2015 年和 2016 年中国的农作物秸秆产量已分别达到 8.5 亿吨和 7.9 亿吨。然而近几年，中国北方大范围地区出现持续性雾霾天气，根据文献报道，这和农作物秸秆大面积焚烧有密切关系。目前，受人民生活方式与消费观念的影响，中国大部分地区对农作物秸秆常见的处理方式为：就地焚烧、直接还田、与畜禽粪便沤肥或随意堆弃等。除沤肥外的其他不恰当的处置方法不仅造成土壤板结、地力下降、土壤微生物系统破坏而降低出苗率，还会严重影响道路交通、造成环境污染和威胁人身健康，同时也造成生物质资源的浪费。由此造成的一系列涉及环境、经济以及生态的问题，已经成为社会普遍关注的热点和难点。

根据 Cordero 纤维素类物质能值分析方程：HHV＝35430－183.5VM－354.3ASH，式中，HHV 表示纤维素类物质的能值潜力，kJ/kg；VM 表示纤维素类物质的挥发性物质含量；ASH 表示纤维素类物质的灰分含量。由此公式，可以计算得到木质纤维素类生物质含有的能值很高。若能将农业、工业生产过程中产生的大量农作物秸秆、新能源作物进行合理的资源化和能源化利用，既能缓解能源紧张、缓和中国农村经济发展与能源及环境之间的矛盾，又能实现能源的回收利用和节能减排的目标。厌氧发酵法是切实可行的方法。

根据文献检索结果，关于农作物秸秆厌氧消化的论文最早于 1942 年发表，Straka（美国农业部细菌学者）和 Nelson（艾奥瓦州立大学化学工程师）研究了 4 种金属材料（不锈钢铁、铁皮、镀锌铁和铜材质）和玻璃材料的容器对玉米秸秆高温厌氧消化的影响。之后，关于秸秆厌氧消化的研究陆续开始。

生物质固废主要是由纤维素、半纤维素和木质素组成，其次是脂肪、蛋白质、氨基酸、蜡质等物质。图 3-5 为木质纤维素类生物质的结构示意图，其中纤维素为骨架，半纤维素和木质素则是填充在纤维之间的"黏合剂"，木质素将纤维素和半纤维素包裹，外面还有一层蜡质覆盖。这个特殊的结构使得微生物和酶很难与纤维素、半纤维素接触，最终导致纤维素和半纤维素的水解成为秸秆生物降解的限速步骤。该类生物质固废中还含有少量的钙、镁、氮、磷、钾等营养元素。

蜡质层　　　　　　　　　　　　半纤维素

木质素　　　　　　　　纤维素

图 3-5　木质纤维素类生物质的结构示意图

图 3-6 为纤维素的示意图。纤维素是由 D-葡萄糖以 β-1,4-糖苷键组成的线状高分子化合物，在植物中以网状骨架结构存在，分子量为 $50000 \sim 2500000$，相当于 $300 \sim 15000$ 个葡萄糖基，聚合度为 $7000 \sim 10000$。纤维素主要依靠微生物进行降解，先由水解菌将其降解为多糖，然后再由产酸菌将其进一步降解成有机酸，最终在产甲烷菌的作用下生成甲烷。其结晶区的结构致密难以降解，因此纤维素水解为葡萄糖是纤维素分解的速率限制步骤。

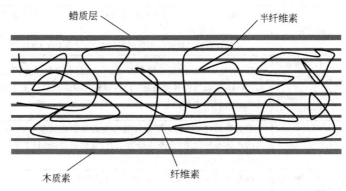

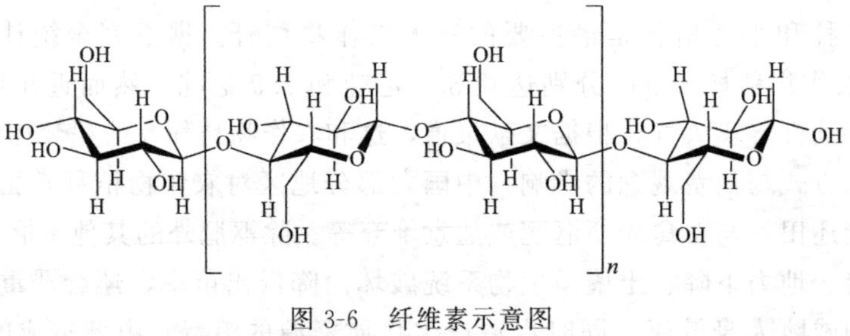

图 3-6　纤维素示意图

图 3-7 为半纤维素的示意图。半纤维素是构成植物细胞壁的第二大糖类化合物。它分布于植物细胞的各个部分，含量仅次于纤维素。半纤维素是由各种糖单元相互连接形成的具有支链的高分子聚合物，是复合聚糖的总称，也是一种无定形物质。与此同时，不同植株或同一植株的不同生长期等因素导致半纤维素的组分、结构不同。构成半纤维素的糖基主要有 D-木糖、D-甘露糖、D-葡萄糖、D-半乳糖、O-甲基化的中性糖、L-阿拉伯糖、4-氧甲基-D-葡萄糖醛酸以及少量的 L-鼠李糖、L-岩藻糖等。有的还含有酸性多糖，如葡糖醛酸。根据化学结构组成，半纤维素通过氢键、范德华力等非共价键与纤维素连接；以 α-苯醚键等共价键与木质素连接。目前尚未有研究证实半纤维素和纤维素通过共价键连接。天然半纤维素为非结晶态，聚合度（degree of polymerization，DP，以 n 表示）较低（$80 \sim 200$），因具有

吸水性，可通过水和碱溶液提取。纤维素、半纤维素和木质素通过各种化学键形成 3D 空间结构，且表层有蜡质包裹，常规的粉碎等预处理很难破坏表面结构以促进微生物对其降解。为此众多学者针对半纤维素进行水解，通过酸性或碱性溶液将木聚糖提取；而葡聚甘露糖等部分杂多糖则需要强碱性环境才能提取出来。

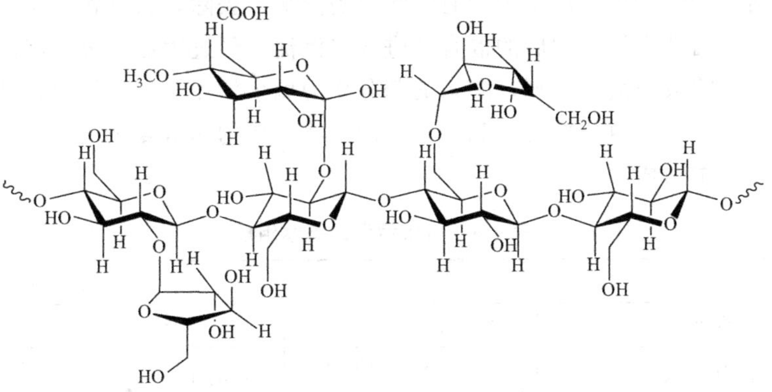

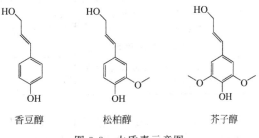

图 3-7　半纤维素示意图

图 3-8 为木质素的示意图。木质素是由 3 种苯基丙烷结构单元通过醚键、碳-碳键连接而成的芳香族高分子聚合物。3 种苯基丙烷结构单元具体包括愈创木基丙烷、紫丁香基丙烷和对羟苯基丙烷。木质素是一种复杂的、非结晶型的三维网状高分子聚合物；具有三维立体结构；有芳香族特性；不溶于水、酸和中性溶剂，只能溶于碱。木质素与

香豆醇　　　松柏醇　　　芥子醇

图 3-8　木质素示意图

纤维素、半纤维素等组分有机地结合从而也决定了纤维素的分解效率。由于木质素能防止细菌、真菌等微生物的作用，且不能被转化为糖类，因此是最难以被微生物降解的。

由于木质纤维素类生物质特殊的物理-化学结构，木质素覆盖在容易被微生物降解的纤维素和半纤维素表面，加之外层有蜡质包裹，由此降低了纤维素、半纤维素的可利用面积，阻碍了微生物和酶的吸附、降解，从而导致整个生物转化过程的限速步骤为水解过程。为了解决木质纤维素原料难以厌氧发酵的问题，研究人员对木质纤维素类生物质厌氧发酵的工艺开展了众多研究和探索。根据文献报道的关于木质纤维素类生物质厌氧的发酵工艺流程，典型的厌氧发酵工艺流程如图 3-9 所示。木质纤维素类生物质进入厌氧发酵系统后，首先进行破碎、除杂、除砂、分选等处理工序，无机大颗粒物质等集中后通过卫生填埋进行处理处置；分选后的生物质根据发酵底物的特性先进行适当预处理，达到改善发酵底物性质的目的；预处理后的物料经过贮料罐进入厌氧发酵系统，发酵产物经过脱水系统，液体进入沼液罐，沼液部分回流进入厌氧发酵系统，剩余统

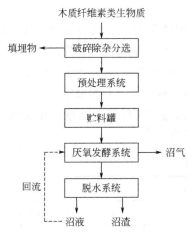

图 3-9　木质纤维素类生物质综合
处理厌氧发酵工艺流程

一回收并将其进行深度处理（包括脱氮、脱盐、脱硫等）后作为液体有机肥使用；脱水后的沼渣经集中统一处理制成颗粒有机肥；厌氧发酵后的气体经过适当处理后可用于发电或压缩制作天然气。

（3）污泥　当前城市污水处理仍以活性污泥法为主，该法具有处理效率高、占地面积小的特点。采用活性污泥法可将污水中的有机物得到降解、去除，微生物由于繁殖使得活性污泥得到增长。经过活性污泥处理后的混合液进入二沉池，经过固液分离、沉淀浓缩后的污泥从沉淀池底排出，除去回流的污泥，剩余的部分作为剩余污泥排出。因此，剩余污泥是污水处理后的副产物，主要是由活性污泥和死亡的微生物组成的非常复杂的非均质体。表 3-6 所列为城市污泥的基本组成。

表 3-6　城市污泥的基本组成

项目	固相		流动相	
	有机相	无机相	水分	—
组成元素	C、H、O、N、S、Cl	As、Cd、Cr、Hg、Pb、Cu、Zn、Ni	C、H、O	—
化学组成	有机官能团组成：醇、醛、酸、醚、烃；芳香族化合物、腐殖质组成；可溶性糖类；纤维素、木质素组成；PAHs、PCSs 等	重金属；无机矿物组成：Fe、Al、Ca、Si 等氧化物、氢氧化物	自由水分、间隙水分、表面水分、结合水分	水溶性组分
微生物组成	菌胶团、病原菌、寄生虫卵			

2007 年，中国工业和城市生活废水排放总量高达 556.7 亿吨，其中工业废水排放量为 246.5 亿吨，城市生活污水排放量为 310.2 亿吨，化学需氧量排放量为 1381.8 吨。按万吨废水污泥产生量的平均值为 2.7 吨（干重）估算，2007 年中国污泥的年产生量高达 902 万吨（干重）。随着人口的增长、城市污水排放量的增加，污泥的排放量也会随之增加。由于污泥存在着含水率高、体积大、有机质含量高、含一定重金属、性质不稳定易腐化、处理成本高等问题，处理不当不仅对环境造成二次污染，对资源也是严重的浪费。

世界主要国家污泥处理处置采用的方法见表 3-7。由于国情不同，不同国家和地区污泥处置的程度与方式存在很大差异。中国作为发展中国家，经济发展水平还不够发达，污泥成分也有差异，应在实现污泥减量化的基础上寻找适合国情的处理处置技术路线。相比于填埋、建筑材料综合利用以及土地利用等方式，厌氧发酵处理技术是最古老和最常见的污泥生物处理法之一，该法不仅能实现污泥中能源和资源的回收利用，实现节能减排，还能在安全、环保、经济的条件下实现综合利用，达到发展循环经济的目的。

表 3-7　欧盟各国采用的污泥处理方法

国家	污泥处理处置方法所占比重/%					
	污泥浓缩	厌氧发酵	好氧发酵	脱水	堆肥	石灰法
比利时	53	67	22	60	0	2
丹麦	—	50	40	95	1	5

国家	污泥处理处置方法所占比重/%					
	污泥浓缩	厌氧发酵	好氧发酵	脱水	堆肥	石灰法
法国	—	49	17	—	0[①]	0
德国	—	64	12	77	3	0
希腊	0	97	3	0	0	0
爱尔兰	14	19	8	33	0	0
意大利	75	56	44	90	0	0
卢森堡	—	81	0	80	5	0
荷兰	—	44	35	53	0	0
西班牙	—	65	5	70	—	26

① 有 17% 的污泥用未知方法进行了处理处置，其中可能包括堆肥法。

根据住房部、城乡建设部、环境保护部和科学技术部联合制定并于 2009 年 2 月 18 日颁布的《城镇污水处理厂污泥处理处置及污染防治技术政策（试行）》，污泥处理处置应遵循源头削减和全过程控制原则，加强对有毒有害物质的源头控制，根据污泥最终安全处置要求和污泥特性，选择适宜的处理工艺，实施污泥处理处置全过程管理。污泥处理处置的最终目标是坚持在安全、环保和经济的前提下实现污泥的处理处置和综合利用，达到减量化、稳定化和无害化目标；鼓励回收和利用污泥中的能源和资源，实现节能减排和发展循环经济的目的。

由于污泥中细胞壁结构稳定，胞内的溶出物很难溶出被微生物降解。因此，污泥厌氧消化过程中的限速步骤是细胞壁的破壁和水解。根据文献报道的关于污泥厌氧发酵的工艺流程，典型的厌氧发酵工艺流程如图 3-10 所示。污泥进入厌氧发酵罐前，首先进行破碎、除杂、分选，无机大颗粒物质等集中后统一进行卫生填埋等处理处置；分选后的生物质根据发酵底物的特性先进行适当预处理，达到改善发酵底物性质的目的。通常采用一些物理、化学的预处理方法来促进细胞壁的破坏，使污泥中有机物溶出。主要的有热解法、超声法、高压喷射法、微波法、碱解法、臭氧法、二氧化氯氧化法等。预处理后的生物质经过贮料罐进入厌氧发酵系统，液体物质部分回流进入厌氧发酵系统；厌氧发酵后的气体可用于发电或制作天然气，发酵剩余的液体或固体物料经过脱水系统，沼液经过脱氮、脱盐、脱硫处理后可作为液体有机肥，沼渣则可制成有机肥。

3.3.4 厌氧发酵的降解路径

ADM1 是一个结构化模型，包括分解和水解、产酸、产乙酸和产甲烷等步骤，表 3-8 给出了纤维素在厌氧发酵中的降解路径。ADM1 的具体结构概况见图 3-11。胞外溶解主要包括分解和水解，其中分解很大程度上为非生物过程，主要是把混合物转化成惰性物质、颗粒性糖类化合物、蛋白质和脂类；第二步是通过生物酶的作用将颗粒性糖类化合物、蛋白质和脂类进行水解生成单糖、氨基酸和长链脂肪酸。上述所有物质的分解和水解过程都可以用一级反应动力学来描述。

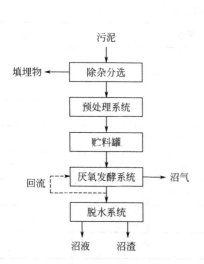

图 3-10　污泥综合处理厌氧发酵工艺流程

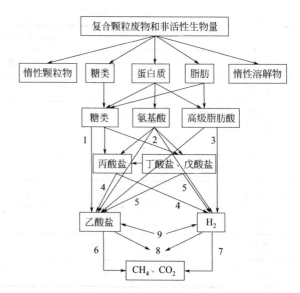

图 3-11　ADM1 结构概况

1—糖类产酸；2—氨基酸产酸；3—高级脂肪酸产酸；
4—丙酸盐产乙酸；5—丁酸盐和戊酸盐产乙酸；
6—分解乙酸产甲烷；7—氢营养型产甲烷；
8—厌氧乙酸发酵；9—同化乙酸生成

表 3-8　纤维素在厌氧发酵中的降解路径

底物	分子式	微生物	反应过程
纤维素	$(C_6H_{10}O_5)_n$	水解产酸菌	$(C_6H_{10}O_5)_n + nH_2O \longrightarrow nC_6H_{12}O_6$
葡萄糖	$C_6H_{12}O_6$	水解产酸菌 产氢产乙酸菌等	$C_6H_{12}O_6 \longrightarrow CH_3CH_2CH_2COOH + 2CO_2 + 2H_2$ $C_6H_{12}O_6 + 2H_2 \longrightarrow 2CH_3CH_2COOH + 2H_2O$ $C_6H_{12}O_6 + 2H_2O \longrightarrow 2CH_3COOH + 2CO_2 + 4H_2$ $C_6H_{12}O_6 \longrightarrow 2CH_3CH_2OH + 2CO_2$ $C_6H_{12}O_6 \longrightarrow 2CH_3CHOHCOOH$ $C_6H_{12}O_6 \longrightarrow CH_3CHOHCOOH + C_2H_5OH + CO_2$
乙酸	$C_2H_4O_2$	乙酸型产甲烷菌	$CH_3COOH \longrightarrow CH_4 + CO_2$
丙酸	$C_3H_6O_2$	丙酸型降解菌	$CH_3CH_2COOH + 2H_2O \longrightarrow CH_3COOH + CO_2 + 3H_2$
丁酸	$C_4H_8O_2$	丁酸型降解菌	$CH_3CH_2CH_2COOH + 2H_2O \longrightarrow 2CH_3COOH + 2H_2$
乙酸、氢气、二氧化碳	$C_2H_4O_2$、H_2、CO_2	氢营养型产甲烷菌 乙酸营养型产甲烷菌	$4H_2 + CO_2 \longrightarrow CH_4 + 2H_2O$ $4H_2 + 2CO_2 \longrightarrow CH_3COOH + 2H_2O$

3.4　厌氧发酵的研究现状

3.4.1　基础理论研究

随着世界各国经济与环保产业结构及相关政策的调整，利用厌氧发酵技术将生物质固废进行资源化、能源化利用，近年来各国科研报道的数量日渐增长。

中国的厌氧消化基础研究始于20世纪80年代，主要集中在发酵过程动力学研究、菌群抑制竞争关系的研究、固体有机物产酸特性的研究、相分离工艺的研究、颗粒污泥机理的研究、固定化细胞技术的研究和厌氧消化体系缓冲能力的研究。从中国知网和全文数据库（Science Direct）统计的2009—2017年发表的关于厌氧发酵的成果来看，国际上对于厌氧发酵的报道近年来增幅较大，而中国在此领域的报道几乎维持同一水平，增长不明显（图3-12）。与国外相比，中国在厌氧发酵的基础理论研究方面有待完善。

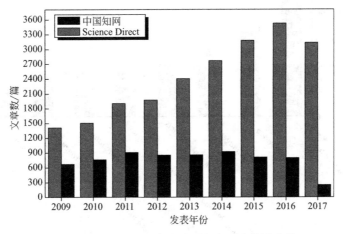

图3-12　2009—2017年发表厌氧发酵的统计成果

图3-13为2009—2018年Science Direct统计的厌氧发酵的细分成果，由图可知，原创性研究成果占总成果的65.17％，综述性文章占总成果的6.92％，书籍类成果占总成果的14.97％。这些原创性成果对完善厌氧发酵的基础理论研究有重要的作用。

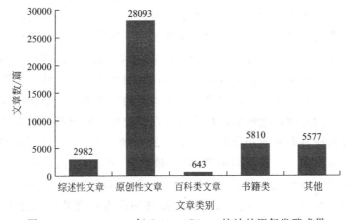

图3-13　2009—2018年Science Direct统计的厌氧发酵成果

除了成果的数量，成果的质量尤为重要。图3-14为2009—2018年Science Direct统计的代表性期刊（英文期刊）发表厌氧发酵内容的情况。从图中发现，近十年来，在厌氧发酵（anaerobic digestion）领域，*Bioresource Technology*（IF 5.651，中科院分区一区）、*Water Research*（IF 6.942，中科院分区一区）、*Waste Management*（IF 4.030，中科院分区二区）、*Renewable and Sustainable Energy*（IF 8.050，中科院分区一区）、*Science of the total environment*（IF 4.900，中科院分区二区）等优秀的期刊刊载的关于厌氧发酵方面的文

章数量很大，且随着期刊质量的提高，刊出数量呈明显递增现象。这项统计数据表明：厌氧发酵基础理论研究水平的提高对沼气示范工程的推广应用具有重要的参考、指导意义。

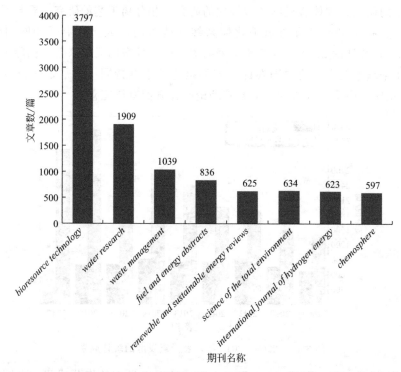

图 3-14　2009—2018 年 Science Direct 统计的代表性期刊（英文期刊）发表厌氧发酵的情况

　　图 3-15 为 2001—2017 年中国知网统计的关于各发酵底物产沼的论文刊出情况。近年来随着国家政策的调整、完善，城乡养殖业迅猛发展，在促进农业和农民增收的同时，也产生了由于畜禽粪便污水的增加对周边环境产生了严重污染。为解决这一问题，全国各地大力发展以畜禽粪污、农作物秸秆为原料的大中型沼气工程。城市污泥和餐厨垃圾相比于木质纤维素类生物质更易被微生物降解利用，是厌氧发酵的主要研究底物。由图 3-15 可知，与农业废物（农作物秸秆和畜禽粪便）和能源作物相比，利用城市废物（城市污泥和餐厨垃圾）产沼的报道最多；关于秸秆厌氧消化的报道仅次于藻类的发文数量，中文年发文数很少。受到能源安全和粮食安全的影响，近年来，利用能源作物进行发酵得到了越来越多科研人员的关注。理想的能源作物应具有高效光合能力，常见的有柳枝稷、藻类、芒属作物、水葫芦等。利用水葫芦进行厌氧发酵产沼最早可追溯到 20 世纪 70 年代，Hanisak 在 1980 年最早报道了水葫芦的产气潜力，后来又出现了大量报道。虽然在不同的产气条件下水葫芦的产气情况有较大不同，但是水葫芦的 C/N 接近 15：1，是理想的发酵底物，其逐渐成为学者研究的热点之一。Yukihiko 在水葫芦化学元素分析的基础上，推算出水葫芦化学结构式为 $C_6H_{12}O_{6.8}$，并进一步推算出厌氧发酵产甲烷与二氧化碳量分别为 14.8%、40.5%（质量分数），换算成质量体积比分别为 207mL/g、206mL/g，理论沼气产气量为 413mL/g，其中甲烷含量为 50.1%。2009 年，陈广银等对水葫芦整株、茎和根分别进行批式中温厌氧消化试验，结果表明：在含固率为 2.0% 条件下，整株有很好的产气特性，而茎和根的总固体产气量仅为整株的 84.23% 和 36.03%，挥发性固体产气量仅为整株的 79.13% 和 42.05%。近年来，关于水葫芦厌氧发酵的相关报道不少，但多数涉及单一方面，将水葫芦作为能源作物进行开发利

用，还缺少系统的相关基础研究，如生长水体、采收管理等对产气效率的影响等；且现有的关于水葫芦厌氧发酵的报道大多还停留在实验室阶段，规模小，难以模拟实际情况。

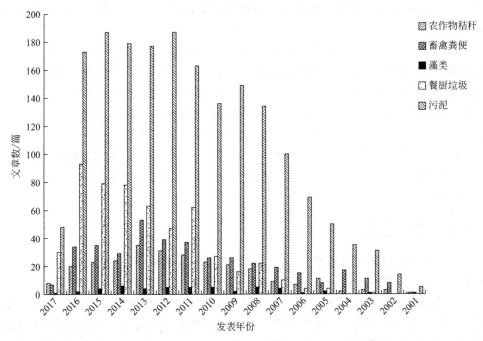

图 3-15　2001—2017 年中国知网统计的厌氧发酵关于各底物产沼的论文刊出情况

　　而关于秸秆厌氧消化的研究，根据王阳的报道，秸秆厌氧消化的研究在 1942—1990 年一直处于较低的研究水平，属于摸索起步阶段；1991—2007 年，年发文量有所提升，开始系统研究；2008—2015 年，是研究快速发展的阶段。他通过运用文献计量学和统计学原理，将农作物秸秆厌氧消化技术领域的文献进行系统分析，结果发现，秸秆厌氧消化研究的发展与全球对秸秆类生物质能关注度的提高和国家政策法规的颁布有很大关系。虽然近年来我国在秸秆厌氧发酵领域的发文数量（SCI 和中文期刊）居全球首位，发展势头强劲，但被引频次较低，说明文章的质量较国外还有一定差距（表 3-9）。

表 3-9　发文量前十位的国家发文情况

排名	国家	发文量/篇	总被引次数/次	篇被引次数/次
1	中国	482	4996	10.4
2	美国	400	10105	25.3
3	日本	116	2165	18.7
4	印度	114	2109	18.5
5	德国	104	2234	21.5
6	法国	97	1715	17.7
7	加拿大	93	2263	24.3
8	英国	80	1920	24.0
9	丹麦	78	2404	30.8
10	意大利	71	998	14.1

表 3-9 为发文量前 10 位的国家，文章的平均被引次数排名前三的国家分别是丹麦、美国和加拿大，平均被引次数分别为 30.8 次、25.3 次和 24.3 次；而中国的被引次数仅为 10.4 次。说明我国在厌氧发酵领域投入大量研究精力的同时，研究文章的质量是未来需要关注的重点。

为了提高我国的科研水平和发文质量，首先，应积极响应国家号召"走出去"，开展对外合作交流，通过跨界区域合作增强科研实力；其次，重视"产、学、研"的结合发展，由于国内厌氧消化技术尚处在高校及科研院所的实验室研发阶段，国内生物质能企业在尖端科技的研发上没有较为突出的表现，通过建立权威的生物质能技术研发机构、形成完善的产业服务体系，将科研和产业无缝结合是未来生物质能企业发展的有效途径。

在基础研究领域，国外厌氧消化技术主要体现在三个方面：①菌体对物料的适应能力及竞争机制的探讨；②产甲烷动态过程的监测方法研究；③探讨水解步骤降解高分子物质的机制及生物调控机理。

3.4.2　沼气工程

厌氧发酵的基础理论研究最终服务于应用生产。加大扶持可再生能源的力度，不仅可以使沼气生产商从中获得可观经济效益，还能达到减排和减少温室气体排放的目的。

图 3-16 展示了沼气的利用途径。目前，国外已针对能源作物和生物废料建立了成熟的沼气生产工艺。美国已在北卡罗来纳州建有一座日处理能力达到 3～6t 的有机垃圾和猪粪便等固体废物的高温厌氧发酵工厂。生产装置容积为 40m³，进料 TS（总固体）浓度为 30%，出料 TS 浓度为 20%，HRT（水力停留时间）为 10d，发酵温度为 55℃。沼气中甲烷含量 60% 左右，二氧化碳 40% 左右，硫化氢 4～14mg/kg，总投资 150 万美元。发酵后的物料经过固液分离，干泥可用作有机肥料，清液循环回入发酵池。同时，世界各发达国家对利用沼气发电也十分重视。据报道，美国 2000 年的沼气发电量为 4984GW·h，在 OECD（经济合作与发展组织）中居第一位，英国以 2556GW·h 居第二位。以德国为例，据统计，2007 年

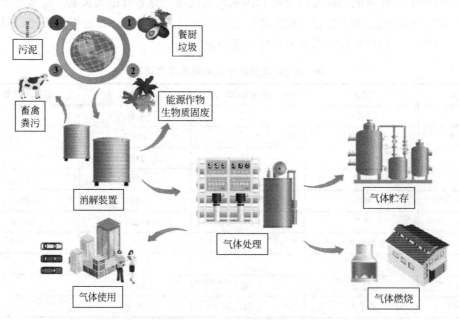

图 3-16　沼气的利用途径

德国所使用的沼气能量占欧盟沼气能量当量的 36%。德国主流的沼气工程技术是中温（35～40℃）、高浓度（8%～14%）的液态发酵热电联产技术。自 20 世纪 90 年代至 2008 年，德国的沼气工程数量由原来的几百处增加到 4100 多处。目前，产生的大部分沼气并网发电，其余还有的用作供热、提纯并入天然气网等。以并网发电为例，沼气工程发电全部上网，发电机连续运转，余热利用系统完善，综合效率高，只有在工程启动阶段需要外部热量的输入，正常运行阶段，热电余热足以提供厌氧发酵系统的增温、保温所需要的热量。截至 2008 年底，沼气工程总装机容量是 1435MW，其中装机容量在 70～500kW 的占总量的 65.6%。未来，德国政府会重点建设装机容量在 150kW 以下的小型沼气工程。

表 3-10 为 1996—2005 年中国大中型沼气工程统计资料。与德国相比，中国的沼气工程并网发电的比例较小。沼气工程以中小型为主，装机容量小。

表 3-10　1996—2005 年中国大中型沼气工程统计资料

年份	运行数量 /处	总池容 /$10^4 m^3$	废弃物处理量 /$10^4 t$	年产沼气量 /$10^4 m^3$	沼气发电	
					装机容量 /$kW \cdot h$	发电量 /$10^4 kW \cdot h$
1996	592	33.49	4016.00	10558.38	866	1785265
1997	703	40.98	2496	13229.58	549	762380
1998	748	43.78	2502	10393.94	601	1015160
1999	959	52.18	3218	11982.02	656	220060
2000	1042	48.81	2786.83	12335.59	2251	1342428
2001	1349	—	—	—	—	—
2002	1560	76.51	5013	18370.06	3779	4023788
2003	2355	88.3	5801	18392.4	—	1657443
2004	2761	286.27	7190	18000	—	—
2005	3764	172.41	12282	34114.24	6699	8726228

此外，为改善农村的用能结构、改善农村居住环境、提高农民生活质量，全国农村地区的沼气发展趋势良好。自 2003 年起，农村户用沼气池建设被列入国债项目，中央财政资金年投入规模超过 25 亿元，在政府的大力推动下，户用沼气池逐渐形成了规模化和产业化。到 2008 年底，全国已经建设农村户用沼气池约 3000 万座，畜禽养殖场和工业废水沼气工程达到 2700 多处，年产沼气约 100 亿立方米，覆盖了近 8000 万农村人口。以河北省为例，河北省是养殖大省，2006—2010 年，河北省承担建设的大中型沼气工程共 185 处，总池容量为 18.5 万立方米，年产沼气约 6600 万立方米，折合标煤约 4700 万吨，减排二氧化碳约 1.22 亿吨，年产沼液沼渣约 34.6 万吨。

3.5　发酵条件和限制因素

发酵的基础因素和外界环境的条件决定了微生物适宜的生长范围和产甲烷潜能，系统地研究各个因素对生物质固废厌氧消化产沼气特性的影响，为产沼实际应用提供充足的理论依据，对实现产沼的可控化、深入探讨厌氧消化的反应机理具有重要的意义。决定厌氧消化效率高低的因素有两大类：①温度、pH 值、氧化还原电位等环境因素；②基础因素，如微生物量、发酵原料、营养比等。对厌氧发酵而言，环境因素决定产气的成败，而基础因素决定了产气效率的高低。

3.5.1　环境因素

影响厌氧消化最重要的环境因素主要包括温度、pH 值、碱度（alkalinity）、底物挥发性固体（VS）负荷率和氧化还原条件等。为了保证微生物能够适宜生长、繁殖，构建混合群落，在发酵启动阶段就必须控制好环境参数。

（1）温度　早在 20 世纪 30 年代，Buswell 和其他学者系统性地研究了厌氧微生物和产气条件之间的关系，发现温度是影响厌氧消化过程的重要因素。温度决定了微生物的活性，影响其代谢能力。一般较高温度条件下，微生物的代谢过程较快，厌氧分解和生成甲烷的速度较快，产气周期就会缩短。因此温度决定了厌氧发酵的成败，然而其对产气量、发酵时间的影响却不明显。理论上，10～60℃均能正常产气。根据文献报道的结果，厌氧微生物的代谢速度在 30～38℃的中温阶段和 50～55℃的高温阶段各有一个产气高峰，故分别定义为适宜的中温发酵和高温发酵。

温度对厌氧消化过程的影响机理是复杂的，主要总结为以下三个方面：①温度对微生物活性的影响；②温度对厌氧反应动力学参数的影响；③温度波动对厌氧反应器运行稳定性的影响。选择什么温度进行发酵一直是厌氧发酵的重点。针对温度对厌氧消化产气速率、产气量和消化时间的影响，张翠丽在不同的发酵温度下，对单一、混合发酵原料的厌氧消化产气速率、产气量和消化时间进行了系统研究，并用 SAS 软件对试验数据进行多元回归分析，通过建立回归模型，确定不同发酵原料的最优发酵温度及相应的消化时间和最大干物质累积产气量。结果表明：猪粪、牛粪和鸡粪作为单一发酵原料时，最优温度在 32℃以上，发酵周期为 75 天左右；秸秆单一发酵时，最优温度均在 52℃以上，发酵周期 100 天左右；畜禽粪便（猪粪、牛粪）和秸秆（麦秆、稻秆和玉米秆）混合发酵时，最优温度均在 30℃以上，发酵周期 60 天左右。

因理论或生物学上得到的温度并不能直接应用于工程上；由理论值指导实际生产时不能达到预计的发酵效果。随着研究的深入及产气规模扩大化，在消化工艺、运行管理等方面都积累了丰富的经验，但运行过程中因温度变化带来的产气停滞及停止问题逐渐进入人们的视野并引起高度的重视。发酵罐内温度波动受到糖类化合物降解放热、底物具有高能量密度、传质传热不均、高负荷等因素影响。温度波动导致温度发生突变超出其最佳温度范围，从而引起微生物群落的严重紊乱并导致产气效率大幅降低。在甲烷生成过程中，上述自发热效应降低，而温度波动逐渐停止，这种现象普遍存在于实际沼气工厂运行中。K. J. Chae 等研究了温度波动对猪粪厌氧发酵的影响。试验选取的消化温度分别为 25℃、30℃和 35℃，底物有机负荷率分别为 5%、10%、20% 和 40%。相同发酵条件下，当厌氧消化温度为 30℃时，与 35℃组相比，甲烷产率仅减少了 3%；然而与 25℃相比，甲烷产率则下降了 17.4%。在 25℃、30℃和 35℃发酵条件下的猪粪最终甲烷产量分别为 327mL/g、389mL/g 和 403mL/g。

（2）pH 值和碱度　溶液中氢离子（H^+）的浓度称作酸碱度。溶液酸碱度的大小用 pH 值表示。pH 值是溶液酸碱度大小的度量单位。因此，厌氧发酵料液的 pH 值是监测过程中进行监控的一个重要指标。厌氧发酵通常在碱性环境下进行，而厌氧微生物的细胞质 pH 值呈现中性。利用微生物细胞的自我调节能力使代谢环境保持中性。据报道，能够维持良好运行的厌氧消化系统内 pH 值在 6.5~8.2；产甲烷菌在产甲烷阶段代谢活动的最适 pH 值是 6.6~7.6。

影响厌氧消化过程 pH 值的最主要的因素是基质的组成。表 3-11 为常用发酵原料的酸碱度数据。由于 pH 值、碱度受到中间产物挥发性脂肪酸的影响，当中间产物浓度高时，碱度被消耗，pH 值下降；中间产物浓度低时，系统中碱度值偏高，导致 pH 值偏高。碱度能和中间产物挥发性脂肪酸（H^+）进行中和，在一定程度上起到调节碱度和缓冲的作用。常见的能起到缓冲作用的离子有：碳酸根（CO_3^{2-}）、氢氧根（OH^-）、铵离子（NH_4^+）、磷酸一氢根（HPO_4^{2-}）、硅酸三氢根（$H_3SiO_4^-$）等。能达到一定缓冲作用的碱度要在 1000~5000mg/L。为了确保厌氧消化系统中 pH 值处于中性范围，常用碳酸氢钠作为补充碱度的 pH 值调节剂。类似的其他试剂还有碳酸氢钙、碳酸钠、碳酸钙。

表 3-11 常用发酵原料的酸碱度数据

原料	酒糟	猪粪	猪尿	牛粪	人粪	人尿	草木灰	石灰水	作物秸秆	污泥
pH 值	4.3	6~7	7	7	6	8	11	12	7	6~8

正常发酵过程中的 pH 值一般会呈现规律性的变化。发酵初期，产酸菌繁殖较快，pH 值下降较快；随着氨化作用的进行，氨溶于水后形成氢氧化铵，中和有机酸，pH 值有所回升，并逐渐保持在一定范围内。因此，发酵过程中 pH 值的变化是一个自然平衡的过程，厌氧消化系统在一定程度上有自我调节的能力，无须额外进行 pH 值调节。但若配料不当或管理不合理造成的酸败现象，需要额外进行 pH 值调节。

（3）氧化还原条件 所谓氧化，即失去电子；所谓还原，即得到电子，一定伴有电子的授受过程。氧化还原电位越高，氧化性越强；氧化还原电位越低，氧化性越弱。电位为正表示溶液显示出一定的氧化性，电位为负说明溶液显示出一定的还原性。一般生物体内的电子传递是从氧化还原电位低的方向朝高的方向进行。

在污水生化处理中最早以氧化还原电位作为监测指标的是活性污泥法。在 20 世纪 40 年代发现了污水中有机物含量与氧化还原电位具有某些关联性。到 50 年代末，研究人员已针对污泥厌氧消化的氧化还原电位变化规律开展研究。Dirasian 和 Molof 发现了在污泥厌氧消化过程中氧化还原电位随着挥发性脂肪酸（VFAs）的浓度、产气率的增大而增大。Blane 和 Molof 发现在以乙酸和丁酸为基质的厌氧消化产气过程中，氧化还原电位（E_c）为 -555~-495mV；同时毒性离子浓度增大，进水负荷提高，都会使反应器出水的电位值增加。山内彻和平野茂研究了两相厌氧法中的氧化还原电位，产酸相和产甲烷相的最适氧化还原电位分别为 -100~100mV、-400~-150mV。产酸相的氧化还原电位要高于产甲烷相。Ghosh 为了抑制产酸相中产甲烷菌在两相法处理城市垃圾中的活性，控制产酸相的最适电位值在 -300~-200mV 并引入一定量的空气。

3.5.2 基础因素

（1）接种物 为了加快厌氧发酵的启动速度和提高产气量，通常需要向沼气池加入的富含厌氧微生物的接种物。一般情况下，发酵原料和水中的厌氧微生物数量很少，靠微生物自然繁殖，产气效率很低。由于这些物质中含有大量具有很高生物活性的厌氧微生物，又被称为"活性污泥"。

大自然中产甲烷菌群的分布非常广泛，如沼泽、池塘的底泥、老粪坑底泥、屠宰场阴沟污泥、酒糟或豆制品厂废水处理后的污泥、沼气池沼液沼渣等，均可作为厌氧发酵的接种物。若发酵罐周围没有合适的接种物来源，在没有投入接种物的情况下，厌氧发酵装置从启动到运行产气需要半年左右的时间，所消耗的时间很长。为了获得适合发酵所需的接种物，针对不同底物特性进行定向驯化以及分析不同底物驯化对微生物群落变化的影响是近年来报道的热点之一。王晓华等在单相完全搅拌式（CSTR）反应器内驯化了以餐厨垃圾为底物、在中温条件下的厌氧消化系统，以农村户用沼气池污泥为接种物，分析了底物驯化对微生物群落结构的影响。反应器在 3g/(L·d)（以 VS 计）的负荷下成功启动，连续运行 45 天，当系统性能维持稳定时，认为驯化成功，并在连续运行期间采用 454 焦磷酸测序技术分析了系统内微生物群落变化情况。试验结果表明：微生物群落结构与底物密切相关，驯化后细菌和古菌群落都发生明显变化。由于餐厨垃圾易降解有机物含量高，且富含淀粉和脂肪，易降解糖类化合物发酵菌（如 *Petrimonas*）和脂肪降解菌（如 *Erysipelotrichia*）的数量就显著增加。

（2）底物浓度　厌氧发酵所用原料的底物浓度是指沼气发酵料液中发酵物质的质量分数。常采用发酵物质总固体（TS）表示的称作总固体浓度，以 TS% 表示；采用挥发性固体（VS）表示的称作挥发性固体浓度，以 VS% 表示。例如，1000kg 的发酵底物中总固体 800kg，则总固体浓度（TS%）为 80%；1000kg 的发酵底物中总固体 600kg，则挥发性固体浓度（VS%）为 60%。

众所周知，发酵罐中搅拌作用与发酵物料含固率的高低有很大关系，含固率的高低制约着搅拌作用的效果，同时也是影响厌氧消化性能的重要因素之一。TS 浓度提高有利于有效容积的利用率和容积产气率，但过高的 TS 浓度会累积氨氮、挥发性脂肪酸等中间产物，从而严重影响厌氧消化工程产气效果，甚至失败。目前，关于 TS 浓度对畜禽粪便或混合厌氧消化影响的研究较多。杜静等在室内以水稻秸秆为单一发酵底物开展了中温序批式和半连续式发酵实验，实验以容积产气率和原料产气率为特征指标，分析了不同料液浓度对厌氧发酵产沼气方式的影响。序批式发酵的产气率随 TS 浓度升高而增加，但增幅逐渐减少；而间歇搅拌有助于提高序批式发酵产气率，特别对高 TS 浓度处理容积产气率的提升效果更加明显；而半连续进料条件下更有利于高 TS 浓度处理容积产气率的提高，但各处理原料产气率均随着固物滞留时间（solid retention time，SRT）缩短而逐渐降低。综合考虑产气情况及工程应用实际，建议秸秆批式发酵底物质量分数不超过 8%，而半连续发酵 TS 质量分数为 8% 时的 SRT 设计为 20d，容积产气率 $1.00m^3/(m^3·d)$，若发酵 TS 质量分数为 6% 时，SRT 设计为 15d，容积产气率 $0.75m^3/(m^3·d)$，该运行参数为秸秆沼气工程的发展提供了理论依据。

（3）碳氮比　形成甲烷的主要元素，碳元素是微生物生命活动的能源来源；氮元素是构成厌氧微生物细胞的主要元素。微生物的生长、代谢活动对碳和氮是有一定的比例要求的。碳氮比是指发酵原料中所含的碳素和氮素量之比，常用符号 C/N 表示。在发酵过程中，碳氮比的需求是根据微生物生长、代谢、繁殖所需要的营养物质而确定的。

如果发酵原料中的 C/N 过高，发酵就不容易启动，且发酵系统易积累有机酸，造成酸败现象；如果发酵原料中的 C/N 过低，发酵系统易积累氨氮（NH_3 或 NH_4^+），对微生物同样造成抑制作用，发酵停止。针对碳氮比对厌氧消化的影响问题，国内外学者都进行过大量研究，但结论有所差异。例如，不同形式的碳素，被微生物利用的难易程度不同。纤维素、半纤维素、葡萄糖和木质素都是糖类化合物，它们都含有碳素，但葡萄糖很容易被微生物降解产生沼气，而木质素则很难被降解利用。同一底物在不同温度、不同装置条件下的厌氧发酵，其产气结果也有差异。由于秸秆类原料具有高碳氮比的特点，单一厌氧消化过程中随着料液浓度的提高易产生酸化现象，为解决这一问题，通常是在秸秆原料中添加外来氮源，从而调整 C/N 至适宜微生物的范围。一般，发酵底物的 C/N 常按下列公式进行：

$$\frac{C}{N} = \frac{C_1 + C_2 + C_3 + \cdots}{N_1 + N_2 + N_3 + \cdots} = \sum \frac{C_i X_i}{N_i X_i}$$

式中，C 为碳素的质量分数，%；N 为氮素的质量分数，%；X 为原料的质量，kg。

一般情况下，当发酵原料的 C/N 在（20～30）∶1 时，厌氧发酵能正常进行，一旦 C/N 超过 35∶1 或低于 20∶1，产气量会明显减少。根据文献报道和我国农村沼气发酵的试验和经验，C/N 在（20～30）∶1 为最适。

3.5.3　限制因素

厌氧消化可以减少生物质固废的含量和排放，还能产生再生能源沼气，替代传统化石能源。然而，由于粗糙的管理和产气条件，有机废弃物中含有或其在厌氧消化过程中会生成多种厌氧消化的抑制物，这些物质通过协同作用、拮抗作用、络合作用等机制会对各类微生物种群产生显著的抑制现象，导致厌氧过程中甲烷产量降低并伴有大量有机酸的积累，使厌氧消化体系 pH 值降低，体系全面崩溃。这种不稳定性使得厌氧消化难以大范围商业化推广。对于"抑制"和"毒性"的界定，美国万德比尔特大学的 R E Speece 教授于 1996 年在《工业废水的厌氧生物技术》一书中对"毒性"和"抑制"进行了定义，即毒性——对细菌代谢的一个不利影响（不一定是致命的），抑制——生物功能的损害。

餐厨垃圾中含有高含量的糖类化合物和含氮有机物；木质纤维素类生物质中含有较高的糖类化合物；畜禽粪便中含有较高的含氮类有机物。糖类化合物以及含氮的有机物作为厌氧发酵的水解产物，挥发性脂肪酸（VFAs）和氨氮是厌氧消化水解酸化阶段的主要产物；污泥中组分复杂，重金属含量较高，如硫化物、钠、钾等金属元素。当环境条件发生改变时，产酸菌和产甲烷菌生长、代谢、繁殖所需的营养底物、生长动力学以及环境敏感性不同，直接影响了产酸、产甲烷阶段和微生物群落。若反应体系的含固率偏高，厌氧发酵体系内的传质效果差，就容易造成金属离子或代谢产物的局部积累，抑制微生物的活性，由此产生反馈性抑制，极易造成最终甲烷产量的降低。氨和挥发性脂肪酸就是常见的两种厌氧消化过程中产生的抑制物；金属离子是常见的污泥中自身带有的离子。了解这些抑制物的组成、抑制机理和抑制浓度对确保厌氧消化过程的稳定运行至关重要。

（1）挥发性有机酸　产甲烷菌对环境最敏感，代谢速率最慢，产甲烷阶段往往是厌氧消化阶段的瓶颈。水解酸化阶段若与产甲烷阶段不能很好地衔接，厌氧消化过程将会极易受到抑制，引起酸化产物积累，最终导致厌氧系统失稳。因此，现有的沼气工程一般选择在低负荷条件下运行。为了提高厌氧发酵系统的产气效率，使其在高负荷下稳定运行，对厌氧消化过程的酸化预警和调控就显得尤为重要。

挥发性有机酸的产生与发酵底物的特点有很大关系，例如，餐厨垃圾是一种极易腐烂的原料，在厌氧消化过程中容易出现酸化抑制产气；木质纤维素类生物质由于 C/N 较高，糖类化合物在水解酸化过程中随着 TS 的升高也容易出现酸化现象。厌氧发酵系统中各菌群数量以及对应的基质分解速率如表 3-12 所示。由表可知，随着发酵温度的升高，虽然基质分解速率也呈上升趋势，但与乙酸相比，丙酸和丁酸的分解速率却低很多。若发酵底物中易产酸的底物随着含固率和发酵温度有所提高，厌氧消化系统中丙酸和丁酸的大量积累在一定程度上也会对产甲烷菌造成活性抑制，不利于产气的进行。

表 3-12 厌氧发酵系统中各菌群数量以及对应的基质分解速率

菌群种类	细菌个数/(个/mL)		基质分解速率/[$\mu mol/(mL \cdot min)$]	
	中温	高温	中温	高温
产甲烷菌(消耗氢气)	2.1×10^8	9.3×10^8	N. A.[①]	N. A.
产甲烷菌(消耗乙酸)	4.6×10^7	2.1×10^8	30	40
丙酸分解细菌(生成乙酸和氢气)	9×10^5	1.5×10^6	3	4.5
丁酸分解细菌(生成乙酸和氢气)	5×10^6	1.5×10^7	1	2

① N. A. 表示未测定。

挥发性脂肪酸浓度与氨抑制具有密切的关系，是厌氧消化过程中非常重要的参数。高浓度氨氮可抑制产甲烷菌的活性，导致 VFAs 的积累，当挥发性脂肪酸的积累含量超过临界值时，厌氧消化系统的 pH 值就降低，抑制 VFAs 产生，降低产甲烷菌活性，最终形成"抑制的稳定状态"。高浓度氨氮加剧了 VFAs 的积累，会导致厌氧消化系统突然崩溃。因此，VFAs、氨氮和 pH 值的协同作用对厌氧消化具有重要影响。

(2) 氨氮　氮类物质如蛋白、尿素、氨基酸等在厌氧发酵过程中被转化为氨氮（NH_3 和 NH_4^+）。然而，厌氧消化工程中常采用消化液回流的方式提高进料温度、保持生物量及节约稀释用水，这使得长期运行的厌氧消化系统内的总氨氮（TAN）浓度逐渐升高。虽然氨氮是微生物的必需营养物质，但若浓度超过一定范围，会对微生物产生抑制作用，最终产生氨抑制现象，导致系统运行障碍。

针对氨抑制的机理研究，学者认为：厌氧消化底物中含氮物质经过氧化还原脱氮反应后生成氨，并以 NH_3 和 NH_4^+ 两种形态存在。NH_4^+-N 是厌氧微生物生长必不可少的营养元素，为了微生物的正常生长，厌氧消化系统中必须保持 NH_4^+-N 的浓度在 40~70mg/L 以上。但实际情况是，由于微生物细胞增殖缓慢，只有少量的 NH_4^+-N 可以用于微生物的细胞生长，厌氧消化系统内 NH_4^+-N 的浓度会远远超过这个范围值，从而不利于产甲烷过程。目前尚未对厌氧消化过程中氨氮产生抑制的原因有明确的结论，但大多认为游离氨（NH_3）是抑制厌氧消化的主要因素。其抑制机理认为：NH_3 对甲烷合成酶活性有直接的抑制作用；由于 NH_3 的疏水性使其容易通过被动扩散的方式进入细胞质造成钾缺乏并引起细胞内质子失衡，同时进入细胞的游离氨转变为 NH_4^+，在不断累积作用下导致细胞 pH 值发生改变，最终毒害细胞。但 J. J. Lay 提出 NH_4^+ 的浓度决定产甲烷菌的活性，而且 NH_4^+ 和 NH_3 在经过驯化和非驯化的系统中的影响是不同的。一个经过良好驯化的微生物系统，NH_4^+ 比 NH_3 更重要的影响是决定产甲烷菌的活性。

在厌氧消化氨抑制研究中，众多学者将研究重点聚焦于氨浓度阈值。表 3-13 为不同厌氧消化系统氨抑制阈值。目前关于氨抑制的浓度阈值从 0.1~1.1g/L 都有报道。一般情况下，NH_4^+ 的浓度在 50~200mg/L 时有利于厌氧微生物的生长，在 200~1500mg/L 时并未表现出明显的副作用。但由于氨浓度阈值受 pH 值、挥发性脂肪酸（VFAs）、接种物和反应温度等条件的影响，相关的研究成果存在很大差异。在厌氧消化过程中，温度和 pH 值是影响厌氧消化的重要参数。同样，要恢复氨抑制作用，也要从影响氨抑制的这两个因素入手。

厌氧消化的适宜温度为 35℃ 或 55℃，pH 值的最适范围值为 6.4～8.5，在这两个温度段或 pH 值的范围内，产甲烷菌能保持较高的活性。NH_3 和 NH_4^+ 的浓度与温度（T，单位 K）、pH 值的关系可由下式表示：

$$NH_3 = NH_4^+ \times \left[1 + \frac{10^{-pH}}{10^{-\left(0.09018 + \frac{2729.92}{T}\right)}}\right]^{-1}$$

表 3-13　不同厌氧消化系统氨抑制阈值

消化基质	总氨氮浓度 /(mg/L)	游离氨浓度 /(mg/L)	抑制状态	温度 /℃	pH 值
有机垃圾	2500	—	完全抑制	55	7.0
合成废水 1	6000	>700	完全抑制	35	8.0
猪粪	11000	1450	50% 抑制	51	8.0
合成废水 2	—	>100	完全抑制	35	7.7
脱脂奶粉	5770	—	64% 抑制	55	6.5～8.0

根据此式可知，更高的 NH_4^+ 的浓度、温度或 pH 值都利于 NH_3 的生成。由于 pH 值直接影响总氨氮（TAN）中游离氨（NH_3）和 NH_4^+ 的相互转化，而游离氨对产甲烷菌活性的影响是引起氨抑制的主要因素，因此 pH 值对总氨中游离氨的浓度有很大影响，研究氨抑制浓度阈值及抑制程度也必须明确发酵体系内的 pH 值。研究表明：pH 值在 6.5～8.5，产甲烷菌的活性随氨氮浓度的增加而降低，当氨氮浓度在 1679～3720mg/L 时，产甲烷菌的活性降低 10%；当氨氮浓度在 4090～5550mg/L 时，产甲烷菌的活性降低 50%；当氨氮浓度在 5880～6600mg/L 时，产甲烷菌的活性则完全丧失，对应的，当 pH 值由 7 上升到 8 时，游离氨所占比例上升 10 倍。因此，将 pH 值控制在合适的范围内，可以降低氨抑制的作用。驯化有利于产甲烷菌对氨的抑制作用有更高的抵抗能力，对厌氧微生物进行高浓度氨氮定向驯化，可在一定程度上缓解高浓度氨氮对厌氧消化系统的抑制影响。但无论是产甲烷菌还是产氢产乙酸细菌，都有合适的 pH 值，若厌氧消化系统的 pH 值不在适当的范围内，即使氨氮浓度未达到抑制水平，也会导致厌氧消化失败。

温度对厌氧消化过程有明显的调控作用，其与厌氧消化系统中微生物的生长速率和游离氨浓度密切相关。一般认为，随着温度升高，微生物新陈代谢速率加快的同时，也会导致体系中游离氨浓度的增加。此外，有学者发现，对于高含氮有机物，相比于中温厌氧消化，高温厌氧消化虽然有较高的微生物活性，对有机物的降解速率更高，产甲烷速率更快，但也更容易受到氨抑制的影响。同等 NH_4^+ 浓度条件下，NH_3 的浓度更高，容易产生氨抑制作用，运行稳定性低于中温。Abouelenien 在 37℃、55℃ 和 65℃ 条件下分别对鸡粪进行干式厌氧消化，结果发现在 55℃ 和 65℃ 条件下的厌氧消化系统受 NH_3 的抑制，而 37℃ 条件下的厌氧消化就不受影响。

氨抑制是厌氧消化过程中最常见的抑制类型，已成为导致厌氧消化效率低及厌氧消化系统稳定差的主要原因，并制约了某些发酵底物的应用和技术推广。目前，针对高浓度氨氮对厌氧消化过程的影响，国内外学者的研究主要集中在氨抑制产生机理、氨抑制阈值、厌氧消化的 pH 值和温度对氨抑制的影响、氨抑制对厌氧微生物群落的影响、模型预测、氨抑制的预防和恢复方面等。例如，为提高富氮废弃物厌氧消化的处理效率及系统稳定性问题，国内外学者对如何减轻或消除厌氧消化过程中氨抑制进行了大量研究。其中，对发酵原料进行稀释或调整底物的 C/N 被认为是最有效和应用最广的方法；其次，是对接种物进行高浓度氨氮驯化或通过直接投加高氨氮耐受菌种；再次，在厌氧消化系统中添加矿物质进行吸附或通过化学沉淀消除氨抑制。这些研究成果对厌氧消化工艺的维护有重要的指导意义，并对预防和控制氨氮的抑制起到了积极的作用。

（3）金属离子　在厌氧环境下，硫酸盐还原菌和产甲烷菌是同时存在的。硫酸盐作为电子受体被硫酸盐还原菌还原为硫化物。硫酸盐还原菌分为不完全氧化硫酸盐还原菌和完全氧化硫酸盐还原菌两种。前者将乳酸等物质转化为乙酸和二氧化碳，后者将乙酸转化为二氧化碳和碳酸盐（HCO_3^-）。硫化物对厌氧消化过程会产生抑制作用，该作用可分为初级抑制和次级抑制。初级抑制的作用来源于硫酸盐还原菌和产甲烷菌对有机物和无机物的竞争反应；次级抑制的作用来源于硫化物对不同微生物的毒性作用。

厌氧消化体系内存在很多阳离子，如 Na^+、K^+ 等，它们主要是有机物在降解时释放的以及调节 pH 值时外源引入系统的。过高浓度的阳离子（微生物生长所必需的营养元素）也会抑制微生物的生长。低浓度的钠盐是产甲烷菌必需的大量营养元素，在 ATP 的合成以及 NADH 的氧化过程中起到了至关重要的作用。然而高浓度的钠盐会对微生物的活性产生抑制作用并且干扰微生物的新陈代谢。氢营养型产甲烷菌的理想生长环境是 Na^+ 浓度为 350mg/L。在中温厌氧消化过程中，Na^+ 对产甲烷菌产生抑制作用的浓度为 3500～5000mg/L；当 Na^+ 的浓度达到 8800mg/L 时，则会产生强抑制作用。

钾离子对微生物的影响是由于钾离子被动的流入细胞膜后，会中和细胞膜的电位。若钾离子的浓度<400mg/L 时，在中温或高温条件下都会对厌氧消化起到促进作用；当超过某一浓度时，钾离子会逐渐产生抑制作用。与此同时，Na^+、Ca^{2+}、Mg^{2+} 等离子均能够调节钾离子的毒性。然而这些离子必须达到一定浓度才能发挥调节功能，Na^+ 的最适宜浓度为 564mg/L、Ca^{2+} 的最适宜浓度为 837mg/L、Mg^{2+} 的最适宜浓度为 379mg/L。在适当的钾离子浓度和曝光时间足够长的条件下，厌氧微生物能够被驯化以适应钾离子的高浓度和缓解由此引起的毒性，并使微生物的活性不受影响。

3.6　生物质固废厌氧发酵存在的问题及提高产气的方法

3.6.1　存在的问题

厌氧发酵产沼不是一个新课题，对比国外沼气产业的发展，中国沼气工程发展落后。主要从以下几点归纳分析。

（1）工程应用中的局限　成熟传统沼气工艺是以畜禽粪便等易消化物料为底物的，而使用难降解的秸秆来生产沼气对厌氧消化工艺的要求则更高。秸秆厌氧消化工艺在实际运行中的不稳定性可能是由下述原因造成的。

① 原料来源及局限性　厌氧发酵产生的沼气量与底物本身特性相关。C/N 的高低对发酵底物产气量具有重要的影响。C/N 过高，发酵过程中易发生有机酸积累导致系统酸败；C/N 过低，易发生氨氮积累，同时产生大量 NH_3，产甲烷菌的活性受到抑制。

我国农作物秸秆包括稻秆、麦秆、玉米秸秆等粮食作物秸秆和棉秆、油料作物等秸秆。其中，三大粮食作物秸秆占农作物秸秆总产量的 75% 以上，是秸秆沼气发酵的主要原料。且中国秸秆的分布有典型的地域性和季节性的特点，北方地区以玉米秸秆、麦秆、棉秆等为主，南方地区以稻秆、麦秆和油料作物秸秆等为主。不同地区的秸秆种类和产量不同，秸秆沼气原料的选择需要因地制宜。天津市静海区南柳木村秸秆沼气工程的底物以天津的主产作物秸秆（玉米秸秆）为主；四川主产水稻，新津县秸秆沼气集中示范工程的底物以稻秆为主。目前国内外利用常见农作物的青贮秸秆作为主要原料通过厌氧消化技术生产甲烷。

能源作物类，如水葫芦、藻类等物质有明显的季节性，它们的生长期和生长地域在很大程度上限制了这些底物的应用。以水葫芦为例，近年来，虽然水葫芦在中国南方 17 个省（市、自治区）泛滥成灾，但因其在净化污染水体方面的独特功效，常用于治理富营养化水体。无论是防止水葫芦泛滥而遏制还是用于污染水体的修复，水葫芦的合理处置与资源化问题逐渐引起人们的重视。由于水葫芦的 C/N 接近 15：1，是适合厌氧发酵的底物，因此利用水葫芦厌氧发酵产沼成为近年来的研究热点。水葫芦性喜温暖多湿，适宜的生长温度是 $25 \sim 32 \, \text{℃}$，0 ℃以下遇霜冻叶枯萎，但根茎和腋芽仍能保持活力；$1 \sim 5 \, \text{℃}$ 以上能在室外自然越冬；35 ℃以上生长缓慢；40 ℃以上生长受抑制；43 ℃以上逐渐死亡。长江中下游地区生长时间为 4—11 月，6—9 月为快速生长期。以水葫芦为底物的厌氧发酵，能有效利用的时间较短。

② 预处理　木质纤维素类生物质富含纤维素、半纤维素和木质素，三者在秸秆中相互缠绕，构成致密的空间结构，不易被微生物及酶直接利用，因此在发酵产沼之前需要进行预处理。传统的预处理方法有机负荷率很低（固液比＜1：5），从而导致能耗高、产生废液易造成二次污染、处理成本高、设备要求高（耐高压、防腐蚀等）等，不利于工程实际应用。我国现有的示范工程多采用青贮或沼液浸泡等预处理方法来降低后期产沼的成本及能耗。其中青贮对农作物秸秆的收割时间有严格要求。然而由于占地面积问题，上述两种预处理方法难以满足大规模秸秆沼气的要求。目前，木质纤维素类生物质沼气工程的原料预处理研究还处于初步研究阶段，工程上普遍存在干物质转化率低、进出料难等问题。

③ 产气量低、热电联产应用少　德国沼气工程的平均池容大约是 $1000 \, \text{m}^3$/处，而中国沼气工程的平均池容为 $283 \, \text{m}^3$/处，是德国平均池容中国的 3.5 倍。德国 98% 的沼气工程是并网发电，为了高效利用发电热能，沼气工程大多采用热电联产的方式，以增加发电预热的利用率，由此亦可以保证在室外温度低于 $-20 \, \text{℃}$ 的冬季仍能正常发酵生产沼气。大中型沼气工程多以燃气发电机进行发电，且只需 9.7% 的沼气发电量就可以用于沼气工程运行所需的热能。受到热电联产优惠政策的刺激作用，沼气发电预热的利用率会得到进一步提高。扣除沼气工程自身所需的余热，其余热量可用于公共建筑、房屋供暖、沼渣烘干等方面。

我国的沼气项目多采用常温发酵，热电联产比率低，在北方的冬季受温度影响严重甚至停止运行，其产气率低。德国沼气工程的发酵原料单一，很多能源作物、有机副产品的厌氧发酵效率高于畜禽粪便。我国厌氧产沼项目的原料多以畜禽粪便为主，秸秆为辅。

④ 整体技术水平低　目前中国秸秆厌氧消化产沼气工程大多沿用畜禽粪便沼气工程技术等常规性厌氧发酵工艺，水力停留时间较长（工程上常规的秸秆厌氧消化周期一般需要 $70 \sim 90$ 天）、装置启动慢、产气效率低、原料浪费严重，加之配套设施不完善，使装置使用寿命有限、稳定性差，是中国沼气工程建设中普遍存在的问题。国外的沼气工艺、技术和装备从设计、标准、产品等方面拥有一系列成熟方案，其生产技术工业化程度高，并已将模型预测技术广泛用于大中型沼气工程。我国的沼气工程设备在高效固液分离装置、高浓度输送泵和管道、良好的搅拌装置和动力配置等方面还有待突破。

（2）理论研究的不足　厌氧消化过程非常复杂，目前专家学者将研究重点聚焦于产气量、气体转化和改进整个能量转化系统 3 个方面。从物质和能量的平衡、净能量平衡、热力学方程等角度阐释秸秆产甲烷的相关研究还很欠缺，对秸秆在厌氧消化条件下的降解特性及微生物群落的变化了解还不够彻底。在秸秆降解过程中前期有部分可水解的糖类和部分半纤维素引起的快速水解，后期有较难降解的半纤维素和纤维素引起的慢速降解，为了探讨不同速率下的秸秆水解前期和后期的反应机理，建立三素降解动力学模型、完善秸秆降解机制，阐明厌氧消化的反应规律和动力学特征，为秸秆厌氧消化的工艺优化提供必要的理论依据。根据大量文献报道，提及秸秆厌氧消化的所有工况在整个发酵过程中日产气量出现明显的"双峰"现象，且第一峰要高于第二峰，但第二峰的 CH_4 含量要高于第一峰（一般在 60％～80％），参照降解过程中气体组分和底物组分的变化，微生物群落更替报道较少，对此现象至今没给出合理的解释。

实验室开展的多以序批试验为主（更适合评估同性质底物的水解速率及生物降解性），而工程上多采用连续搅拌釜式反应器（continuous stirred-tank reactor，CSTR）和覆膜槽秸秆厌氧消化工艺（membrane continuous tank，MCT）等发酵工艺。假设底物所有含碳物质完全转化为 CH_4 和 CO_2，根据 Buswell 公式可得理论产气量。在厌氧发酵产沼过程中，由于木质素不被厌氧菌降解且发酵体系中营养元素受限等因素，结合部分 CO_2 溶解于液相中，由此导致最终 CH_4 比化学计量值高，CO_2 值偏低，理论值与实际值之间的相关性是否会随着发酵体积的扩大而改变并未给出解释，序批试验及中试试验所得结果与理论值往往出入较大，可参考性差。

（3）法律法规不完善 对于生物质能源发展，国外始于较早时期，各国政府通过经济手段的综合运用，政策法规的制定、颁布和实施推动生物质能源产业的不断发展。现在，生物质能源产业发展政策的研究成为现阶段的热点问题。如国际能源署（International Energy Agency）、欧盟委员会（European Commission）、联合国粮农组织（Food and Agriculture Organization of United Nations）等国际组织以及某些发达国家的研究机构或学者对生物质能源开展深入研究，政策内容主要包括强制性政策、经济激励政策、研究开发政策和市场开拓策略四大类。

我国在 2006 年颁布实施《可再生能源法》，随后制定了一系列的法律法规与其配套。但由于没有合适的经济和监管框架，产气率低，气电联产实施阻力较大，秸秆沼气工程的能源优惠政策效益尚未充分体现。从政策方面，结合中国秸秆沼气工程的实际情况，建立配套扶持政策和激励机制，继续加大沼气财政专项扶持和补贴力度，同时借鉴发达国家产业化经验，优化补贴方式。从成果转化方面，通过企业、学校、科研单位紧密配合，构成有效的产学研一体化系统，并在运行中凸显各自的优势；完善法律法规，保护知识产权。从沼气工程终端产品输出方面，市场化竞争力弱，一方面积极探索沼气提纯、气电联产、热能回收等技术，另一方面统筹能源的生产和利用、后续沼肥的生产，标准统一化沼肥，形成沼肥商品化市场，实现循环农业的可持续发展。

3.6.2 提高产气的方法

对于甲烷发酵，发酵参数的相关参考指标是已有的，目前要考虑的是技术上的瓶颈和不足。基于相关文献报道，针对当前甲烷发酵技术上的不足，改进、优化的方法如下。

（1）接种物 自然界中的产甲烷菌主要来源于：反刍动物的瘤胃，稻田、湖泊或海底的沉积物，人类的消化系统以及消化污泥和沼气反应器等人为环境。应用中常见的接种物有：

消化污泥、消化的禽畜粪便、草炭、食草动物瘤胃胃液、河床底泥、人工微生物菌剂等。由于产甲烷菌是决定产气量多少的关键因素，且目前依旧不清楚微生物群落结构的改变对秸秆厌氧消化过程的影响，接种物的相关研究很有必要。

① 让接种物更有针对性　许多报道中提到，畜禽粪便在与不同底物厌氧联合消化过程中都有很好的适应性且甲烷产量很高，它们可以作为秸秆厌氧消化的良好接种物。厌氧污泥虽然产气量也很高，但污泥里的微生物种群对纤维素类物质的亲和力较牲畜粪便差。为了提高纤维素类生物质固废可生物降解性，通过人工驯化的方式获得高效菌株并利用混合微生物菌群间的协同作用促进纤维素类生物质固废的厌氧消化。

② 驯化优势菌群、提高微生物菌剂活性　对接种物进行驯化，使其适应底物的性质及建立稳定的微生物群落结构是促进厌氧发酵的有效途径之一。因此众多学者将目光锁定在微生物群落结构，通过对驯化前后微生物的群落结构的研究发现驯化后的微生物群落对厌氧发酵具有很强的促进作用。

如何实现装置的快速启动、确保稳定高效运行是以餐厨垃圾为单一底物的厌氧发酵要解决的重点问题。例如，王晓华等以常温下的消化猪粪为主的农村户用沼气池污泥为接种物，在 CSTR 中进行驯化，以适应餐厨垃圾中温厌氧消化，通过对驯化前后系统内微生物群落结构的演替规律进行分析，结果表明微生物群落结构的变化与底物性质密切相关，驯化后细菌和古菌群落都发生了明显的变化，易降解糖类化合物发酵菌（如 *Petrimonas*）和脂肪降解菌（如 *Erysipelotrichia*）的数量显著增加，而降解复杂有机物的细菌（如梭菌纲 *Clostridia*）数量显著下降。

酸化过程成为制约以农作物秸秆为单一底物的厌氧发酵的重要因素。通过筛选、驯化得到抗酸化的接种物，建立合适的不易酸化的接种比能够大幅增强秸秆厌氧发酵的产气效果。已有大量学者针对秸秆组成成分建立接种物驯化方法，通过添加适量营养盐来获得高效菌株。苏海峰等将微量元素（Fe、Co、Ni 等）进行合理配比，用于提供微生物微量营养元素，实践表明微量元素明显提高产甲烷菌的活性，还能对低温有一定抵抗作用；陈佳一等根据接种后培养液的产气、产甲烷情况以及物料的物理化学环境指标用稻草秸秆对厌氧活性污泥进行直接驯化，通过调配稻草秸秆中元素成分比例及厌氧发酵微生物所需的营养元素，来考察接种物的活性和驯化情况，优化接种物驯化条件。

③ 利用基因工程、分子生物学方法构建产甲烷工程菌　除了从自然界中对产甲烷菌直接富集、筛选、分离培养以期得到人工微生物菌剂外，通过分子生物学方法构建产甲烷菌工程菌株，用于评估复杂厌氧微生物群落的变化对产气的影响是近年来的主要发展方向之一。

目前，国内外很多学者利用分子生物学技术构建基因工程菌，从而对微生物的生长机理和群落等方面深入研究并构建产甲烷工程菌；利用基因克隆技术，获得产甲烷菌的相关功能基因信息并进行分析。厌氧微生物消化过程及相关作用是通过分子生物学工具来解决的。通过调控 cDNA/DNA 的值分析了厌氧消化过程的不同阶段，有效填补了化学指示剂的空白。分子生物学工具目前已用于厌氧消化失败的预警系统中，对解决消化失衡问题能给出最优方案。这些成果有效深化了对产甲烷菌的认识，提高了秸秆厌氧消化产气量，建立了预警系统。但值得注意的是，当前的研究主要局限是对各种菌在纯培养条件下的相互关系了解不足和生长条件范围有限，关于复杂混合培养进行甲烷发酵或其他生物质能源发酵的有用资料还是很少。

当前虽已开发出基因改造的工程菌，但由于缺乏相应降解对象的菌种库、拟降解物质对应的表达基因片段尚未精确定位，工程菌在环境中的生态影响尚不明确，因此基因工程菌很少在实际工程中应用。

（2）预处理　虽然厌氧消化器中微生物利用的底物种类繁多，但对于有些底物（如木质纤维素类生物质固废、污泥），特殊的物化状态、结构组成以及水解酶对其可及度的大小都会影响其水解速率，前处理仍是很重要的问题。通过适当的预处理破坏纤维素、半纤维素和木质素之间的致密结构，或使污泥发生溶胞，改变底物的物理化学结构（如降低结晶度、聚合度、增加比较面积等），使生物质变成可降解利用的物质，以增加生物酶、微生物或化学试剂对底物的可接触面积，从而达到质地改善和营养调节的目的，是提高产气量的有效方法。

根据王阳关于秸秆厌氧发酵的报道，2001—2015 年出现频率排名前十的关键词如表 3-14 所示。由数据可知，预处理在 2001—2015 年的出现频率很高。

表 3-14　2001—2015 年出现频率排名前十的关键词

排名	关键词	出现频率	出现年
1	厌氧消化	452	1991
2	秸秆	267	1990
3	沼气	228	1991
4	纤维素	140	1991
5	甲烷	236	1991
6	生物制氢	129	1991
7	预处理	111	1992
8	混合厌氧消化	93	1998
9	废水	86	1991
10	动力学	86	1991

当前厌氧发酵产甲烷的处理方法多种多样，总体上来说可分为四类，即化学法、物理法、生物法和联合法。表 3-15 为各类方法的常见方法归纳、对比。

除了表 3-15 所述常规的预处理方法，固体碱预处理技术是近几年新兴的方法。如杨晓瑞等将驯化后的污泥与经固体碱预处理的水葫芦混合后构建厌氧发酵体系，分析研究了固体碱用量对产甲烷量和产气速率的影响。在发酵初始阶段加入固体碱（发酵底物的 60%），产气速率达 16.88mL/(g·d)，甲烷含量达 80.06%，证明了固体碱对驯化污泥具有很好的效果，同时能够预处理水葫芦改变其纤维结构，有效提高了甲烷化速率。该方法为固体碱在厌氧消化领域开辟出了一条新道路。

由于能够作为预处理的试剂种类单一且用量大，在处理过程中易导致纤维素水解造成物料损失，同时在预处理过程中需要大量的水资源，废液处理存在二次污染的问题，与此同时物理法、化学法预处理工艺复杂、成本高，虽然在实验研究中效果显著，但受上述因素影响很难在工程应用中实践。因此，针对上述问题，未来将重点利用低浓度、多试剂的组合预处理方法，考虑环境与能耗问题，研究低成本的环境友好型化学预处理技术，建立高效、高选择性的绿色技术，尤其是在低温和中性溶液条件下；开发新型固体预处理技术，降低工艺复杂度，开发低处理成本的成套设备。

表 3-15　各种常见预处理方法

方法	分类		作用	优点	缺点
物理法	机械破碎（振动球磨碾磨，干法粉碎，湿法碾磨，压缩碾磨，切割）		能增加秸秆的比表面积，使化学试剂、酶或微生物更容易接触纤维秸秆；还能降低纤维素的结晶度，打破纤维素被木质素包裹结构，通过破坏木细胞壁结构，使秸秆更易水解	污染小；缩短工艺时间；处理量大	耗能高；处理效率率低；存在一定危险，不适合推广应用
	微波反应	微波			
	高温热水解	蒸汽爆破			
化学法	碱处理[NaOH，KOH，Ca(OH)$_2$，氨水，尿素等]		能使分子内的糖苷键发生断裂，能使木质素脱除，增加多孔性，提高聚糖解的反应性	有机溶剂，离子液体可回收利用，化学稳定性好，不易挥发，温度适应范围广；对不同物质的溶解性可调节	酸液/碱液需要回收；对温度，压力，有较高的要求；生成的水解后后续发酵有抑制作用
	酸处理（浓硫酸，稀硫酸，磷酸）	氧化剂处理（湿氧化，臭氧）			
	有机溶剂	离子液体			
生物法	白腐菌	褐腐菌	通过微生物分泌的降解酶对纤维素，木质素进行降解	污染小；常温常压；作用条件温和、专一性强；成本低	能够降解的微生物种类少；降解速度慢；有的要求条件苛刻
		软腐菌			
联合法	高温热解处理	氨纤维素裂处理	通过高温高压使纤维素发生机械断裂，破坏纤维素的结晶结构，降低聚合度，增加比表面积和孔隙度	预处理后纤维素酶解率高；不产生抑制物，酶解效率提高	氨挥发性强，成本高，蒸汽爆破对温度，压力有要求，能耗大
	氨蒸汽爆破				

第 3 章　厌氧发酵技术在生物质固废中的应用

（3）混合发酵　预处理技术能够提高秸秆水解速率，然而也会导致大量有机酸在水解酸化阶段累积，造成 pH 值降低抑制产甲烷菌的活性，导致产气失败；简单的化学预处理常会使秸秆 C/N 升高，无法调控底物营养构成。近期大量研究结果表明了混合发酵能够实现发酵过程中微量元素调控的目的。

在厌氧消化中将含碳量较高的底物与含氮量高的底物进行混合，利用联合发酵技术实现多种有机废弃物的厌氧消化，由此可在物料间建立良性互补机制，同时还能缓解氨氮或挥发性脂肪酸的毒害作用。1986 年 Cecchi 和 Traverso 将联合厌氧消化技术应用于城市垃圾联合处理方面，主要是将城市生活垃圾中的有机部分和污泥混合发酵，并得到广泛应用。同时联合发酵技术也在农业废弃物厌氧消化产甲烷领域获得了大量理论基础和成果。

在厌氧消化领域中混合发酵成为最为重要的研究热点。畜禽粪便和餐厨垃圾在混合发酵中的作用是：调控发酵系统的 C/N，使其维持在（20∶1）～（30∶1）；作为缓冲介质调控 pH 值的波动；提高产气量。混合发酵能够促进多种底物的协同降解，有效提高产气量。对于接种物、底物组分、秸秆来源、实验方法条件等的不同，厌氧消化的条件和产甲烷量、产气量亦不同。因此在相同条件下的不同底物的产气规律和机理的研究是未来厌氧发酵工艺技术发展方向。

（4）改进反应装置

① 常见装置类型　沼气发酵装置自 20 世纪 70 年代开始产生多种高效反应结构，如 UASB、AF 等，到 2020 年底，我国大中型沼气工程已达到 1560 多处。目前，一批能源环保企业已发展壮大起来。

UASB 是我国行业废水沼气工程运用中的主要工艺。北京市环境保护科学研究院王凯军等主编的《UASB 工艺的理论与工程实践》一书就列举了大量的关于 UASB 工程的介绍。UASB 工艺在酒精、淀粉、啤酒等行业废水领域的应用效果较好。针对畜禽粪便、餐厨垃圾、农作物秸秆厌氧发酵所用的厌氧消化反应器的类型比较单一，涉及结构改进的较少，仍为传统的厌氧消化器和农村户用沼气池。在国内，中科院成都沼气科学研究所在新装置研发方面的成果显著，同时也在厌氧消化产甲烷推广应用研究方面获得了大量成果。我国常见的秸秆沼气工艺类型如表 3-16 所示。

表 3-16　常见的秸秆沼气工艺类型

分类依据	工艺类型	优点	缺点
两阶段是否分离	单相	目前应用最广泛；所有生化反应在一个体系中进行，可实现连续或半连续；成本低、操作简单、均质化；建造成本低	有机负荷较低、容积产气率低、易酸化
	两相	能发挥各自最大活性，提高处理能力和效率；改变难降解有机物结构，提高产酸相、产甲烷相处理能力，防止酸败现象，为后续系统提供更适宜的基质，减少对产甲烷菌的毒害作用和影响，增强系统运行稳定性和抗冲击能力；木质纤维素转化甲烷含量高、TS 去除率高、HRT 越短效果越明显	秸秆酸化阶段不能连续运行，酸化过程中易开始产气，彻底分离两相很难

分类依据	工艺类型	优点	缺点
建池方式	地上式	进出料方便;施工、维修方便;管理方便;便携移动	外界温度对产气量影响较大
	地下式	保温效果相对好,对产气量波动影响较小	进出料麻烦;建筑成本高;施工、维修麻烦
	半地上式	结构简单;施工方便;投资少、成本低;产气率高;管理方便	外界温度对产气量有影响
物料形态	液态消化(含固率<15%)	已被大量应用于混合原料沼气工程,工艺较成熟;目前我国已建秸秆沼气工程多采用此工艺	物料TS值较低;消化器体积较大;加热和搅拌能耗高;微生物容易随出料流失
	固态消化(含固率20%～40%)	干物质浓度高,能提高池容产气效率;一次性装料,中途无须进出料,适应大规模秸秆处理;发酵过程中运行费用低	不能连续生产沼气;大出料时安全性差、投资大;目前国内应用不多
	固液两相消化	综合了液态消化、固态消化的优点;反应器连续运行,无须停产大出料;机械化自动化程度高、运行可靠、处理量大、运行能耗低、管理方便	投资大、成本高;目前国内应用不多
发酵工艺	湿发酵工艺[如地下水压式沼气池、升流式固体反应器(USR)、厌氧折流式反应器(ABR)、全混合式厌氧反应器(CSTR)等]	地下水压式沼气池、CSTR及USR是我国沼气工程应用最广泛的工艺;适合低TS值的厌氧消化;产业化工程案例多	负荷小;设备容积大;需水量大、产沼液量大、沼渣含水量高;后续处理费用高
	干发酵工艺(如覆膜槽生物反应器、车库式干发酵反应器和地下敞口式覆膜发酵池)	负荷大;容积产能高;装置小;需水量低、产沼液少、沼渣含水量低;后续处理费用低	产业化的工程案例不多见,成果多限于实验室研究
进料方式	连续进料	应用广泛;占地面积小;运行成本低	发酵不充分;运行过程控制复杂
	间歇进料	运行过程控制简单	产气效率低;占地面积大;投资运行成本高
	批量进料	能均衡产气;运转效率高;不易堵塞;运行过程控制简单	一般用于有机废水的处理,不适合固体废物的处理处置
反应温度	常温	能耗低;反应过程稳定	应用较少;反应过程不能有效杀灭病原微生物;产气效率低
	中温(30～40℃)	应用广泛;投资小;能耗较低;运行稳定管理方便;后续水处理无须考虑降温措施	消化过程需要添加大量新鲜水调浆,产生大量沼液;消化时间长;不能有效杀灭病原微生物;油脂类物质易结块,对系统管道及泵造成影响
	高温(50～60℃)	消化时间短;产气率高;杀灭病原微生物的效率高	自动化要求高;运行过程控制中易发生倒灌现象
装置类型	常规发酵	装置简单、运行成本低、运行过程控制简单	装置内没有固定或截留污泥的措施,提高消化效率受到限制
	高效发酵	产气率高;反应过程稳定	装置内有固定或截留污泥的措施,产气率、转化效果和滞留期等均较常规发酵好

我国农村的户用沼气池数量已经超过1000万口。目前水压式沼气池（或地埋式沼气池）仍然是我国农村地区主要推广应用的沼气池型。通常，此类沼气池本身没有采取任何增温措施。此类型的沼气池受地温的影响，而地温又受环境气温的影响，此类沼气池夏季产气量大，冬季产气量少，产气的不稳定不利于户用沼气的使用。与此同时，还有很多新池和改进池型也在不断推出，例如，在云南省曲流布料沼气池很普遍；分离贮气浮罩式沼气池已在湖南等地推广；江西省推出了强回流池型；针对农村小规模畜禽粪污处理量大、面积广的问题，农业部沼气科学研究所胡启春等研制出适用于畜禽养殖专业户粪污处理规模的沼气装置，该装置工艺上结合了我国户用沼气装置圆、小、浅和印度戈巴式沼气池的优点，由数个沼气单池串联而成，将沼气贮气浮罩置于最后和沼气单池上部，该技术用于处理猪粪污，处理规模为30～300头存栏。为了改善农村生态环境、解决农村能源短缺问题、帮助农民脱贫致富，户用沼气池是有效方法之一，自2003年起，每年新增户用沼气池数量超过百万。为了适应全国农村沼气池的发展形势、满足市场需求，近年来我国农村户用沼气池工厂化产品发展也很快。例如，农业部沼气科学研究所、云南省海通县农村能源办公室、昆明市农村能源办公室等单位研制出钢筋混凝土预制板沼气池，现在已经有了国家专利。

德国沼气工程普遍采用湿式完全混合发酵工艺，沼气项目占总数的89%，而干发酵工艺（有40个左右）虽然是基础研究的重点，仅占总数的8%，但却未得到广泛的应用。目前，国内大多采用发酵浓度6%～8%，发酵温度35～38℃的湿法发酵工艺。但最核心的问题是：发酵过程需要大量水调浆，结果产生沼液量巨大，加之没有合理的沼液处理途径，易造成二次污染。有机固体废物产生量大且有机质含量高，为了提高厌氧消化效率，近年来干式厌氧发酵越来越得到重视。干式厌氧发酵和湿式厌氧发酵的反应原理在本质上是相同的，但却有利于提高反应器的处理效率、节省加热源开支、减少了沼液的产生量和处理量。干法厌氧发酵是指总固体含量在20%～50%（质量分数）之间的厌氧发酵处理工艺。干法工艺较湿法工艺有明显优势：固态有机物来源广泛、适应性强；运行费用低，显著提高了发酵罐的容积产气率；需水量低或不需要额外水的加入，节约水资源；沼液产量少、废渣含水率低，后续处理费用低；运行过程稳定，不存在浮渣、沉淀等问题；减少了臭气的排放。此外，还对比分析了高固形物厌氧发酵反应器的基本情况（表3-17）。国外对干法厌氧发酵的研究开始于20世纪80年代的污泥卫生填埋，之后主要集中于城市垃圾的处理。欧洲每年采用干法厌氧发酵装置处理的城市垃圾总量达到$5.7×10^7$t，已超过湿法工艺装置的处理量$4.8×10^7$t的18.75%。德国已建成并正式投产了世界上第一个以能源作物为底物的连续干发酵沼气厂。我国在干法厌氧发酵技术的研究和探索上较落后，目前也仅有数家单位依托垃圾填埋场开展了沼气发电工作。

表3-17　高固形物厌氧发酵反应器对比

标准	单级厌氧发酵和两段式厌氧发酵		批次进料和连续进料	
	单级厌氧发酵	两段式厌氧发酵	批次进料	连续进料
沼气产量	不稳定持续性差	稳定高产	不稳定持续性差	稳定高产
固体含量/%	10～40	2～40	25～40	2～15
运行成本	低	高	低	高
挥发性固体的去除率/%	低到高	高	40～70	40～75
HRT/天	10～60	10～15	30～60	30～60
OLR(以VS计)/(kg/m³)	0.7～15	第二阶段 10～15	12～15	0.7～1.4

我国沼气工程装置技术，主要包括制罐技术、自动控制技术、脱硫技术、发电技术、固液分离技术等，通过近年来不断的技术创新和新技术引进，已取得很大进展。与发达国家相比，我国沼气设备在总体性能、可靠性技术、价格等方面正在逐渐缩小与发达国家之间的差距。

② 新装置的研发　吴楠等开发出一种新型厌氧消化反应器——厢式进出料连续厌氧消化装置，能够通过简单切割秸秆和沼液浸泡预处理，进行秸秆厌氧消化产气，该装置的玉米、水稻、小麦秸秆容积产气率分别达到 $0.632m^3/(m^3 \cdot d)$、$0.362m^3/(m^3 \cdot d)$ 和 $0.363m^3/(m^3 \cdot d)$，解决了秸秆沼气工程中出现的问题。

为同时解决农作物秸秆和分散式畜禽养殖废水的资源化问题，陈广银课题组提出了一种新型厌氧发酵技术，构建了秸秆床发酵系统被广泛用于固液体物料厌氧处理中。该技术构建的秸秆床厌氧反应器，是以打捆的秸秆为固定相，畜禽废水为流动相，厌氧反应器后部连接废水二级厌氧反应器。以麦秸和猪粪废水为例，5L 的发酵系统，麦秸和废水各自单一发酵系统的容积产气率仅为秸秆床发酵系统的 69.42% 和 66.94%，该技术不仅避免了单一原料日产气量波动较大的问题，还提高了产气稳定性，但后续还需要解决发酵后期秸秆上浮、导向性下降和进水短流等问题。针对前期研究中反应器内秸秆在发酵后期上浮、进水短流等问题，采取在反应器内增设导气管，在秸秆底部预留缓冲空间以及 2 种方式组合的方式，增强秸秆床反应器及整个发酵系统产气、化学需氧量（chemical oxygen demand，COD）去除等的效果。结果表明：导气管的引入能够有效提高秸秆床反应器的产气量、甲烷含量及产气稳定性。

当前各地循环农业发展的模式为园区型模式。该模式利用农业废弃物产沼气来供应生活、取暖，甚至部分大规模园区还配有发电机组为园区提供照明和生活用电。闫茂鲁等利用 HMC 沼气发酵装置开展了济南市驯化农业园区沼气工程运行情况的系统分析。通过将植物秸秆等废弃物粉碎、均质和调温等预处理，每天在规定时间、按照规定用量从反应器头部进行均匀布料，采用推流顺序方式进料，反应后的产物利用自身产生的压力进行排放，将产品经固液分离后，收集沼渣作为有机肥还田，沼液回流。运行实践表明 HMC 沼气发酵装置具有设计科学、管理方便、构造简单、投资省、产气稳定的优点，可应用于不同规模、种养结合的农业示范园区。

张博等设计了两相分离发酵一体化结构的秸秆沼气发酵反应器，解决了发酵过程中亲水性差、易结壳及进出料难等问题。该反应器通过沼液循环回流，使秸秆始终处在高水分区域环境，保持系统厌氧环境，促进厌氧微生物代谢，在固液两相分离和沼液回流过程中使秸秆在反应器内处于上下流动的状态，从而具备自动搅拌和秸秆破壳功能。

秸秆的物理化学性质决定了秸秆沼气发酵产气具有波动性，需要开发设计适合秸秆特性的工艺技术装备；为解决搅拌不完全和传质、传热的问题，针对混合搅拌技术构建了成熟的理论及操作单元技术，设计了秸秆原料特有的搅拌器；为避免沼液不外排或少排，提高进出料设计、提高处理效率并有效防止进料设备和管道堵塞，改善抗浮防结壳及搅拌设计，破解工程化秸秆厌氧消化产甲烷的技术难题，将相关技术组合运用，开发设计新型反应器是提高秸秆发酵产气效率，实现秸秆高效产沼气的重要方向。

（5）改进能量系统　伴随着沼气事业蓬勃发展，我国的沼气工作者已在消化工艺、运行管理等方面积累了一定经验。然而温度波动导致运行过程中产气停滞或停止引起了广大学者的高度重视。为此，大量学者将沼气研究的重点转移至沼气发酵装置及配套加热系统。我国农村地区的沼气池保温方式主要有：畜禽舍内/舍下保温；通过燃料慢燃的燃烧地坑式加热；利用秸秆、草类等表面堆肥或加厚土层覆盖在沼气池上面保温。工程上沼气发酵罐增温方式常用的有：沼气锅炉加热、发电余热加热、太阳能加热、燃煤热水锅炉加热、地源热泵加热等。

近年来的实践研究表明：通常的保温方式是通过燃煤锅炉加热，也存在一定比例的太阳能加热。利用太阳能进行保温，具有很好的经济性、实用性和社会效益，能解决寒冷地区受低温限制不产气的问题，可为太阳能沼气推广提供参考，该厌氧发酵能量系统可通过技术改进用于秸秆厌氧发酵。

（6）利用木质素产甲烷　微生物利用秸秆产甲烷，主要是利用秸秆中的纤维素和半纤维素成分，而木质素不能被水解菌和产甲烷菌利用。若能找到环保、低价、简单的方法充分利用木质素并将之转化为中间产物或终端产物，将极大推动秸秆产甲烷的推广应用。

光催化技术是当前研究的热点，利用光催化剂在可见光或紫外光下降解木质纤维素提高甲烷产量成为研究热点。研究报道显示，国内早在 2010 年，牛坤等利用纳米光催化辅助碱法对水稻秸秆预处理效果进行了相关研究，结果表明：光催化辅助提高了·OH 或·OH 自由基的含量，它可以显著提高秸秆的预处理效果，并降低碱液浓度，缓解后续碱液回收困难的问题。通过分析水解液中菌体的生长、代谢和产气效率、气体成分，表明光催化的引入不会导致产气效率降低，对微生物无明显毒性作用。Li 等使用微波辅助化学沉淀和絮凝-沉淀-光催化还原的方法获得了纳米级 Ag-AgCl/ZnO 光催化剂，通过分析溶液 pH 值、催化剂的剂量、木质素初始投加量，证实了·OH 自由基在光催化降解木质素过程起重要作用，实现了在自然光照射下降解木质素，经处理后的物质能够高效产甲烷的目标。经过 7 个周期的利用，光催化剂具有稳定的活性；在接下来的生物产气过程中，经 120min 光催化剂处理后的木质素最大产沼量和最大产甲烷量分别为 325mL 和 184mL。上述研究表明了光催化能够辅助降解木质纤维素类物质，为解决秸秆类生物质固废在水解阶段的限速问题提供了一条全新思路。

3.7　厌氧消化的经济效益、生态效益、社会效益

厌氧消化技术集经济、生态、社会"三大效益"于一体，在生物质固废的无害化处理及资源化利用中已得到广泛关注。厌氧发酵把能源、养殖业、种植业和农副产品加工业有机结合，将人畜粪便、作物秸秆、污泥、厨余垃圾等有机废弃物变废为宝，物尽其用。

3.7.1　厌氧消化的经济效益

（1）开源节支　厌氧消化是农业生态系统的核心与纽带，刺激和带动农村种植业、养殖业和农副产品加工业的发展，厌氧消化产沼能够为农户带来足够的沼气用于煮饭、日常用电、温室大棚增温、农副产品烘干等，拓展了农民致富的渠道，能够脱贫致富、开源节支，为农民带来了直接的经济效益。一个 3～5 口之家年可利用沼气 500～550m³，每户一年节约煤炭约 2t，节省燃料费约 900 元、电费约 200 元。厌氧发酵产沼技术不仅为农户提供廉价燃料，还能直接减少农民生活开支。

（2）推动种植业、养殖业和农副产品加工业的发展　我国现在能源生态经济模式的发展主要以太阳能为动力，沼气为纽带，土地为基础，将种植业、养殖业和农副产品加工业有机地结合起来，形成现代农业良性生态系统，农民能够脱贫致富开源节支。西南地区建立的

"猪-沼-果"模式，通过厌氧发酵产沼技术每户年增收节支 3000 元以上；西北地区"四位一体"（沼气池、畜禽舍、厕所、日光温室）的模式，每户年增收节支 5000 元以上。

（3）沼液、沼渣作为肥料和饲料　厌氧发酵后的沼液、沼渣，含有大量的发酵微生物产生的水解酶、氨基酸、有机酸、醇类、腐殖酸、维生素、生长素、激素，以及各种微量矿物元素等。沼液、沼渣制备有机肥可以增加土壤微生物群、改善土壤结构、提高土壤有机质含量，培肥地力，减少化肥的使用量，每年可节约肥料费约 1000 多元。按一个 $8m^3$ 的沼气池能提供 $0.67hm^2$ 果园的有机肥计算，有机肥用作种植果树、养鱼、种植等，每公顷施肥 $11250\sim15000kg$，能使农作物增产 $10\%\sim20\%$。

（4）沼液用于浸种、页面喷肥　沼液浸种不仅能提高种子的发芽率、提高抗病性，还能在一定程度上提高幼苗的抗冷能力。朱斌成等用沼液浸种水稻秧苗，结果发现浸种能增强秧苗的抗冷能力，使处于 $6\sim7℃$ 连续 6 天低温胁迫下的幼苗抗冷能力比对照组平均提高了 12.66%。沼液作为液面喷肥可以提高农作物的产量和品质，并能有效防治蚜虫、红蜘蛛、葡萄白粉病等多种病虫害，使作物增产 $5\%\sim15\%$，每年可节约农药费 800 多元。

3.7.2　厌氧消化的生态效益

（1）改善农村居住环境　随着社会的进步，我国农村生活水平不断提高，人们对居住环境和卫生环境的要求也越来越高。厌氧发酵技术不仅处理了人畜粪便、生活污水和厨余垃圾等，还减少了对环境的污染，改善了人们的居住环境，减少疾病的传播。

（2）减少温室气体的排放，有效控制大气污染源　多年来，农作物秸秆的就地焚烧现象屡禁不止，不仅造成严重的大气污染，影响交通和航空运输，还造成了大量的资源浪费。利用厌氧消化产沼技术能够将秸秆充分利用，利用产生的沼气还能有效代替燃煤，使室内一氧化碳的浓度降低 80%，二氧化碳的浓度降低 60%，二氧化硫的浓度降低 80%，粉尘浓度降低 90%。

（3）保护森林植被，减少水土流失　对森林木材的乱砍滥伐使得森林涵养水源、调节旱涝的作用逐渐消失，也造成了严重的水土流失。农村森林植被破坏的主要途径之一是薪柴砍伐造成的。根据报道，$1m^3$ 的沼气热值相当于 $2.5kg$ 左右的木材燃烧值。假设一口 $8m^3$ 的沼气池，年产沼气 $450\sim600m^3$，可节约薪柴 $1000\sim2000kg$，相当于 $0.13\sim0.20hm^2$ 的林地年生长量。西南地区采用"猪-沼-果"的设施农业园区模式，可有效减少水土流失。西北地区采用"四位一体"种养新模式能够节约柴草折合标煤约 1t，可保护 $0.23hm^2$ 林木。

3.7.3　厌氧消化的社会效益

厌氧发酵产沼气，不仅为人们提供了清洁、稳定、方便、快捷的生活用能和有机肥料，解决了农村用能和肥料短缺问题，还将生物质固废进行资源化、无害化、能源化处理处置，改善了人们的生活环境。使用沼气后，使人们从繁重的家务劳动中解脱出来，告别了烟熏火燎；使用沼气也能够节约做饭时间，这为人们提供了更多的时间享受现代文明。

实践证明，厌氧发酵产沼气是一项投资少、见效快、多年收益的利国利民工程。沼气建设具有生态、社会、经济的三大功能，与农业、工业、人民密切相关，是实现全面小康社会的重要措施之一。

3.8 展望

通过筛选、驯化自然界广泛存在的微生物，依托现代化高效处理技术，开发、利用生物质能具有广阔的发展前景。目前国内外针对利用厌氧发酵技术处理生物质固废还存在的问题有以下几个。

① 筛选高效降解菌株，利用基因工程诱变育种、构建工程菌株、提高产酶量等的系统微生物学和微生物功能基因组学的发展与应用。

② 深入研究工艺控制理论和过程参数调控。

③ 针对不同原料研究高效的预处理方法。

④ 提高产物分离、纯化效果。

⑤ 开发后续处理技术，完善后续配套系统，满足环保要求。

⑥ 改进优化产沼成套设备。

⑦ 降低产沼成本、提高品质，增加产物附加值。

图 3-17 给出了我国未来构建木质纤维素类生物质固废资源有效利用的框架即未来微生物降解生物质固废的发展方向。

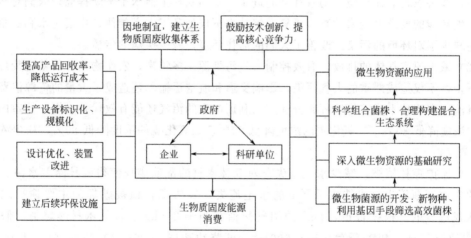

图 3-17 未来微生物降解生物质固废的发展方向

① 依托垃圾分类，在居民端开展源头分类、回收、集中处理的方式。

② 制定有关政策、法令，建立健全促进生物质能开发利用的综合能源、农林、环保等多部门联合的具有强制性的措施，利用经济手段鼓励开展相关企业从事该行业，开展技术研发等措施。

③ 建立与可再生能源相关的基金，通过税收减免、低息贷款和其他财政手段鼓励生物质能产品的生产和使用，为木质纤维素类生物质固废的开发利用创造有利的市场环境。

④ 建立政府部门之间有效的协调机制，积极鼓励高等科研院校的研究工作，推动科研成果走向产业化、规模化。

我国在木质纤维素类生物质固废处理技术和实践领域相对落后，但通过政府引导，开发高效处理技术以及完善配套的市场供应体系，将会实现生物质固废资源化领域的弯道超车。

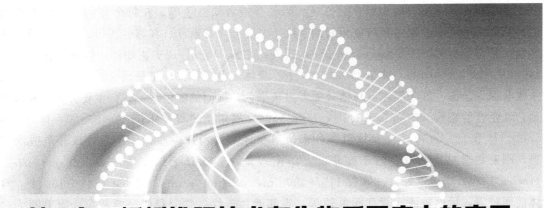

第4章 蚯蚓堆肥技术在生物质固废中的应用

4.1 蚯蚓及其分类

蚯蚓，又称曲蟮，中药称地龙，是一种人们非常熟知的低等动物。蚯蚓在动物分类学上属动物界、环节动物门、寡毛纲种类。我国蚯蚓分布很广，约有 180 多个品种。根据生活环境可分为陆栖蚯蚓、水栖蚯蚓和少数寄生性蚯蚓。

蚯蚓的形态通常为细长的圆柱形，有时略扁，头尾稍尖，整个身体由若干环节组成，体表分节明显，尤其是陆生蚯蚓体节较多，无骨骼，体表被几丁质的色素覆盖，除前两节外，其余体节上均有刚毛。蚯蚓的个体大小因品种不同，差异较大。最小的个体不足 1mm，最大的个体长达 1～3m。根据体型大小一般可以将蚯蚓分为三类：第一类是体长小于 30mm，体宽小于 0.2mm，刚毛呈现长发状，一般多以水栖蚯蚓为主，这类蚯蚓被称为小型蚯蚓；第二类体长一般在 30～100mm，体宽在 0.2～0.5mm，刚毛呈现长发状，多数也属于水栖蚯蚓，经常生活在水底泥沙或湿度较大的土壤中，这类蚯蚓被称为中型蚯蚓；第三类蚯蚓体长一般在 100mm，体宽大于 0.5mm，刚毛较短，体壁肌肉发达，适合于陆栖蠕动爬行，这类蚯蚓被称为大型蚯蚓。

世界上蚯蚓种类繁多，差异也较大，我国蚯蚓资源也很丰富，但因生活环境不同，在生态上也有很大的区别。一般蚯蚓可以分为 4 个科，分别是正蚓科（分布在全国各地）、链胃科（分布于苏州、无锡一带）、巨蚓科（主要分布于南方地区，北方也有少部分地区分布）和舌文科（主要分布于海南省）。

蚯蚓常见的品种有湖北环毛蚓（*Pheretima hupeiensis Micharlsen* 1895）属于巨蚓科，体长 70～222mm，体宽 3～6mm，体节 110～138 个，刚毛环生，身体背部为草绿色，背中线颜色较深，腹面为青灰色，环带为乳黄色。主要分布在四川、福建、湖北、北京、吉林以及长江下游各省（市）。威廉环毛蚓（*Pheretima guillemi Micharlsen* 1895）属于巨蚓科，体长 100～250mm，体宽 5～12mm，体节 80～156 个，前端腹面刚毛稀疏。身体背面为青黄色或灰青色，背中线为深青色。主要分布在湖北、江苏、安徽、浙江和河北等地。赤子爱胜蚓（*Eisenia foetida sarigng* 1826）属于正蚓科，体长 30～190mm，体宽 3～5mm，体节 80～110 个。身体一般为紫色、红色、暗红色或者淡红色等，在每个节间沟的地方是白色，身体上呈现横的颜色和白色相间的条纹。主要分布在浙江、江苏、四川、上海以及天津等地。背暗异唇蚓（*Allolobophora traptzoides Duges* 1828）属于正蚓科，体长一般在 80～140mm，体宽 3～7mm，体节有 93～169 个。身体颜色多样，环带呈现棕红色环带后到末端由浅及深，呈蓝、红等颜色，身体背面多为灰褐色，腹面的颜色浅一些。主要分布在我国各地。红色爱胜蚓蚓（*Eisenia rosea savigng* 1826）属于正蚓科，体长 25～85mm，体宽 3～5mm，体节 120～150 个。身体呈圆柱形，但在环带区稍扁一些，体色为玫瑰红色或淡灰色，刚毛紧密对生。主要分布在华北、华南等地区。参环毛蚓（*Pheretima aspergillum perrier* 1872）属于巨蚓科，体长 115～400mm，体宽 6～12mm，体长有 118～150 个。身体前面较深，后面较浅，背部颜色较深，腹部颜色较浅，整个身体呈紫灰色，刚毛圈为白色，刚毛粗壮。主要分布在东南沿海以及四川等地。

3000 多年前的《诗经》中就有对蚯蚓的文字记载。野生蚯蚓是传统蚯蚓研究和利用的资源，自 20 世纪 60 年代起兴起了蚯蚓人工养殖的研究，到了 70 年代，蚯蚓人工养殖已遍布全球。而且随着科学技术的不断发展，蚯蚓的利用价值也越来越高，从传统中药的广泛应用到现代医药发展，并向化工、畜牧、食品等方面拓展，尤其对于改良土壤的作用非常明显。蚯蚓能够利用自身的代谢作用分泌中和泥土酸碱度的化学物质，因此无论土壤的酸碱性均可通过蚯蚓的过腹处理进行中和，进而排出后能够促进植物健康生长。蚯蚓体内的石灰腺可以吸取和排出大量的钙质，因此能够促使土壤形成团粒结构，耐水冲刷，具有保水、保肥功能；土壤中不能被植物直接吸收的含氮类物质经过蚯蚓消化吸收分解转化为易被吸收的有效营养物质，从而提高土壤肥力。表 4-1 是经蚯蚓过腹之后的蚯蚓粪和没有过腹的土壤（田土）的土壤营养物质比较，其有机磷、有机钾、钙、总氮、氨氮和有机物等均有不同程度的提高。在增加土壤透气性方面，由于蚯蚓在自然活动取食中，不断的纵横钻洞，在土壤中形成大小不一、上下交错的空洞网系，增加了土壤的透气性。除此之外，有研究表明部分种类的蚯蚓能与微生物发生相互作用，由此发展了蚯蚓养殖业，即在有机废弃物中养殖蚯蚓，进而又发展了蚯蚓堆肥技术，即通过蚯蚓将有机废物转化为蚯蚓堆肥产品的控制化过程，不但可以促进固体废物的生物氧化和稳定化过程，而且还可以将有机固体废物转化为环境友好、有益的土壤资源，实现固体废物的资源化和无害化。

表 4-1　经蚯蚓处理前后的土壤营养物质的对比

测定物	有机磷/%	有机钾/%	钙/%	总氮/%	氨氮/%	有机物/%
田土	37.31	0.0193	0.9537	0.054	0.0033	1.2033
蚯蚓粪	53.85	0.0294	2.3683	0.1501	0.0049	1.5213

4.2　蚯蚓堆肥原理

美国、日本等国家已将蚯蚓用于有机废物的处理处置，取得了一定的成就。这是一个比较新的堆肥方法，包括堆肥过程中通过蚯蚓消耗对有机固体废物进行稳定，从而转化成较为容易利用的有机物。蚯蚓堆肥的作用是联合了微生物和蚯蚓的共同作用。表 4-2 表明了堆肥过程和蚯蚓堆肥过程之间的差异。

表 4-2　堆肥过程和蚯蚓堆肥过程的不同点

参数	堆肥	蚯蚓堆肥
垃圾特点	对市政固废进行分类,其中的有机部分可进行堆肥	任何没有过油、含盐或过硬的有机质,并且没有过酸或过碱
粒子直径	最好结果的直径是 25～75mm	最好结果的直径是 25～50mm
碳氮比	最初是(20～50):1,随着反应进行,放出氨气和微生物活动降低了这个比值。在较高比值时,氮成为限制营养元素	最适为 30:1
水分含量	最佳为 55%	最适为 40%～55%,需要的话要进行洒水
pH 值	不需要特定的 pH 值	需要适宜的 pH 值
过程	必须保持高温阶段	不需要高温阶段
持续时间	微生物降解底物需要很长的时间达到成熟	微生物和蚯蚓共同作用底物,时间比堆肥较短
质地	质地粗糙	质地更加好
病原体和重金属	可能含有重金属和病原体	重金属在蚯蚓体内累积,没有病原体

正确的选择蚯蚓是蚯蚓堆肥的首要步骤,因为它会影响废弃物稳定化的速度,因此选择适宜的蚯蚓是十分必要的。很多蚯蚓品种有潜在的被应用在废物管理和污泥稳定化方面的潜力。蚯蚓有能力去开发被自然界废弃的有机质,能够较高速地对有机质进行利用、消化和吸收,能够忍受范围广泛的环境压力,拥有高繁殖率,短时间快速生产出大量的幼茧,快速地成熟。这些条件都适合应用于堆肥过程。蚯蚓在有氧条件下作用于垃圾混合物,通过进食固体,将有机质转换成为生物量和呼吸物。蚯蚓数量的增长依赖于总的可用有机质含量。如果土壤的物理条件适用蚯蚓生活,其数量会一直增加,直到食物成为限制因素。支离破碎的垃圾碎屑成为小蚯蚓的食物,而大的蚯蚓可以吞食消耗土壤和含有较少有机质的原料。

像传统的堆肥那样,蚯蚓堆肥有利于农业土壤不断提高保持水分的能力、改善营养富含程度、优化土壤结构、促进土壤中微生物的活动。根据 Suthar 的研究,使用蚯蚓堆肥比传统堆肥在营养可用性方面,可以得到质量更高的产品。蚯蚓堆肥技术有许多益处,因为它气味更少、成本高效、不含毒性物质,产品有更高的使用价值。Atiyeh 等报道了蚯蚓堆肥能够使铵营养更加优质,因为蚯蚓堆肥有更高的硝酸盐含量,这是更容易被植物利用的氮源。同样的,Hammermeister 等报道了蚯蚓堆肥肥料比普通堆肥肥料具有较高的可用氮源。和传统堆肥相比,蚯蚓堆肥的营养供应速率更快。Norbu 等研究表明挥发性固体在蚯蚓堆肥过程中减少,证明了蚯蚓堆肥的产品比好氧堆肥产品更优质,其挥发性固体含量比蚯蚓堆肥的产品高出 7.3%。

4.2.1　蚯蚓堆肥的概念

蚯蚓能够分解自然界中的有机物,促进自然界中有机物的分解和转化。蚯蚓堆肥依托生物好氧堆肥技术发展起来,其基本原理是利用食腐殖蚯蚓食性广,食量大及其消化道可分泌出蛋白酶、脂肪分解酶、纤维分解酶、甲壳酶、淀粉酶等酶类的特性,以经过发酵预处理后的有机固体废物为蚯蚓饵料,经过蚯蚓的消化、代谢以及消化道的挤压作用转化为物理、化学以及生物学特性都很好的蚯蚓粪,从而达到无害化、减量化和资源化的目的。蚯蚓堆肥过程是蚯蚓与微生物及其他土壤动物发生强烈的相互作用,通过影响有机物的分解过程,加速有机物的稳定化并显著改变其物理和化学性质。蚯蚓是该过程的驱动者，通过刺激微生物提高其活性。蚯蚓粪是蚯蚓堆肥的最终产品，是一种优质的泥炭状物质，具有较疏松多孔、保肥供肥性及保水性良好，比表面积大，吸附能力强且含有多种易于被植物吸收的营养物质的特点，同时富含微生物、植物激素、腐殖酸类等活性物质。

蚯蚓堆肥技术最早始于日本。1973年，日本培育出繁殖率高、易于人工养殖的蚯蚓品种"大平2号"，又称赤子爱胜蚓（ *Eisenia foetida* ）。之后法国、意大利、德国、英国以及印度等国家也开始了与蚯蚓相关的研究。我国在蚯蚓方面的研究起步较晚，从20世纪90年代初开始才有学者开展相关研究。到目前为止，全世界已知的蚯蚓品种有2700多种，我国有160余种。一般适合蚯蚓堆肥的蚯蚓品种种群集中分布、地表生活、对有机废弃物的分解消化能力较强，生长旺盛且具有较高的繁殖率、食性广、高度适应性等特点。根据蚯蚓的生态类型，蚯蚓可分为表层型、内层型、深居型。其中表层型的蚯蚓具有环境适应能力强、吞食量巨大并且喜食有机物、繁殖快、生活周期短、温度与湿度的适应范围广、易于驯化等特点。因此，利用蚯蚓堆肥技术是实现有机废弃物资源化非常有效的方式之一，而作为蚯蚓堆肥底物的主要有农作物秸秆、禽畜粪便、餐厨垃圾、生活垃圾和有机污泥等。

4.2.2　蚯蚓堆肥的关键条件

利用蚯蚓堆肥技术处理有机废弃物的关键是蚯蚓能不能快速生长繁殖，优良的蚯蚓生长环境能够有效提高蚯蚓的繁殖速率，从而提高蚯蚓处理有机固体废物的速率。因此，创造适宜的蚯蚓生存环境是决定蚯蚓堆肥能否实现有机废弃物资源化、无害化和减量化的关键。影响蚯蚓堆肥的因素主要有以下几方面。

（1）C/N　蚯蚓是土壤中普遍存在的一种低等动物，可以通过吸收有机废弃物中的蛋白质、糖类、无机氮源、纤维素等物质来吸收氮素和碳素营养。如果有机质的氮素较多，碳素较少，即C/N较大的时候，蚯蚓容易发育不良，生长缓慢；相反，C/N较小的时候，容易引起蚯蚓的蛋白质中毒。因此有机质中的C/N成为限制蚯蚓堆肥的关键因素之一。有研究表明物料的C/N为25时，堆肥产物稳定性高、肥效好、对环境影响小。因此一般调节有机废弃物的C/N在20~30时，满足蚯蚓的生存条件，使蚯蚓堆肥的效果达到最优。

（2）温度　蚯蚓是一种变温动物，随着外界环境温度的变化蚯蚓的体温也会随之变化，由于蚯蚓自身不能对温度进行自我调节，因此表层蚯蚓受外界环境温度的影响更严重，当环境温度高于35℃时蚯蚓进入夏眠，低于0℃时则进入冬眠；当环境温度高于40℃或者低于0℃时，蚯蚓会死亡。一般情况下，适宜的温度有利于蚯蚓的生长繁殖，蚯蚓的最佳活动温度在20℃左右，此时蚯蚓生长速度最快，产卵量最高。因此，在蚯蚓堆肥过程中对于温度的调控也是非常重要的。有研究认为湖北环毛蚓、背暗异唇蚓以及赤子爱胜蚓的适宜温度范围分别是15~23℃、10~23.2℃和24.1~25.6℃。

（3）pH值　不同种类的蚯蚓对于酸碱的耐受程度不同。大多数蚯蚓倾向于中性的生活条件。因此蚯蚓堆肥的适宜pH值一般为6~9。堆肥过程中物料过酸或者过碱都会直接影响到蚯蚓正常的生活、生长、代谢以及繁殖。

（4）湿度　一般蚯蚓自身体内的水分含量在70%~90%。因此，蚯蚓身体的主要组成部分之一即水，一方面供给蚯蚓呼吸所需的溶解氧，长时间水分不足或者水分太高而出现渍水，均会导致蚯蚓窒息死亡；另一方面，适宜的湿度能够维持蚯蚓的生存，并有助于蚯蚓调节自身的代谢和酸碱平衡。在蚯蚓堆肥过程中，对湿度的掌握同样关系到蚯蚓的生存，同时还要注意不同季节湿度变化幅度较大，要及时补充或者减少水分，以保证堆肥稳定性。

（5）蚯蚓接种密度　在有机固体废物处理过程中，蚯蚓的接种密度大小对蚯蚓的繁殖效率和生长效率有很大的影响，蚯蚓的繁殖效率的快慢会影响物料堆置处理的效率，蚯蚓的繁殖方式为雌雄同体异体交配，一定的接种密度会影响蚯蚓单位时间内的交配次数，接种密度太低会降低蚯蚓繁殖的速率，接种密度太高又会造成群体对营养物质的竞争。因此合适的接种密度能加速蚯蚓的生长繁殖从而缩短蚯蚓堆肥的时间。有研究证明，即使在比较适宜的温度、湿度等外界条件下，蚯蚓接种密度过大也会影响蚯蚓的生长。仓龙等研究发现蚯蚓的生长繁殖率最高时，接种密度［以 100g（干重）物料计］为 8 条/100g。

除以上五种主要的影响因素之外，光照、空气均会对蚯蚓的生长产生影响。比如蚯蚓的身体也有感光细胞，它的生长也需要一定的阳光，如果长期处于黑暗的环境，蚯蚓也会停止生长或者生长缓慢；而如果蚯蚓长期受到强光照射也会因脱水而死亡。还有堆肥过程堆料的含盐量、有害气体等也会对蚯蚓的生长造成影响。一般蚯蚓不喜欢在含盐量较高的堆料中生存，同时也要减少堆肥过程中氨气、硫化氢、甲烷等有毒有害气体对蚯蚓的危害，以保证蚯蚓在堆肥过程中的正常生长、繁殖和代谢。

4.2.3　蚯蚓粪的应用

蚯蚓食性很广，自然界中很多有机废弃物都可以作为蚯蚓的食料，经过蚯蚓处理后产生富含植物养分、致病菌含量低、有很高利用价值的蚯蚓粪。蚯蚓粪中含有大量的营养元素，主要有氮、磷、钾、锰、铜以及硼等，还富含腐殖质，肥力维持时间长、容重大、通气性好、无臭味、卫生、不会发生霉变，因此非常适合应用于土壤改良、农作物栽培基质和育苗基质。

（1）土壤改良剂　自然界的土壤由土壤固相（土壤矿物质和有机质）、气相（土壤空气）以及土壤液相（土壤水分及可溶物）组成。

蚯蚓粪具有优良的团聚结构，掺杂在黏土中能够有效改良土壤质地，提高土壤的孔隙度和透气性。有研究结果表明，土壤中随着掺杂蚯蚓粪的比例的增加，土壤容重、微生物活性、电导率以及营养成分含量都随之增加，会促进农作物的生长。崔玉珍将蚯蚓粪施入土壤，用以研究土壤中不同粒级的团聚体含量的变化，结果表明，蚯蚓粪可以有效地改善土壤结构，能够提高土壤微团聚体中 $<5\mu m$ 粒级的比例，可以增加土壤中全氮、氮、磷、钾等有效养分含量，提高土壤中磷酸酶、蛋白酶和蔗糖酶等多种酶的活性，增强土壤的供肥性能，促进作物的生长。

蚯蚓粪中含有多种植物所需的常量元素并在各种微生物的作用下可以改变土壤中的矿物质元素性质，使其变成水溶性、易被植物吸收的有效成分以及植物生长素。蚯蚓在土壤环境中生存，在其吞吐排粪的过程中能够改变土壤的物理化学性质，使土壤疏松多孔，增加通气性和透水性，减少土壤的耕犁次数或者免耕，提高土壤肥力，节约能源，节省劳力，增加农作物的产量。贺淹才研究了蚯蚓对改良土壤和改善农业生态环境的作用，结果表明蚯蚓堆肥处理过后的有机废弃物，具有较高的保水保肥性能和良好的团粒结构，有利于农作物的生长发育。邓立宝研究了蚯蚓粪对红壤中柑橘根系生长和铁吸收的影响，研究结果表明含 60% 的蚯蚓粪的基质 pH 值显著提高，有机质含量也明显升高，蚯蚓粪能诱导柑橘根系生长，在40% 蚯蚓粪添加量下，诱发出根量最多，效果最好，在施用蚯蚓粪后，柑橘根系吸收积累的元素铁显著高于未施用蚯蚓粪的土壤，同时植物根系活力也明显增强。

（2）农作物栽培基质和育苗基质　无土栽培泛指不用天然土壤而用人工合成的物质直接向作物提供生长发育所必需的营养元素的栽培方式。由于无土栽培是以人工创造的根系环境取代了土壤环境，可有效解决传统土壤栽培中难以解决的水分、空气、养分供应的矛盾，使作物根系处于最适宜的生长环境条件下，因作物生长快、产量高、品质好而受到欢迎。常用的栽培基质有泥炭、蛭石、珍珠岩、岩棉、菇渣等，但是由于没有商品化生产，来源不稳定，市场供应就会受到一定的限值，再加之随着农业集约化生产的不断加快，农业固体废物越来越多，因此很多学者开始尝试利用蚯蚓处理有机废弃物，既可以减少有机固体废物带来的环境污染，又可以实现废物的资源化利用，有非常高的环保和经济价值。

有学者为了减少无土栽培基质对草炭的依赖，同时也为了能够提高有机废弃物的资源化效率，研究了蚯蚓堆肥替代草炭作为甘蓝和西葫芦的育苗基质，以甘蓝和西葫芦株高、根长、叶片数、鲜重、干重、茎直径 6 项生长指标进行测定与分析。结果表明，绿化废弃物蚯蚓堆肥、草炭+绿化废弃物蚯蚓堆肥、草炭+蘑菇渣蚯蚓堆肥以及草炭+绿化废弃物蚯蚓堆肥+蘑菇渣蚯蚓堆肥均可替代草炭作为甘蓝育苗基质，绿化废弃物蚯蚓堆肥和草炭+绿化废弃物蚯蚓堆肥可替代草炭作为西葫芦育苗基质。扬州大学钱晓晴教授的课题组研究了蚯蚓粪复合基质应用于万寿菊育苗和栽培，对无土栽培基质的研究现状以及蚯蚓粪的来源、作用以及作为栽培基质的应用做了研究，并将蚯蚓粪作为复合栽培基质应用于万寿菊的育苗，比较了泥炭复合基质和蚯蚓粪作为栽培基质在万寿菊育苗过程中的差异，研究结果表明，在发芽率方面，两者差异不大，但是在株高、茎粗、叶片数和叶片长 4 个指标上含蚯蚓粪的处理都显著高于泥炭处理，且蚯蚓粪可以替代泥炭作为万寿菊工厂化育苗的有机基质，同时还研究了营养液的添加与否不会对万寿菊幼苗的株高、茎粗、叶片长等指标产生显著性的影响。山东农业大学刘敏研究了蚯蚓粪复合基质的原料配比及其对生菜和观赏番茄生长的影响，结果表明蚯蚓粪的添加比例明显影响生菜的生长，而且如果在蚯蚓粪中添加秸秆与蘑菇渣会对发酵基质的 C/N、总氮以及总碳等含量产生影响，研究表明观赏番茄对栽培基质的总 N、C/N、容重要求比较严格，相对而言对总孔隙度、持水孔隙、气/水的要求较宽松。李继蕊研究了蚯蚓堆肥在黄瓜育苗及栽培上的应用，利用盆栽的方法比较了蚯蚓堆肥及其原料牛粪堆肥对黄瓜产量品质和根际环境的影响，在土壤中添加蚯蚓粪和牛粪可以明显改善土壤的理化性质，增加土壤养分、有机质及土壤酶的活性。使用了蚯蚓堆肥的土壤种植黄瓜能够有效提高黄瓜产量及果实中游离氨基酸、可溶性蛋白、可溶性糖、维生素 C 的含量。

4.3　农业生物质固废蚯蚓堆肥

4.3.1　在农作物秸秆中的应用

秸秆是我国农村常见的一种农业生物质固体废物，由高度木质化的细胞壁和少量的无机盐及水构成。秸秆类的细胞壁主要由三类结构性多糖即纤维素、半纤维素和木质素组成。除此之外还富含氮、磷、钾、镁等矿质元素，还含有少量的甘露糖、半乳糖、果胶等，但粗蛋白含量很低。目前，稻秆的资源化利用率和利用效率都比较低，造成了天然资源的巨大浪费和环境污染。因此，选择一种既能使秸秆的资源化利用效率提高，又能减少环境污染和生态破坏的处理方法成为很多学者关注的热点问题。

蚯蚓作为一种常见的生物之一，在自然界中具有促进物质分解转化的功能，而经其消化吸收的物质在蚯蚓体内会转化为一种优质的有机肥——蚯蚓粪。基于此，有很多专家学者开始研究利用蚯蚓堆肥处理农作物秸秆，实现秸秆的资源化利用。王玉洁等对农业有机固体废物蚯蚓堆制处理及蚓粪的应用进行了分析研究，对农业有机固体废物蚯蚓堆制处理的影响因素，如蚯蚓品种、温度、物料湿度、接种密度、C/N 以及蚓粪的理化、生物学性质及蚓粪应用的研究现状进行了分析论述，对农业有机固体废物进行有效蚯蚓堆制处理及提高蚓粪利用范围和效果等问题进行了深入探讨。四川农业大学李首都教授课题组对不同农作物配比对蚯蚓生长繁殖特性的影响及物料转化效率进行了研究，其中刘波采用室内培养法，选取高粱秸、玉米秸秆和稻草三种农业废弃物作为试参因素，设置各秸秆质量占秸秆总质量的 100%、50% 和 1/3 三个水平，通过构建不同物料组成下的发酵体系，在堆制初始时期加入 EM 菌的各物料组合的有机碳、总 N、热值含量均显著低于未加入 EM 菌的相应物料组合，表明在物料预堆制过程中，EM 菌能加快物料有机质的降解速度，加速物料中铵态氮的挥发；通过利用蚯蚓耦合处理发酵底物促进了蚯蚓的生长、代谢与繁殖；在蚯蚓代谢底物过程中，底物中的有机碳含量、C/N 和热值均随时间的延长而降低，而速效 P 和速效 K 含量均随着时间呈累积趋势，蚯蚓对不同物料组合的消解转化效率保持在 54%～62% 范围内，其中蚯蚓对玉米秸秆、稻草与牛粪配成的物料转化效率最高。还有人分析了蚯蚓堆肥处理玉米秸秆的机理，在玉米秸秆中加入鸡粪调节碳氮比为 35，以表栖类蚯蚓赤子爱胜蚓和深栖类蚯蚓湖北远盲蚓为供试蚓，以未接种蚯蚓为对照，分别对蚯蚓堆制处理后的物料物理化学性质的变化、酶谱特征、物料中微生物群落结构的变化等做了分析研究，并得到了阶段性成果，但由于研究仅限于在实验室条件下进行，对于实践的运用还有待进一步研究。

除了利用蚯蚓堆肥处理农作物秸秆以外，随着人们对蔬菜水果需求量的不断增加，产生的果皮、菜叶等垃圾也逐年增长，如果不能很好地加以利用，则会造成资源浪费和环境污染。因此有学者开始研究此类有机废弃物的资源化问题。其中利用蚯蚓堆肥处理不仅可以有效促进微生物的活性，并且蚯蚓以独特的生态学功能，与环境中微生物协同作用，能加速有机物质的分解转化，同时能够抑制和消除堆肥过程中的恶臭，最终实现无害化、减量化和资源化利用。杨文霞研究了在果皮、菜叶混合垃圾中，加入不同比例木屑调节 C/N 和含水量，接种赤子爱胜蚓进行室内堆制处理，研究不同堆置条件下蚯蚓的生长、繁殖特性以及堆制产物的化学性状，通过接种蚯蚓并加入 25%～40% 木屑能够促进果皮、菜叶垃圾的降解并提高降解产物的理化性质；另外蚯蚓堆肥处理水果菜叶，在 60 天后，其生物学特性也有所变化，主要表现在蚯蚓堆制处理可以显著增加堆制产物的呼吸强度和脱氢酶活性等，提高堆制产物中真菌的数量，降低堆制产物中细菌和放线菌的数量，其中木屑的加入进一步增强了微生物的活性，增加了微生物数量。除此之外，还有学者研究以蚯蚓堆肥与土壤不同比例混合的基质栽培西瓜和番茄，对作物的生长、品质、产量及其土壤微生物和土壤酶的变化进行了分析研究；还有学者研究了蚯蚓堆肥辅助处理蔬菜废弃物过程中温室气体的减排问题，研究结果表明蚯蚓辅助堆肥可有效降低堆肥过程中的氮素损失和温室气体排放量。

4.3.2　畜禽粪便

随着畜禽养殖业的不断发展，我国逐年成为世界第一大畜禽产品生产国，同时，也成为世界第一大污染国。据不完全统计，2004年我国畜牧业产值占农业总产值的33.6%，而同期的欧洲发达国家畜禽养殖业产值已占其农业总产值的50%以上。而基于畜禽养殖产生的畜禽粪对环境造成严重污染，成为世界各国亟待解决的问题。畜禽粪便的蚯蚓堆肥处理是将传统的堆肥与生物处理相结合，利用蚯蚓食性广、食量大及其体内可分泌出分解蛋白质、脂肪、糖类化合物和纤维素等的各种酶类的特点，通过蚯蚓的新陈代谢作用，将畜禽粪便转化为物理、化学和生物学特性俱佳的蚯蚓粪。1981年，英国洛桑实验站开始了一项利用蚯蚓加工处理畜禽粪便的研究，开启了蚯蚓堆肥处理畜禽粪便的先河，继而法国、德国、意大利、中国、南非等各个国家也纷纷开展相关研究。

　　山东师范大学成杰民等研究了蚯蚓处理畜禽养殖业固体废物的技术，选择分解能力极强的赤子爱胜蚓，通过培养试验，系统地研究了蚯蚓处理新鲜牛粪和腐熟鸡粪的适宜条件，获得了蚯蚓堆肥的最佳pH值、温度、湿度、接种密度和接种EM菌等技术参数；通过盆栽试验，研究了蚯蚓堆肥的肥效及其对青菜品质的影响，并对蚯蚓堆肥的经济效益和环境效益进行了初步分析。此外，还研究了通过添加EM菌对蚯蚓处理新鲜牛粪的影响，结果表明添加EM菌能显著提高蚯蚓的日增重倍数，对蚯蚓日繁殖倍数影响不大；在堆肥过程中无论是否添加EM菌，堆肥的温度均未超过30℃，为了适应蚯蚓的生长温度，在堆肥过程中特别注意通过翻堆的方式及时散热来调节温度；微生物的引入能够增加堆肥中速效氮、速效钾含量，但不能加速鲜牛粪的腐熟。罗联等采用室内培养法，以牛粪/菌渣不同干物质比和EM菌不同添加量为两个因素，通过完全试验设计了9种不同的物料配比，研究结果表明9个不同物料组合中的蚯蚓生长、繁殖状况良好，蚯蚓重量和每日增重均表现为先升高后降低的趋势，在第30天时平均蚯蚓重量达到最大值，日增重倍数在第15天时达到最大值；对照试验表明了无论是否接种蚯蚓，堆肥中的有机碳含量和碳氮比均随着时间的延长而降低，总氮含量则是随着时间的增加而升高；而种子发芽指标表明，接种蚯蚓组合显著高于未接种蚯蚓的对照组。山东农业大学李继蕊分别研究了不同配比的蚯蚓堆肥和牛粪堆肥以及鸡粪-牛粪蚯蚓堆肥对黄瓜产量、品质等的影响，结果表明，一方面在土壤中添加蚯蚓粪和牛粪可以明显改善土壤的理化性质，增加土壤养分、有机质及土壤酶的活性，而蚯蚓粪肥较牛粪堆肥能够更好地提高黄瓜产量，同时也使得果实中游离氨基酸、可溶性糖、可溶性蛋白、维生素C的含量提高；另一方面在使用鸡粪-牛粪蚯蚓堆肥的土壤中种植黄瓜，黄瓜幼苗的株高、茎粗、叶面积、全株鲜质量和干质量、叶绿素含量、净光合速率、根系活力、壮苗指数等指标有明显提高。苍龙等研究了以牛粪为原料的蚯蚓堆肥工艺技术，发现种子发芽指数、脲酶活性、NH_4^+-N、NO_3^--N/NH_4^+-N等指标可作为堆肥腐熟度的优选指标，NO_3^--N、磷酸酶活性可作为一般性指标，蔗糖酶活性、水溶性碳、氮和挥发性固体不宜作为腐熟度的指标。邓惠等在室内利用蚯蚓堆制处理热带农业废弃物甘蔗渣和牛粪的混合废弃物，通过分析堆肥过程中物料理化性质、蚯蚓的生长、代谢与繁殖情况，建立并优化了堆体原料配比，不同配比基质经蚯蚓处理后速效氮和速效磷的含量明显增加，且对热带农业废弃物甘蔗渣处理效果较好。还有学者研究了奶牛粪便蚯蚓堆肥的最优环境因子，主要是针对内蒙古农牧区畜牧业迅速发展过程中产生的奶牛粪便污染严重，为实现有机废弃物的资源化利用，将蚯蚓引入到堆肥体系中，利用蚯蚓降解代谢有机物的作用实现奶牛粪便资源的再生利用的同时，还研究了奶牛粪便蚯蚓堆置物的特性及对剩菜生长和品质的影响，并且比较了奶牛粪蚯蚓堆肥及自然堆肥过程中牛粪物理、化学以及生物学性质的变化，并以奶牛粪堆置产物即蚯蚓粪为基质，通过盆栽试验研究了其对生菜的生长及品质的影响，研究结果显示，蚯蚓堆肥处理改善了奶牛粪的物理、化学及生物学特性，降低了牛粪带来的环境污染，且奶牛粪堆置产物可以促进生菜的生长并改善其品质。

4.4 城市生物质固废的蚯蚓堆肥

4.4.1 生活垃圾

一般生活垃圾大部分都是没有经过处理而直接排放进入环境的，对环境以及人们的身体健康造成了严重威胁。因此，如何有效处理生活垃圾就成了很多学者研究的热点问题之一。早在1970年，在加拿大建立了蚯蚓处理垃圾厂；接下来蚯蚓专家爱德华设计的蚯蚓处理有机废弃物的装置在很多个国家得到广泛应用；1991年法国建立了一座将蚯蚓堆肥技术与城市生活垃圾相结合的处理场。我国蚯蚓堆肥处理生活垃圾起步较晚，起初只是致力于蚯蚓的养殖，直到20世纪90年代，才逐渐开始了蚯蚓处理生活垃圾的研究。

2003年，刘庄泉对蚯蚓在城市生活垃圾中的综合应用做了研究，针对上海市郊区城镇生活垃圾的产生及处理现状，重点介绍了一种将垃圾源头分类收集、好氧堆肥与蚯蚓处理相结合的综合生态处理法。该方法具有工艺简单、投资省、无二次污染的特点，具有显著的社会效益、环境效益与经济效益。陈玉成等对蚯蚓堆肥处理城市生活垃圾开展了系统化研究，通过实验模拟、小试试验与生产试验，分析了垃圾成分、软化方式、培养方式、环境温度和蚯蚓杂交等因素对蚯蚓堆肥处理城市生活垃圾的影响及其重金属富集效应。实验证明蚯蚓粪在生活垃圾蚯蚓堆肥中具有重要作用，不但能够软化垃圾进而促进蚯蚓增长，而且能够消除垃圾恶臭；蚯蚓处理垃圾的最适环境温度在20℃左右，以夏、秋季节处理较好，且垃圾堆腐过程中温度变化幅度较大，因而不利于蚯蚓处理；另外采用驯化的重庆赤子爱胜蚓与背暗异唇蚓进行杂交，可以提高蚯蚓处理垃圾的效果，蚯蚓处理垃圾中腐解物最易富集的重金属元素是As和Cd，而Hg不易富集，且采用室内层床式处理，可降低重金属的富集。亦有学者对蚯蚓堆肥处理城市有机垃圾开展研究，针对温度、有机质含量、pH值和底物变化等参数对比分析了生活有机垃圾和污泥的处理效果，证实了对城市生活有机垃圾的处理效果更好，减量化和降解率分别为69.8%和75%。

除了针对城市生活垃圾的蚯蚓堆肥处理之外，还有很多学者研究了农村生活垃圾的蚯蚓堆肥处理。管冬兴针对农村生活垃圾的蚯蚓堆肥处理进行了综合研究，得出蚯蚓处理农村生活垃圾的技术路线，并指出蚯蚓处理技术具有工艺简单、操作方便、费用低等特点，在我国农村地区具有广阔的应用前景。李清飞分析了农村生活有机垃圾蚯蚓堆肥处理的研究进展，介绍了蚯蚓堆肥技术应用现状、适合蚯蚓堆肥的原料种类及蚯蚓堆肥对物料特性的影响及蚯蚓堆肥技术存在的问题和展望，蚯蚓及蚯蚓粪的高值化利用对农村生活垃圾的循环利用有着重要的意义。肖波研究了农村生活垃圾蚯蚓堆肥处理工艺及堆肥过程中温室气体的排放特征，研究过程中发现，新鲜粪便、作物秸秆和菜叶等混合垃圾的初始条件不太适合蚯蚓的生长繁殖，且蚯蚓也难以忍受垃圾堆肥过程中可能产生的高温，因此需要对垃圾进行堆肥预处理。分别采用通风和翻堆两种预处理方式。之后分别检测了堆肥过程中堆料C/N、有机质的含量、总氮的浓度、氨氮的浓度、总氮、总磷和有效磷等的变化。由于蚯蚓是通过自身食用、代谢有机物，因此蚯蚓的引入有效减少了废弃物处理过程中温室气体的排放，定期翻堆能够提高堆体氧含量，有利于蚯蚓的生长、繁殖与代谢。为了提高蚯蚓堆肥的处理效率，还有学者在堆肥过程中加入促腐剂，为蚯蚓处理提供良好的条件，使蚯蚓和微生物协同作用来提高蚯蚓堆肥的处理效果。金春姬研究了农村垃圾蚯蚓堆肥中的优势菌群，对含牛粪、玉米秸秆、废菜叶和废纸的农村垃圾进行堆肥实验，经过预堆腐和蚯蚓处理两个阶段，预堆腐以EM原液和有机物料腐熟剂为促腐剂，预堆腐结束后，继续进行蚯蚓堆肥处理，结果表明，EM组的蚯蚓生长和繁殖状况较好，且进一步了解了堆肥过程中微生物群落的变化，针对蚯蚓处理阶段效果最佳组中的优势细菌种群和优势真菌种群做了分析研究，为蚯蚓堆肥处理农村垃圾中微生物的作用提供了理论依据。

4.4.2　餐厨垃圾

在我国城市垃圾中餐厨垃圾占到将近60%，成为城市垃圾中的主要来源。餐厨垃圾产生量大，含盐量、含水率和有机物含量都较高，易腐败，传统的处理方法不仅会造成资源的浪费，而且还会对环境造成二次污染。而蚯蚓可以通过自身丰富的酶系统和消化系统将有机物分解转化成可生物利用的营养物质，并产生蚯蚓粪。但是由于餐厨垃圾的高油脂、高盐分以及高含水率也对蚯蚓处理餐厨垃圾产生一定的影响，因此蚯蚓堆肥处理餐厨垃圾首先需要进行预处理，以探求蚯蚓处理的最佳效果。王星等综述了国内外餐厨垃圾的生物处理及资源化技术，指出蚯蚓堆肥、容器式堆肥正成为美国、中国等国家的研究及应用热点。

李玉娜等研究了赤子爱胜蚓处理不同油脂含量的餐厨垃圾，蚯蚓对油脂的耐受性较差，对油脂含量高于5%的餐厨垃圾处理效果较差，当油脂含量超过15%时，蚯蚓难以存活。刘耀源以玉米秸秆、青草绿化垃圾、茶叶渣、原生质土壤作为调理剂，对泔脚蚯蚓堆肥的腐熟度进行研究，结果表明加入蚯蚓可以缩短泔脚中有机质的降解时间，提高物料中的总氮含量和物料堆肥效率。以玉米秸秆或绿化垃圾为调理剂可显著提高蚯蚓及微生物的活性，降低物料的C/N和腐熟后的毒性，但是堆肥过程中氮素相对易流失。同时以玉米秸秆、青草绿化垃圾、茶叶渣、土壤作为调理剂，使基质初始C/N接近30，研究了不同调理剂对泔脚蚯蚓堆肥效率的影响，结果表明在纯泔脚中加入调理剂可以改善泔脚的性状，促进蚯蚓代谢，提高泔脚降解效率，以玉米秸秆作为调理剂对泔脚蚯蚓堆肥的效率最优。除此之外，刘耀源还研究了以稻秆为调理剂，分别设置稻秆与泔脚不同比例的蚯蚓堆肥处理实验，并对堆肥中各组分的变化进行分析，研究表明加入秸秆调理剂的泔脚蚯蚓堆肥可降低堆肥的全盐含量，因此，通过该方法可有效降低腐熟产品在应用过程中盐分对植物的毒害影响。当泔脚与稻秆体积比为9∶1时，可显著降低堆肥的毒性，但总钾易损失；当两者体积比为8∶2时，可以促进堆肥中氮素的增长；当体积比为7∶3时，微生物和蚯蚓共同降解有机质的效果最优；综合考虑，当两者体积比为8∶2或者7∶3时，泔脚蚯蚓堆肥效果最佳。还有学者对蚯蚓堆肥对餐厨垃圾的肥料化处理和生态综合利用评估进行了研究，通过蚯蚓堆肥实验将蚯蚓分解餐厨垃圾产生的蚯蚓粪作为基质进行绿豆种植实验，实验结果表明蚯蚓粪环境种植绿豆，芽苗长势最好，这也间接证实了蚯蚓粪中含有促进作物生长的营养物质。因此利用蚯蚓堆肥处理餐厨垃圾具有显著的生态综合效益，这也为城市餐厨垃圾资源化处理找到一种更为生态环保的方法。

4.4.3　污泥

根据蚯蚓的吞食和耐污能力，20世纪70年代就有学者开始研究利用蚯蚓处理污水污泥。污泥中含有大量的重金属，而蚯蚓可以有效地富集污泥中的铜、锌、镉等重金属，并且分解污泥中的有毒有害物质，使污泥的性质更稳定，在此过程中产生的蚯蚓粪还可以用来改善土壤质地和结构，增加土壤养分，减少污泥环境污染的同时可以实现对污泥的资源化利用。

蚯蚓分解污泥的基础研究主要集中于蚯蚓在污泥中的生长条件，包括污泥和其他物料的配比、温度、接种密度以及蚯蚓的生长速度和繁殖状况等。一般蚯蚓通过吞食吸收消化污泥中的有机质产生含有大量微生物群落和复杂有机化学成分的蚯蚓粪，蚯蚓粪不仅具有特殊的物理结构，而且可改善污泥的各种理化结构，消除污泥臭味。比如朱鹏以不同比例的牛粪作为调理剂，利用蚯蚓堆肥处理城市污泥，研究蚯蚓生长状况、产物营养物质（氮、磷、钾和有机质）和重金属（Pb、Cd、Hg、As 以及 Cr）的变化。李明等以污泥为底物对比分析了高温堆肥和蚯蚓堆肥工艺，研究了混合堆肥过程中重金属（Cu、Pb、Zn、Cd 和 As）交换态、碳酸盐结合态、铁锰氧化物结合态、有机结合态和残留态的变化情况。李碧洁对城市污泥蚯蚓堆肥过程中的营养元素、酶活性及微生物的动态变化进行了研究，研究结果表明蚯蚓能很好地适应新鲜污泥的环境，生长繁殖状况良好；堆肥过程受环境温度影响较为明显，有机质被大量降解，同时脲酶、磷酸酶、蛋白酶等活性组分均随堆肥的变化而不断变化。还有冯春、袁绍春、张傲洋等对城市污泥或脱水污泥蚯蚓堆肥的性质、技术和堆肥的工艺都做了不同程度的研究，取得了相应的研究成果，为城市污泥的资源化、无害化、减量化以及稳定化提供了科学依据。

除了对污泥蚯蚓堆肥的性质、工艺以及蚯蚓生长的研究之外，还有利用污泥蚯蚓堆肥之后产生的蚯蚓粪作为土壤改良剂和农作物育苗基质的研究。比如徐轶群在其博士论文中通过赤子爱胜蚯蚓处理污泥，在研究蚯蚓对污泥理化性质、酶活性、营养成分、重金属及其形态的影响的基础上，同时进行淋溶和盆栽试验，研究污泥和蚯蚓粪施用土壤后营养物质、重金属的分布以及不同比例污泥和蚯蚓粪施用后植物酶、叶绿素等植物生理特性的变化，探讨了污泥蚯蚓粪对植物重金属积累的影响，揭示各种变化规律，分析其形成机理，最后还研究了蚯蚓粪作为育苗基质对辣椒幼苗生长的影响。结果表明蚯蚓处理使污泥的 pH 值、有机质、总氮和电导率等都有不同程度的降低，相关酶的活性发生了较大的变化，蚯蚓能吸收富集污泥中的重金属，其中对重金属 Cd 有较强的富集能力；施用污泥和蚯蚓粪都能使植物体内叶绿素的总含量增加，相同比例下，蚓粪施用叶绿素含量增加更为显著，蚓粪复合基质能够促进辣椒幼苗成长且效果优于普通基质。袁绍春利用蚯蚓处理污水污泥制取土壤改良剂的研究，主要是将污水污泥和秸秆按不同比例混合后进行预堆肥处理，然后接种爱胜蚓，研究污水污泥理化性质变化规律及其影响因素以及蚯蚓粪的相关情况。结果表明，蚯蚓处理使污水污泥的 pH 值、有机碳、C/N 和病原菌含量显著降低，电导率、总氮、总磷、总钾、碱解氮、速效磷、速效钾等分别升高，种子发芽指数可以达到 80% 以上，虽然蚯蚓粪中重金属含量有所增加，但仍在土壤改良许可范围之内，因此，堆肥-蚯蚓处理组合工艺可将污水污泥转化为无害的、有价值的土壤改良剂。申雪庆通过盆栽试验，研究了蚯蚓处理污泥对种植大豆的盐碱土壤中细菌、真菌、放线菌的数量和微生物生物量、碳、氮、磷含量以及土壤脲酶、碱性磷酸酶和过氧化氢酶活性的影响。研究结果表明，蚯蚓粪的施入增加了盐碱土壤细菌、真菌、放线菌的数量以及盐碱土壤微生物生物量、碳、氮和磷的含量，同时蚯蚓粪显著增强了盐碱土壤脲酶、碱性磷酸酶和过氧化氢酶的活性，提高了盐碱土壤速效氮、磷和钾的含量，降低了土壤的 pH 值、碱化度、总碱度和钠吸附比，增加了盐碱土壤阳离子交换量，对于蚯蚓粪在农业中的应用具有科学意义。

4.5　生物质固体废物的混合蚯蚓堆肥

生物质固体废物含有较多的有机质资源，而我国生物质固废产生量大，分布较广，利用率较低，因此环境治理的迫切度就比较高。各类生物质固体废物在进行蚯蚓堆肥过程中组成成分不同，为了提高蚯蚓堆肥的效率，很多学者将两种或两种以上的生物质固体废物混合堆肥，不但能够调节堆料性质满足蚯蚓堆肥的条件，而且实现多种有机固废的无害化、减量化和资源化利用。

对于生物质固体废物混合堆肥主要集中在农业废弃物之间、农业废弃物与生活垃圾以及农业废弃物与污泥之间的蚯蚓堆肥。杨文霞等以城市有机混合垃圾和农业有机废弃物为原料利用蚯蚓进行堆肥。堆肥分为果皮、菜叶加入木屑作为调理剂和城市有机混合垃圾，加入秸秆和牛粪调节 C/N 和水分，之后接种赤子爱胜蚓堆制处理，结果显示堆置处理之后加速了有机质的矿化，促进了有机物料的降解，降低了堆制残留物的干重，同时提高了产物总 N 含量，降低了有机碳含量和 C/N，获得了高品质的有机肥，有效解决了有机固废的环境污染问题。西北农林科技大学陈玉林等采用室内接种的方法，以不同 C/N（20、25、30）的玉米秸秆与牛粪混合物和小麦秸秆与牛粪混合物为蚯蚓堆肥物，并且以未接种蚯蚓的物料作为对照研究，结果表明各物料中蚯蚓数量均先增加后减少，而蚯蚓在玉米秸秆和小麦秸秆中均能正常生长繁殖与代谢；同一时期，接种蚯蚓的物料中纤维素酶、木聚糖酶、过氧化物酶和多酚氧化酶的活性均高于对照，不同时期，接种蚯蚓的物料中纤维素、半纤维素以及木质素的降解速率均显著高于对照，说明蚯蚓堆肥技术能够加速木质纤维素的降解。董秀华利用蚯蚓-稻秆-污泥体系对污泥肥效及重金属生物有效性进行了研究，张婷敏探明了蚯蚓堆肥处理红薯秸秆、牛粪和污泥混合物料的最佳配比，在实验室条件下进行了模拟培养验，结果表明经蚯蚓堆肥处理后，堆体 pH 值、有机质和总氮含量均下降，而电导率、速效氮、总磷、速效磷、总钾及速效钾等含量均升高；蚯蚓的引入能够降低稻秆与污泥混合堆肥中重金属及其生物有效态的含量，然而随稻秸添加量的增加，重金属及其生物有效态的含量逐渐降低；蚯蚓堆肥处理红薯秸秆、牛粪和污泥混合物的最佳配比是 10% 红薯秸秆、60% 牛粪和 30% 污泥，此配比的混合物料经蚯蚓处理后可以得到高品质的有机肥。姚武等采用猪粪、^{13}C 标记水稻秸秆混合物为原材料进行蚯蚓处理，研究了蚯蚓处理前后堆制物的基本特性及重金属变化规律、水溶性有机物（DOM）和腐殖质组分的表征及其重金属变化，进一步研究畜粪蚯蚓堆肥中胡敏酸（HA）对 Cu 的吸附及影响因素和蚯蚓活动对腐殖质组分及其结合态重金属转化的影响。

除此之外，还有学者利用工业生物质固废与其他有机废弃物混合蚯蚓堆肥。比如周秋丹研究药渣与污泥混合堆肥，利用蚯蚓粪为堆肥辅助剂，测定了堆肥过程中物料性质的变化，确定蚯蚓粪在对药渣与污泥混合堆肥中的最佳配比为污泥：药渣：蚯蚓粪为 6：3.6：2 时堆肥效果最佳。于建光为了评估蚯蚓用于水葫芦渣堆肥的可行性，水葫芦渣与牛粪、水葫芦渣与猪粪和水葫芦渣与鸡粪 2：1 堆肥混合物，接种蚯蚓堆肥，探讨蚯蚓堆肥产物的微生物活性及物理化学性质的变化。水葫芦渣与部分牛粪混合后利用蚯蚓堆肥技术能够减少堆肥时间、提高产物质量，然而对水葫芦渣混入猪粪和鸡粪的蚯蚓堆肥实验则给出了相反的结果。

综上所述，蚯蚓堆肥技术设备简单、操作方便、费用低廉，适合处理多种类型的生物质固废及生物质固废的混合物，且处理后的有机固体废物不仅可以实现其无害化、稳定化和减量化，而且能够实现固体废物的资源化利用，不但可以将其应用于土壤作为调理剂，而且也可以用作栽培基质或者育苗基质用来提高农作物的产量和品质。既能减少污染物对环境及人类健康的威胁，同时又能将其堆肥后的产物作为资源二次利用，提高其经济效益和环境效益。

第5章 生物质热解气化技术

生物质作为一种可再生的资源，利用现代技术工艺可以转化成各种各样的化学品、燃料和生物炭等材料。最近几年，高温热解获得了极大的关注，因为高温热解可以作为将生物质进一步转化成高价值产品的平台。然而，由于生物质复杂的组成和结构，高效且选择性地生物质转化还是比较困难的。通常情况下，产物的选择性低且组成复杂，难以进一步转化利用。此外，生物质中的许多污染物和无机元素，包括重金属、氮、硫、磷和氯也会转移到热解产物和大气环境中，可能会引起环境污染。掌握这些污染物和元素在生物质气化过程中的变化规律，对优化气体技术，获得更多产品并避免污染是至关重要的。本章针对生物质中的主要元素（包括碳、氢、氧、氮、磷、氯、硫和金属元素）在生物质热解气化过程中演变进行分析。

5.1 概述

通过热化学方式将生物质类废弃物转化为生物燃料或者化学原材料是一种很有潜力的转化方式，因为热化学转化可以以高效率的方式进行，且更容易控制。目前，被广泛应用的将生物质类废弃物转化为燃料或化学物质的热化学转化技术主要有高温热解、气化和水热液化三种方式。其中，热解是一种环境友好且成本低廉的生物质资源化方式，由于其能量消耗较低（只消耗生物质中大约10%的能量），相比于焚烧和填埋法有很多优点。与此同时，生物质热解产生的有害气体排放明显低于焚烧。

生物质热解的定义是生物质原料在中等温度（600～900K）和限氧条件下发生热分解产生生物油、生物炭和气体的过程。生物油、生物炭和气体的生成量和性质受许多因素包括气体停留时间（VRT）、温度和升温速率的影响。例如，低温和较低的加热速率、较长的气体停留时间，有利于形成碳材料，高温和较高的加热速率、短的气体停留时间，会增气体产量。中等温度、较高的升温速率和短的气体停留时间有利于获得高产量的热解油。

热解过程根据加热速率、加热时间可以被分为三种类型：慢速、快速和急速。表5-1描述了三种热解类型的主要特征。慢速热解也被称为炭化，是一种传统的热化学转化过程，加热速率通常为5～7K/min，反应时间较长（高于1h），在此过程中炭的产量高于液体和气体产品。快速热解的加热速率通常是 300～500K/min，产品中生物油的量高于生物炭和气体。作为快速热裂解的产品，生物油可以作为燃料和一系列化学的生产原料。实施快速热裂解过程生产液态产品的基本要求包括：生物质原料粉碎到 3mm 以下以保证生物质颗粒之间的热量转移；反应温度必须控制在 600～900K 以便使生物油的产量最大化；为了避免二次裂解要将气体停留时间控制在 2s 以内；气体要快速冷却以便获得生物油。急速热解要在 2s 达到 600～1200K 的温度。为了达到如此高的升温速率，急速热裂解要求原料的粒度很低（通常尺寸在 0.5mm 以下）。由于升温速率快、反应温度高，急速热解主要是产气。

表 5-1　慢速、快速和急速热解的特征

项目	慢速热解	快速热解	急速热解
加热速率/(K/min)	5～7	300～800	>1000
热解温度/K	500～1200	600～900	600～1200
原料尺寸/mm	5～50	<3	<0.5
原料停留时间/s	>3600	0.5～10	<2
反应器	固定床	固定床或者流化床	输送流式床
主要产品	炭	热解油	气

　　了解生物质热解过程中主要元素的演变是很重要的，这是基于以下几个方面的原因。首先，热解是生物质资源化利用的主要途径之一，目前吸引了大量研究人员的关注。然而，由于生物质复杂的组成和结构，热解产品的质量较低限制了该技术的实际应用。尤其是生物质的主要元素碳、氮、硫、磷、氯和金属在很大程度上影响热解产物的选择性。因此，提高产品质量（提高目标产品的产生量，抑制副产物的生成），需要深入了解这些元素的归趋。此外，一些生物质中元素在热解过程中会被释放出来，造成环境污染。因此，深入了解生物质热解过程中的元素的归趋（转化、分配和释放）有助于减少二次污染，同时使得这些元素作为资源被回收。

　　本章针对这方面，对生物质热解过程中主要元素（碳、氮、硫、磷、氯和金属）的转化、分配和释放进行归纳总结。

5.2　生物质热解的化学过程

5.2.1　生物质热解的机制

　　生物质热解的机制涉及纤维素、半纤维素和木质素这三种主要组分在热解过程中的转化机制。纤维素、半纤维素和木质素的分解程度主要取决于气体停留时间、反应温度、反应器类型和原料尺寸。例如，生物质分解过程中，半纤维素首先在 470～530K 的温度下发生分解，而纤维素在 510～620K 下发生分解，木质素在 550～770K 开始发生分解。纤维素热解的机制可以用解聚来描述。热解过程中主要发生两个基本过程：一个是慢速热解，即在低温和低加热速率时纤维素的分解和炭化；另一个是快速裂解，在较高温度和高加热速率下生成的左旋葡聚糖快速气化。纤维素首先分解成低聚糖，然后低聚糖的糖苷键断裂生成葡萄吡喃糖，葡萄吡喃糖再进一步发生分子内重排作用形成左旋葡聚糖。左旋葡聚糖在通过 C—O 键剪切、C—C 键剪切和脱水反应三个过程形成小分子量化合物。基于 B3LYP/6-31＋G(D,P) 水平下的量子化学计算结果表明，左旋葡聚糖的分解涉及 16 个基元反应和 9 个路径。在 667～1327K，C2 位置的羟基和 C3 位置的氢结合成水是左旋葡聚糖分解的主要路径。C—O 键剪切的路径从 C6—O1 和 C1—O5 的断裂形成一氧化碳开始。在这三种分解路径中 C—C 键剪切的能垒最高。

半纤维素的热解机制与纤维素类似，即在多糖的分解形成低聚糖后，木聚糖链中糖苷键断裂和分子重排形成 1,4-无水-D-吡喃木糖后，包括糠醛以及含有三个碳和四个碳的分子片段。

相比于纤维素和半纤维素，木质素的结构更为复杂和无序，分解机制也更复杂。热重-傅里叶红外和气相质谱的研究表明，木质素的热解包括干燥、快速降解和慢速降解。酚类化合物包括愈创木酚、紫丁香酚和儿茶酚，是木质素热解的主要产品。

木质素热解基质中最主要的反应路径是自由基反应。在热解过程中，在 β-O-4 键断裂过程中产生了自由基。生成的自由基可以捕获其他物质包括 C—H 或 O—H 中的质子（C_6H_6-OH），形成分解产物，如香草醛和 2-甲氧基-4-甲基酚。随后，自由基可以传递到其他物质上进一步扩增。自由基链式反应的终止是基于自由基之间相互结合形成稳定的化合物。

除了纤维素、半纤维素和木质素，生物质中存在的一些无机组分也会影响生物质的热解行为。在生物质热解过程中，K 和 Cl 的移动性很强，在相对低的温度下就会挥发，而 Ca 和 Mg 与有机分子之间以离子键或共价键连接，在高温下才会挥发。P、S 和 N 在植物细胞中以共价键形成复杂的有机化合物。由于无机盐，包括碱金属和碱土金属（K、Ca 和 Mg）可能有很显著的催化效应，生物质的热解也可以视为自催化过程。例如，含有 K 的化合物会催化热解产生挥发性物质发生二次裂解形成气体物质（如 CO、H_2、CH_4、C_2H_4、CO_2），进一步导致生物炭的裂解。

然而，在特定条件下，尤其是对于复杂的木质纤维素类生物质，生物质自身中含有的无机组分并不足以产生符合要求的生物油和生物炭，因此需要进一步开发更为高效且选择性好的催化过程，以便获取热值高的生物油和含有特定功能基团和多孔结构的生物炭。采用合适的催化剂可能会使得热解所需的温度降低，停留时间缩短，也有可能同时提高生物油和生物炭的质量。

5.2.2 反应条件对生物质热解的影响

从物理化学的视角来看，生物质的热解是吸热过程，因此需要输入能量来提高和保持反应温度。热量从热解反应器转移到生物质原料是很重要的过程，这会影响热解反应的进程进而影响产品分布。这个过程的关键参数是温度、升温速率和气体停留时间。

根据加热速率的不同可以将热解过程可以分为急速、快速和慢速三种类型。一般来说，较高的升温速率有利于获得更多的挥发性物质和更少的生物炭。较高的升温速率也会降低质量和能量转移限制从而有利于提高生物油的产量。例如，当升温速率从 500℃/min 提高到 700℃/min 时，生物油产量提高了 8%。进一步将加热速率提高到 1000℃/min，由于质量和能量转移限制，生物油的产量不会有明显的增加。当采用棉籽饼为原料进行热解时，随着升温速率从 5℃/min 提高到 300℃/min，生物油的产量（质量分数）从 26% 提高到了 35%，进一步将加热速率从 300℃/min 提高到 700℃/min，生物油的产量不会有明显的增加。

温度会显著影响热解产物的分布和性质。同样的气体停留时间也是生物质热解过程的重

现代生物质资源化应用技术

要参数之一。停留时间短时，挥发性有机物扩散较快减少了二次裂解反应，有利于生物油的形成。例如，甘蔗渣在525℃下热解时，当气体停留时间从0.2s增加到0.9s，生物油的产量从75％降低到57％，生物炭和气体的产量显著增加。当香枫在700℃下热解时，当气体停留时间从0.7s增加到1.7s，生物油的产量从22％降低到15％。尽管气体停留时间对产品分布的影响已经发现，气体停留时间和热量转移对产物性质的影响需要进一步阐释。

5.3 生物质热解过程碳、氧和氢的演变

碳、氧和氢是木质纤维素类生物质中的主要元素。木质纤维素类生物质通常含有超过90％的碳、氢和氧，这三种元素是组成纤维素、半纤维素和木质素的主要元素，也是核酸、蛋白质和激素的主要组分。植物主要通过光合作用从环境中的二氧化碳和水获取碳、氢和氧。木质纤维素类生物质中碳、氢和氧元素的相对含量主要取决于其生存环境，包括温度、水、土壤和空气。本部分总结了生物质热解过程中碳、氢和氧的转化途径以及提高热解产品质量的途径。

5.3.1 生物油、生物炭、气体和焦油的形成过程

生物炭是生物质类固体废物热解过程中生成的最主要的产品。生物油的性质根据生物质的类型而改变。一般情况下，木质生物质形成的生物油具有高热值、高黏度和低湿度的特点，非木质生物质（包括稻草秸秆、谷壳和甘蔗渣）通常湿度较高，而黏度和热值较低。表5-2总结了生物油的典型物理性质。

表 5-2　生物油的典型物理性质

项目	数值
物理性质	
热值/(MJ/kg)	14～22
湿度(质量分数)/%	15～30
密度(298K)/(kg/L)	1.05～1.40
动态黏度(313K)/(mPa·s)	40～100
灰分含量(质量分数)/%	0.03～0.30
蒸馏残余物(质量分数,真空条件)/%	约50
元素组成(质量分数)/%	
C	45.0～63.0
O	35.0～45.0
H	5.0～7.2
N	0.07～0.40
S	0～0.20
无机元素(Na、Mg、Ca、K、Si、P、Cl)	<0.01

从化学角度来看，生物油是由多种有机化合物和水组成的多组分混合物，主要包括烃类化合物、含氧化合物（酚、醛、酮和羧酸）和热解的木质素。这些化合物中有一些物质是导

致生物油质性质较差的原因，包括化学不稳定性、强腐蚀性和低热值等特性制约了生物油的贮存和应用。其中，反应性强的含氧化合物包括醛、酮和酸是产生这些问题的主要物质。为了提高生物油的质量，以便使其更适合用作燃料和化学原料，需要对其进行升级处理。生物油升级的主要方法有加氢脱氧、催化裂解和蒸汽重组。通过这些处理，生物油中的含氧化合物可以转化成低分子量的烃类化合物、芳香化合物、氢气和合成气。在此过程中发生的主要化学反应包括加氢脱氧、酮、丁间醇醛缩合、芳香化和裂解。例如，生物油热解主要涉及热裂解（C—C键的断裂）、氢转移和芳香侧链的剪切与异构，以及脱氧反应（包括脱羧、脱碳和脱水反应）。生物油的裂解会降低氧含量，进而提高其质量。

生物炭是生物质裂解过程中产生的固体残余物，这也是裂解过程的主要产品。2000kg的生物质热解可以获得700kg的生物炭，产率在30%～40%。利用氮气吸脱附（BET）、X射线光电子能谱（XPS）、傅立叶红外光谱（FT-IR）和电感耦合等离子体原子发射光谱（ICP-AES）对生物炭进行表征发现，生物炭具有相对低的多孔性和表面积，含有羟基、氨基、羰基和羧基等官能团，以及氮、磷、硫、钙、镁和钾等元素。这些性质使得生物炭可以直接作为土壤改良剂、吸附剂、催化剂和催化剂载体，同时生物炭的表面功能易于调节和多孔性特点使其适合用来合成碳基功能材料。

气体是生物质热解过程中的主要副产品，通常包含生物质原料所含化学能的10%～15%。生物质热解过程本身消耗的能量大约相当于生物质热值的10%，这部分热量可以通过燃烧热解气来补充，使得热解过程达到自给自足。

焦油也是生物质热解过程中不可避免产生的副产物，焦油不但会腐蚀热解设备，也会浪费5%～15%生物质热解产生的有效能量，这与生物质热解绿色和可持续的特征是相悖的，因此焦油的产生是限制生物质热解过程商业化应用的主要瓶颈。焦油代表一类超过100种复杂的混合物，包括苯、酚、含氮杂环化合物和多环芳烃，这些物质可能会和小颗粒的杂质缩合形成复杂的结构，导致整个热解反应体系的机械故障和催化剂的失活。此外，这些芳香化合物和含氮杂环化合物是有毒的，会对环境产生危害。

依据焦油的外观和性质，焦油可以分为三级，即一级焦油、二级焦油和三级焦油。生物质热解产生的焦油产量在 $0.5\sim100g/m^3$，取决于操作条件、热解反应器和原料性质。焦油主要是由纤维素、半纤维素和木质素在热能作用下分解产生的。一级焦油的成分主要是氧化的烃类化合物，随着温度升高含氧的烃类化合物首先被转化为低分子量的烷烃、烯烃和芳烃，随着温度的继续升高进一步转化成高分子量的烃类化合物和较大的多环芳烃。

由于焦油是生物质热解过程中不可避免的副产物，如何减少和去除焦油是需要特别关注的问题。在生物质热解过程中去除焦油有许多方法，一般来说这些方法可以分为三种类型：①物理法，利用陶瓷或湿法洗涤器来过滤；②高温条件下热化学裂解；③利用催化剂将焦油转化成合成气。在这三个方法中，热化学转换最受关注，因为热化学过程可以把焦油转化成有用的气体产品，增加整个热解的效率。然而，在不使用催化剂时候，热化学焦油裂解会在较高的温度下将高分子量的有机分子转化成不会凝结的小分子气体，且会产生炭黑并消耗能量，因此使用催化剂可以降低炭黑转化成有用的气体的温度。目前利用催化剂去除/分解焦油的主要方法有两种。一种方法是在生物质裂解之前将催化剂和生物质充分混合，在裂解反应器中进行焦油的原位去除。另一种方法是在热解反应器的下游安装分离装置，在外部进行焦油的转化。尽管生物燃油的升级、生物炭功能化和焦油去除技术的开发十分迅速，未来的研究也应关注改善设计高效的催化剂，深入理解纤维素、半纤维素和木质素热分解的机制和动力学，并分析中间产物。众所周知，生物质中的无机物对热解过程有很大的影响，这可以影响热解的反应过程和动力学。由于非均相催化剂很难有效催化木质纤维素类生物质的热分解，利用可溶的催化剂浸渍在生物质原料中，可有效地控制生物质分解过程中的催化控制步骤，从而实现生物质转化的选择性。

5.3.2　持久性有机污染物的形成

持久性有机污染物，如多环芳烃和含氧多环芳烃具有很高的毒性以及对人类和野生动物的健康风险。生物质类固体废物的燃烧被认为是持久性有机污染物的主要来源之一。相比于燃烧，热解在限制氧气的条件下可以减少具有毒性的持久性有机污染物的形成与释放，提供了一个相对环保的方法。

多环芳烃是一类半挥发性的化合物，存在着很大的环境风险和健康风险，容易致癌、突变、畸形。据估计，全球的多环芳烃排放总量超过 $5.2 \times 10^8 \text{kg/a}$，其中 80% 以上来自发展中国家，一半以上来自生物质燃烧。例如，室内生物质燃烧（作为烹饪的燃料）已成为多环芳烃的主要贡献源。有 22 种多环芳烃（PAHs）、12 种含氮的多环芳烃和 4 种含氧的多环芳烃在燃烧生物质燃料时产生，其中含氮的多环芳烃在大气环境中通过二次反应形成，含氧的多环芳烃燃烧生物质燃料时产生，也会在大气环境中通过二次反应形成。对农村居民在室内燃烧的 27 种生物质研究中发现了 28 种多环芳烃、9 种含氮多环芳烃、4 种含氧多环芳烃，三类多环芳烃的排放因子分别是 $(86.7 \pm 67.6) \text{mg/kg}$，$(3.22 \pm 1.95) \times 10^{-2} \text{mg/kg}$ 和 $(5.56 \pm 4.32) \text{mg/kg}$。

尽管热解条件下多环芳烃形成被抑制，然而热解时仍会产生一定数量的多环芳烃，尤其是在焦油中含有较多的多环芳烃。对白桦木材生物质热解产物，包括气、焦油和生物油进行分析，在不凝气体、可压缩的液体和生物炭中都检测到了多环芳烃。大部分的多环芳烃存在于焦油中，尤其是在收集到的重质焦油中。对生物质与废塑料热解过程中的多环芳烃进行分析，结果发现塑料热解相比生物质产生更多的多环芳烃。对多环芳烃化学结构的表征发现，所有的焦油产品都以两环多环芳烃为主，占所有多环芳烃的 40%～70%（质量分数），而萘是两环多环芳烃中含量最丰富的组分。菲和芴是在热解过程中形成的含量最高的三环多环芳烃，在塑料热解产生的焦油中检测到了显著量的䓛和苯并蒽。

除了在气体产品和焦油中，在固相的生物炭中也检测到了相当含量的多环芳烃。例如，在慢速热解产生的生物炭中，总多环芳烃的含量在 $0.07 \sim 3.27 \mu\text{g/g}$，且随生物质来源而变化。在快速热解获得的生物炭中，总多环芳烃含量会增加到 45mg/kg。造成这种现象的主要原因可能是多环芳烃生成的过程中，慢速热解可能逃逸到气相，而在快速热解过程中产生的多环芳烃可能凝结在生物炭表面。

通过研究有机固体废物热解的过程，学者们提出了许多多环芳烃生成机制，其中被广泛接受的是夺氢的乙炔加成（hydrogen abstraction acetylene addition）。根据这种机制，萘是苯经由苯乙炔生成的，浓缩在上述有机固体废物由热解过程形成的焦油中。

因此，单环的芳香类化合物，包括苯乙烯和苯等化合物被视为两环多环芳烃的前驱体。对于含有芳香环的原料，如一些塑料和木质素，两环的多环芳烃可以由单环多环芳烃通过夺氢的乙炔加成反应形成。因为木质素中芳香环的含量最高，因此以木质素为原料热解得到的两环多环芳烃含量最高。对于不含芳香环的原料，如纤维素和半纤维素，多环芳烃主要通过 Diels-Alder 反应生成，其中涉及烯烃和二烯烃生成苯的反应。

超过两环的多环芳烃可以通过单环或双环化合物生成。苊烯是通过萘烯加成乙炔形成的典型中间产物，可以进一步发生乙炔加氢反应形成大的多环芳烃。除了乙炔加氢机制，萘酚和环戊二烯的反应也是形成多环芳烃的可能机制。环戊二烯可以取代萘酚 α 或 β 位，这个过程可以根据中间体共振结构来进行优化。

之前的研究大部分集中在生物质热解过程多环芳烃的生成、转移和分布，但是对于如何减少或避免多环芳烃的形成研究较少。因此，未来的研究将重点针对多环芳烃形成机制进而控制热解过程中多环芳烃的生成。从之前提到的多环芳烃形成机制中，热解过程中形成的单环中间体对于多环芳烃的形成至关重要。为了减少多环芳烃的生成和释放，未来的研究应该开发高效的催化剂来抑制多环芳烃的生成。能够抑制 Diels-Alder 反应的催化剂可能会抑制多环芳烃的生成。此外，利用捕获试剂可成为抑制多环芳烃的有效途径。

5.4 生物质热解过程中氮的演变

氮是植物生长过程中的必需元素。植物生长过程中摄取的有效氮导致了生物质中较高的氮含量。植物一般从生长的水和土壤中以 NO_3^- 和 NH_4^+ 的形式吸收氮，一些植物可以在固氮菌的辅助下从空气中直接吸收氮气。积累的氮可以促进根系的生长，以及蛋白质的合成。水生植物可以吸收利用富营养化水体中的氮元素。在植物的生长季，植物消耗大量氮来形成叶，产生很大的生物量。然而，大多数氮在植物枯萎阶段会被重新释放，引起二次污染。到目前为止，这些生物质尚不能直接应用，因为它们很难贮存，且运输成本很高。因此，通过适当方式的处理将生物质中的氮转化成更易利用的形式可减少氮对环境的污染。相对于其他处理方式，快速热解提供了一种方便且高效的方式来回收生物质中氮元素。

5.4.1 NO$_x$ 及其前驱体的释放

在热解过程，生物质中的氮元素经历几种化学过程，最终形成氮氧化物释放到环境中。利用热重-红外联用技术分析热解过程中生物质中的氮转化成氮氧化物前驱体（NH_3、HCN、$HNCO$ 和 NO）的过程。以天冬氨酸为例，它在惰性环境中热解时候产物以 NH_3 和 HCN 为主，当引入氧气后（95% Ar/5% O_2），HCN、$HNCO$ 和 NO 的产生量明显增加，而氨气的释放被抑制。产生这一现象的主要原因是氧气的引入促进了天冬氨酸的聚合从而形成多肽，多肽进一步分解形成 HCN、NO 和 $HNCO$。与此同时，氧气不利于胺和亚胺反应生成 NH_3，从而减少氨气的释放。当二氧化碳引入到热解系统中，在低温条件下四种含氮前驱体的生成都被抑制，在高温下四种前驱体的释放会增加，但是 $HNCO$ 的形成仍被明显抑制。在氨基酸和木质素共同进行热解时，氨基酸的结构对于氮的转化也有明显影响。半纤维素能够抑制氨气形成，而木质素则促进体系释放氨气。

直接对生物质进行热解的时候，较高的加热速率产生的氨气是主要的含氮化合物，转化率为 $31\%\sim38\%$，随着温度升高，HCN 的释放量显著增加，达到 $9\%\sim18\%$ 的转化率。含氮物种的选择性主要受温度和生物质原料的粒径影响。在较低的加热速率下，氨气仍然是释放的主要产物，但其转化率显著下降。基于上述结果，高含氮生物质热解过程中的机制可能如下：生物质中含氮化合物整合到生物质基质中，不仅被各种组分包围，而且通过多种化学键与纤维素、半纤维素和木质素连接（离子键、共价键和氢键），这种结构适合于 R1 反应，导致较高的 NH$_3$ 释放量。需要强调的是，氨气的释放来源于多种途径，其反应路径主要取决于生物质自身的性质和含氮化合物的结构。

无机元素（硅、钠、钾、镁、铝、钙和铁）广泛存在于生物质中，在热解过程中将极大地影响产物分布。例如，K 的存在可以促进较低温度下含氮化合物向 HCN、NO、HNCO 和 NH$_3$ 的转化，但在更高的温度下产率会降低；Ca 的存在能够抑制较低温度下的转化，但在较高温度下这些含氮化合物的总产率会增加。研究发现，添加 CaCO$_3$ 能有效地抑制秸秆中氮向 HCN、NH$_3$ 和 HNCO 的转化。与 K 和 Ca 类似，在热解过程中含氮物质的转化亦受 Fe、Al 和 Si 等的影响。Fe 或 Si 的引入能够显著抑制含氮物质转化为 HNCO 和 HCN，而添加 Al 对 HCN 的形成没有显著影响。在 Fe、Al 和 Si 的存在下，含氮物质转化成 HNCO 和 NO 速率显著增加，而 HNCO 和 NO 的形成速率略有下降。

煤和生物质共热解过程中含氮物质的释放除了模型化合物和生物质也有不同。由于煤和生物质中含氮官能团是不同的，生物质热解过程和煤的热解过程也有很大的差异。热解的气氛通过影响·H 自由基进而影响 HCN 和 NH$_3$ 的形成，而生物质中这些不稳定的杂环化合物是生成 HCN 的主要来源。相比之下，加热速度可以通过·H 自由基的生成来影响 NH$_3$ 的生成。通常情况下，在较高的升温速率下，·H 自由基可以大量快速生成，增加 NH$_3$ 的产率。·H 自由基生成 NH$_3$ 的机制可以用来解释为什么惰性气氛有利于氨气的生成。在含氧的大气环境中，·H 自由基的形成会被抑制，降低氨气的产量，而在惰性气流中，·H 自由基会促进氨的形成。

由于生物质和煤炭含氮官能团的差别，二者热解过程中氮氧化物及其前驱体的释放行为与石油差别显著。与此同时，不同类型的生物质中含氮化合物转化成 HCN、HNCO 和 NH$_3$ 的选择性也有很大的不同。加热速率、生物质的粒径、载气和无机物是影响含氮物质转化成氮氧化物及其前驱体的主要因素。此外，生物质中纤维素、半纤维素和木质素的相对含量也会影响含氮物质向氮氧化物及其前驱体转化。这是造成一些生物质产生的 NH$_3$ 多于 HCN，而另外一些情况下产生的 HCN 多于 NH$_3$ 的原因。

为了预测并抑制生物质热解过程中氮氧化物及其前驱体的生成，需要进一步分析气、生物油和生物炭中含氮物质。含氮中间体与纤维素、半纤维素和木质素的相互作用也需要进一步分析，含氮化合物的二次裂解反应也需要深入研究。此外，由于生物质和其他有机固体废物被广泛用作废物热解资源化，因此共热解过程中氮的行为也需要进一步研究。

5.4.2 生物油和生物炭中的含氮物质

除了氮氧化物及其前驱体，生物质中的氮元素也能被转化成各种各样的有机氮和无机氮（NO$_3^-$ 和 NH$_4^+$）。低温有利于氮在生物炭中的累积，气相色谱-质谱联用分析表明吡咯和 1-甲基-1H-吡咯、3-氨基-4-甲氧基苯甲酸等是生物油中的主要含氮化合物。实验表明，生物质中只有 17% 的氮是以离子形式存在，而生物炭中 80% 的氮可以被 K$_2$SO$_4$ 和 KCl 溶液洗出。在溶液洗出下的氮又以氨态氮为主。X 射线电子能谱分析表明，生物质热解过程中一部分氮引入到了碳基质中。

如上所述，经过热解反应，生物质中高达 76% 的氮保留在了生物炭中，而生物炭中相当比例的氮可以用溶液洗出。由于相当量的氮积累在生物炭中，形成的生物炭可以被视为氮掺杂的碳材料，因而可以被用来合成各式各样的含氮碳基功能材料。相比于其他方法制备氮掺杂的碳材料，该方法的掺杂率更高、掺杂均匀且兼容性好。

5.5　其他无机元素在生物质热解过程中的演变

利用生物质作为能源的一个重要原因是废弃的生物质产生了严重的污染。生物质中存在的其他元素，磷、硫、氯、碱金属和碱土金属在生物质热解过程中会有不同的分布，这可能会对人体健康和生态环境产生危害；热解过程中发生凝结、沉积和腐蚀，阻碍进一步操作；这些元素还作为热解过程的催化剂。然而这些元素的挥发性主要和它们的浓度、类型、不同元素之间的相互作用以及生物质热解过程中这些元素的化学反应和物理变化有关。本节我们分析 P、S 和 Cl 三种元素在生物质热解过程中的迁移和转化。

5.5.1　磷

磷元素对植物的生长、结果具有重要影响，同时水体中积累过量的磷元素也会造成水体富营养化。植物能够将磷元素以 $H_2PO_4^-$ 的形式从土壤中吸收。跟氮元素一样，湿地中的水体植物可以有效地富集磷。积累的磷主要用来合成核酸、磷脂和三磷酸腺苷。生物质热解过程中，含磷物质经历一系列的热化学反应，它们中的大多数最终停留在生物炭和生物油阶段。对含磷较高的湿地植物（香蒲）的热解反应进行了研究，发现 P 主要富集在生物炭中，继续升高温度有利于 P 的释放并进入生物油中。不同于氮，在生物油中不含有机磷化合物。为了深入了解热解过程中 P 的演变规律，研究者们进行了磷浸出试验。P 在生物炭中的生物淋滤，用 $NaHCO_3$ 溶液浸出的磷被定义为可溶解磷（DP），盐酸和 NH_4F 溶液浸出的磷被定义为结合磷，这两种都是植物可以利用的磷。研究表明生物炭中 57% 的磷可以被 $NaHCO_3$ 溶液、盐酸和 NH_4F 溶液浸出，相当于生物质中 40%～46% 的磷。对生物质和生物炭进行 X 射线电子能谱分析发现，在 773K 温度下热解形成的生物炭中代表 $P=O$ 键的峰（134.3eV）消失了，而在 132.7eV 处出现了代表 $P-C$ 结构的新峰，表明磷引入到了碳基质中。

除了湿地植物中的磷外，其他木质纤维素类生物质和动物废弃物的热解也可能会产生结晶、半结晶或者无定形的无机组分、有机组分以及有机矿物复合物。利用 ^{31}P 核磁对生物炭浸出液中含磷物种进行分析，发现在 350℃ 下热解生物质中磷脂可以转化成无机磷。随着温度升高到 500℃，无机正磷酸成为粪肥生物炭中唯一的含磷物种，而在 650℃ 和更高的温度下产生了焦磷酸根，这属于无定形磷酸钙。在反应温度超过 650℃ 时粪便生物炭中的磷以无定形磷酸钙为主，而不是结晶型磷酸钙。

生物质和废弃塑料的共热解是废物资源化利用的有效途径，成本较低且可持续性好。在塑料中一般较多使用有机磷阻燃剂，如磷酸三丁氧基乙酯（TBEP），这些含磷物质在热解过程中可能产生各种各样的含磷化合物，当应用生物炭时，这些含磷化合物可能会对环境产生危害。利用木质素和 TBEP 的混合物来模拟塑料和木质素纤维素类生物质，采用 ^{31}P 和热重-红外-质谱联用和核磁技术来研究 400～600℃ 下裂解过程中 P 的演变，结果表明低温可以促进 P 在生物炭的累积。在 400℃ 条件下，原料中超过 76.6% 的 P 保留在生物炭中，而 600℃ 条件下得到的生物炭保留了 51% 的磷。添加 $CaCl_2$ 和 $MgCl_2$ 显著增加了 P 在生物炭上的保留，这是因为生物炭中钙和镁与 P 结合形成了化合物。TG-FTIR-MS 结果表明，TBEP 在不同的温度下有不同的分解机制。在木质素热解中产生的芳香环与含磷的自由基结合形成含磷的芳香化合物，这对于含磷物质在生物炭中的稳定性研究至关重要。

现代生物质资源化应用技术

5.5.2　硫

植物中的硫（S）元素主要以无机硫酸盐的形式被吸收，然后运输到茎和叶子中，其中硫酸盐被还原成硫化物，然后与有机分子结合形成半胱氨酸（半胱氨酸是大多数蛋白质都含有的氨基酸）。在植物中不断发生摄取和还原过程，硫元素在生物质中有有机含硫化合物和无机硫酸盐两种形式。一般来说，有机硫的稳定性较低，可在较低温度（400℃）的热解过程中释放，而无机硫酸盐由于具有很高的稳定性，在热解过程中不会分解和转化。在生物质热解过程中 S 释放的机理主要取决于热解温度、不同的馏分以及生物质中的其他无机元素。K 和 Ca 是影响 S 释放到裂解气中的主要因素，而 Cl 则会间接影响生物质中 S 的热解与保留。在热解过程中，S 的转化非常复杂，包括低温和高温释放以及发生次级反应被捕获到生物炭中。还原态的 S（如 H_2S 和金属硫化物）在生物质热解阶段占主导地位，而更高的氧化态 S 物质（如 SO_2）更多出现在生物炭的燃烧中。S 在热解气体中以 H_2S 和羰基硫（COS）的形式存在，在整个温度范围内没有凝聚态的含硫物质可以稳定存在。大多数植物类生物质在热解之前，只有少部分 K 和 Ca 被以硅酸盐结构固定，而其中大多数作为移动的离子用于运输带电粒子。在热解后，随着温度升高其中一些可以固定在硅酸盐结构中，其他可以与含硫物质发生反应。

与 N 和 P 的行为类似，热解后还会有大量的 S 存在于生物炭中。研究发现，在 500～600℃下生产的生物炭含有硫酸盐和有机硫，其中 77%～100% 是硫酸盐，而在 850℃下生产的生物炭中 73%～100% 的 S 是有机硫。有机硫含量随着温度的升高而增加，这表明 S 的转化机理类似于煤，在加热的过程中无机 S 与 H_2 或者与烃类化合物发生反应生成有机硫。EDX 测试表明了玉米秸秆热解产生的生物炭中分布着含 S 的矿物颗粒。

上述分析表明，P 主要通过固体生物炭夹带转移到生物油中，而 S 可以通过和挥发性有机物发生反应转移到生物油中。因此，可以通过固体分离来抑制 P 转移到生物油，而 S 排放可以通过降低加热速率或通过惰性载气（如 N_2 或 Ar）来稀释热解气。然而抑制气体的生成对于生物质热解是不利的，因此降低生物质颗粒热解氛围的气体速度进而抑制从生物炭到气相的转移，可能是抑制 S 转移到生物油中的重要方法。

5.5.3　氯

氯（Cl）是主要分布在植物的茎和叶子中的微量元素。植物的根以 Cl^- 的形式从土壤和水中吸收氯，然后运输和积累在茎叶上。在所有的阴离子中，Cl^- 是最稳定的，用于保持与阳离子的平衡，进而保持植物细胞中的渗透压。Cl 也是植物中一些激素的主要构成元素，如生长激素 4-氯吲哚-3-乙酸。Cl 在生物质中含量高于其他微量元素（如 B、Mn、Zn、Cu 和 Mo 等）。在生物质热解过程中，Cl 的存在可能会导致腐蚀问题并在热解系统中沉积。Cl 的释放主要受生物质中的无机物质，特别是碱金属或碱土金属（如 K、Ca 和 Mg）的影响。类似于 S，热解中的 Cl 释放也是由生物质中的无机氯和有机氯形成的。在低温下释放的与焦油相关的 Cl 或 HCl 可能是通过二次反应，经过生物炭重新捕获形成。在 200～1050℃ 范围内进行秸秆生物质的热解反应时，Cl 分两个阶段释放。在 200～400℃ 总共释放约 60% 的 Cl，而剩余的 40% 的 Cl 在 700～900℃ 释放。有报道表明，Cl 可以在生物质热解过程中作为 HCl 气体释放，且释放时的温度约 500℃。研究发现具有较高含量 Cl 的生物质释放较低馏分的 HCl，提出了 Cl 的释放可能是由于 KCl 和生物质的有机部分之间的反应造成的。此外，氯甲烷（CH_3Cl）也是主要的含氯物质。在生物质热解过程中，氯甲烷释放的起始温度为150℃，在温度升高到300℃过程中显著增加。细胞壁的主要成分是果胶，作为$CH_3\cdot$供体有助于氯甲烷的释放。

二噁英类化合物（PCDD/Fs）被认为是地球上最危险的有机污染物。二噁英类化合物主要起源于含Cl和Br的有机物焚烧，它也在许多化学工艺中作为副产品产生。在各种燃烧过程中形成多氯代二苯并-对-二噁英、二苯并呋喃和多溴代二苯并二噁英是众所周知的事实。然而，最近的研究也表明PCDD/Fs可以在某些氯和铜含量较高的木质生物质高温分解过程中形成。在氧含量低于2%，热解温度在430～470℃时产生了显著量的PCDD/Fs，其中90%以上被发现存在于生物油和气部分。

考虑到1～8氯代的同系物，PCDFs的生成量是PCDD的400倍，更容易形成低氯的同物。虽然大多数在生物质热解中形成的PCDD/Fs存在于生物油或气相中，残留在生物炭中的PCDD/Fs也不能忽略。在13种不同生物质热解形成的生物炭中检测到130种二噁英同系物，其中2,3,7,8取代的同源物（高毒性同系物）可以在13种生物炭样品中检测到。

塑料中广泛添加的溴化阻燃剂（BFR）主要是用于降低塑料在工作中的燃烧危险。因此，在含BFR的塑料热解中，多溴二苯醚（PBDEs）和PBDD/Fs的产生也是不可避免的。已经发现，PBDD中含有BFR时，将塑料加热至200～250℃，在产生的气体中检测到PBDD/Fs，其中PBDEs的产生量比PBDDs更多。当包含BFR的塑料和生物质进行共热解，可以大大抑制PBDD/Fs的形成。产生这种现象的主要原因是生物质的氢碳比很高，可在热解过程中提供还原性环境，抑制含氧自由基的形成，进而抑制PBDD/Fs的形成。尽管含溴的酚类化合物是典型的PBDD/Fs前体且在热解产物中也可以检测到，但是由于脱羟基或脱氢自由基在还原性环境中很难形成，因而很难形成PBDD/Fs。

考虑到PCDD/Fs、PBDD/F和多氯代萘（PCNs）对环境的巨大影响，获得热解产物中的这些污染物排放行为的更多数据（如浓度和规律）是非常重要的。更重要的是，虽然生物质和煤或者塑料的共热解是一个重要课题，我们也应该更多地关注共热解过程中的排放行为，以及这些污染物与生物质主要成分之间的相互作用。

5.6　生物质热解过程中金属的演变

特定量的金属物质如K、Na、Ca和Mg对植物生长是必不可少的，因此木质纤维素生物质中也不可避免地存在。随着环境恶化，环境中的重金属量呈增长趋势，进而直接影响了生物质中的金属含量。以前的研究表明，金属物质如K、Na、Ca和Mg的存在可能会很大程度上影响木质纤维素的热解行为。然而，这些研究集中在金属物质对生物油和生物炭产品质量的影响，而没有提供有关热解过程中这些金属元素演变的全面信息。

碱金属和碱土金属，如K、Na、Ca和Mg是植物所需的大量营养元素。植物从土壤或水中吸收碱金属和碱土金属阳离子，通过细胞内的运输，在叶子和水果中累积。碱金属和碱土金属在植物生长中起重要作用。例如，K是保持细胞渗透压的主要阳离子，Mg是细胞叶绿素中的主要元素，Ca是合成和稳定细胞膜的关键因素。因此，碱金属和碱土金属在植物生物量中广泛存在，特别是在快速生长的植物生物质中。碱金属和碱土金属可能会参与腐蚀、侵蚀和破坏热解反应器，并且可以在热解气化过程中释放。与化石燃料相比，碱金属和碱土金属的存在会给利用生物质燃料带来麻烦。例如，生物质燃烧发电厂可能产生与碱金属和碱土金属相关的问题，如烧结和结渣，这可能要求工厂停产来去除沉积物。为了解决与碱金属和碱土金属相关的问题，需要掌握在生物质热解过程中碱金属和碱土金属的释放模式。元素的化学/物理形式是主要影响因素之一。据报道，游离的 K、Na、Ca 和 Mg 离子在很大程度上可以释放它们的氢氧化物和碳酸盐物质，Ca 和 Mg 相比于 Na 和 K 可能更多地保留在生物炭中。加热速度也影响生物质中碱金属的释放热解过程。发现少于 20% 的 Na 和 K 以 10K/min 的低加热速率释放。

5.7 元素演变规律对于优化生物质热解过程实现资源选择性回收和避免环境污染的重要性

虽然热解给利用生物质生产各种化学品、生物燃料和生物炭提供了一个有希望的平台，但由于生物质的复杂性质，大部分从生物质热解中获得的产品质量较低。如何选择性地将生物质转化成所需的高价值产品（如生物油和生物炭）并抑制其形成不需要的产品（如焦油等）仍然是一个很大的挑战。另一个问题是一些生物质热解过程中的特征元素（如重金属、N、S、P 和 Cl）的释放，容易造成环境污染。在生物质热解过程中更好地了解这些元素的演变，将二次污染的风险最小化甚至有利于将这些元素作为有用的资源，提高利用效率。在下面的内容中分析了主要元素（即 C、H、O、N、S、P、Cl 和重金属）的演变规律，对于优化生物质热解过程实现资源选择性回收和避免环境污染具有重要意义。

在这些元素中，O 是生物油中不受欢迎的元素，因为氧的存在使得生物油具有热值低、化学稳定性差和强腐蚀性等特征。因此，在生物油可以用作柴油或汽油的替代燃料之前，应该将氧元素从中除去。热解蒸汽的催化裂化是除去生物油中氧元素的有效方法，不需要添加外部的氢气。在催化裂化过程中，氧元素通常是以 CO_2、CO 和 H_2O 的形式去除的。例如，在酸和醇发生脱水导致形成 H_2O，同时酸和羰基组分的脱羧可能导致形成 CO_2 和 CO。多元醇发生反复氢转移和脱水可以产生烯烃、蜡和焦炭。因此，应该优先发展可以增强 CO_2、CO 和 H_2O 形成的催化剂或捕集剂，用于催化裂解反应。相比于催化裂解反应 CO_2、CO 和 H_2O 的形成除去 O，加氢脱氧以 H_2O 的形式除去 O，在生物油中保留了绝大多数 C，对生物油来说具有较高的碳选择性。苯酚是生物油里面在加氢脱氧过程中活性最低的化合物，但在汽相中贵金属催化剂催化酚类物种的加氢脱氧已经有很多研究。对苯酚及其衍生物来说，转移烷基化和加氢脱氧反应是两个相互竞争的过程，并且主要的反应途径取决于催化剂的性质。例如，在酸性催化剂载体上倾向于发生烷基转移反应，同时使用酸性催化剂转移烷基化和加氢脱氧反应都会发生。对于羰基化合物如糠醛，脱羧是发生在贵金属上的主要反应，同时加氢反应主要发生在碱性金属催化剂上。这些分析表明，理解 C、H 和 O 的演变对于将生物质选择性转化为高质量、良好的稳定性和热值的生物燃料是非常关键的，从而改善了碳产率和生物质转化的选择性。

N、P 和 S 也是生物油和气体产品中不期望的元素，但它们作为杂原子引入到生物炭中，进而合成功能化的碳材料，提高碳材料的应用性能，或者是将生物炭作为营养元素添加到土壤中用来提高土壤的肥力。了解生物质热解过程中 N、P 和 S 的转化和分布可以帮助我们控制其在热解产物中的分布，即富集在固体生物炭中，抑制它们释放到天然气和生物油中。此外，N、P 和 S 的演变，例如，N、P 和 S 如何转化到气相中以及哪些因素影响这种转化，对于开发有效的方法来控制气体污染物（如 NO_x、SO_x 及其前体）的排放具有十分重要的意义。

由于在高温下较高的反应活性，Cl 作为一种特殊的元素，可以与有机物质和重金属（如 Zn、Cd、Hg、Pb）形成二噁英类污染物和高温挥发的金属氯化物，提高了热解过程中污染物的排放。理解生物质热解过程中氯的演变，对于寻找有效的控制方法、抑制二噁英类污染物的形成和排放、抑制金属氯化物释放到气体或生物油中是很重要的。例如，基于以上讨论，碱金属和碱土金属（特别是 K 和 Ca）和 Cl 之间的反应可以与 Cl 和有机化合物/重金属之间的反应竞争。因此，在含 Cl 高的生物质热解中，一些碱金属和碱土金属化合物（如 $CaCO_3$、CaO）可以加强与 Cl 的反应，并抑制 Cl 与有机化合物/重金属之间的反应。这里的碱金属和碱土金属化合物作为 Cl 捕获剂，并在热解后的生物炭中富集。

与挥发性非金属元素不同，重金属富集在热解后的生物炭中。但是，在实际情况下如何回收或再利用生物炭中的金属仍然是一个问题。一些重金属，如 Zn、Cu 和 Ni 对于多种反应具有催化活性，但它们的催化活性很大程度上受到不同化学状态的影响，如高价态氧化物或金属物质。理解了如何将高价物质还原成低价物质或金属物质以及热解因子（如加热速率、温度和反应时间）如何影响金属的转化，我们可以更容易地调控重金属的转化，将其转化成所需的形式，从而促进重金属的回收或再利用。

因此，更好地了解化学元素的演变，可以更好地将生物质选择性转化为所需产物并抑制不需要的副产物的生成。未来应该进一步探索生物质热解中的各种化学元素转化、分布和排放，这可以为生物质热解平台的运行和优化朝着选择性和有效资源回收以及热解诱导的污染减排方向发展，并为之提供坚实的力量基础。

5.8　结论和展望

从可再生资源出发生产生物燃料、化学原料和精细化学品是一个热门话题，这是基于利用替代燃料和化学原料来取代化石燃料的需求。生物质不仅仅是有机固体垃圾，它也是可再生的碳资源，可将其用作原料并通过现代生物炼制技术生产各种化学品，如生物燃料和固体生物炭等。热解是一种公认的生物质增值技术，利用热解将生物质转化为生物燃料和化学原料吸引科学界和工业界的广泛关注。然而，尽管热解平台有很大的潜力，由于生物质的复杂性质，实际过程中所获得产品的质量通常较低。因此，如何提高生物质残留物热解转化的选择性仍然是一个巨大的挑战；另一个主要的问题是在热解过程中释放的一些污染物（如重金属，N、S、P 和 Cl）导致环境污染。解决这些挑战需要更好地了解在热解过程生物质中各种元素的转化、分布和释放。

虽然在调查生物质热解期间的化学元素排放、转化和分布这方面已经取得了很大的进步，但是在如何调整生物质转化的选择性，将这些化学成分调控成为所需的产品，并控制不良产品的形成方面的研究依然有限。

首先，在研究改进生物质热解过程中产物选择性之前，应采取更多的措施阐明木质纤维素生物质热解的机理。纤维素、半纤维素和木质素单个组分的热解机制在以前的工作中已经进行了广泛研究，与此相比，原始木质纤维素生物质的热解更为复杂，因为两个不同的组成部分可能在热解过程中相互影响。精确的在线或原位检测技术可以帮助我们深入探索复合木质纤维素生物质在热化学过程中的行为和机制。因此，未来的工作可以应用更多的现场或在线检测和监测技术，如 TG-FTIR-MS 和 Py-GC/MS，或先进表征技术，如固体^{13}C 核磁，基于同步加速的 X 射线吸收谱，这些技术提供了可行的策略，有助于更深入和准确地阐明木质纤维素生物质在热解过程中复杂的转化机制和行为，阐明这些复杂机制为掌握热解过程中主要化学元素的演变提供了更多的科学见解，我们可以开发更有效的策略实现生物质的高效转化，同时避免不必要的产品。例如，如果我们深刻理解了生物质中无机物质的内在催化转化机理，可以通过引入外部催化剂，有针对性地调整无机化合物的转化，进而调控污染物的转化和排放。

其次，未来工作应着眼于发展有效可持续的催化剂和转化工艺，用于将 C、H 和 O 元素转化为所需产物（如生物油）并避免不期望的产品（如焦油和持久性有机污染物）。C、H 和 O 是生物质热解产品（如生物油、生物炭、煤气、焦油和 POPs）中的主要元素。直接从生物质热解获得的生物油通常有许多的不期望获得的物质，包括低热值、热稳定性差和强腐蚀性的物质。腐蚀性主要归因于羧酸（如乙酸）的存在，而其低热值归因于存在相当数量的含氧化合物，化学稳定性差主要是因为醛活性较高，容易发生聚合和缩合反应。所有这些不利的性质主要是由于生物油中高氧含量造成的。因此，在生物油中去除氧是提高生物油质量的有效途径。未来需要开发有效和廉价的脱氧催化剂。其中一个最有前景的消除氧的过程是生物油催化快速热解（CFP）和催化剂催化。因此应设计具有合适酸碱位点的催化剂，通过具体的反应机制来获得目标产物。在热解条件下催化剂稳定性也是要考虑的重要因素。多功能催化剂应优化孔径和结构，并使其具有适当的酸碱或金属位点，有利于各种催化反应如加氢脱氧、氢化、氢转移、蒸汽重整和水煤气变换反应。通过转化过程尽可能多地将氧转化成二氧化碳而去除氧，使得生物质的氢尽可能保留在生物油中。生物质催化热解的理想产物是运输燃料的烃类化合物。但是，通常通过简单的 CFP 过程形成这些产品，尤其是实现高产量仍然具有很大的挑战性。一个更可行的方法是消除有害的和最活跃的化合物，以便获得高稳定性和产量的生物油。除催化生物油的生产外，还需要利用催化剂来促进特定反应途径，消除不需要的产品，包括焦油和持久性有机污染物。催化剂的表面焦化是在生物质快速催化热解中催化剂失活的主要原因。热解过程中开发的用于消除焦油的新型催化剂，需要根据焦油的催化机制来调整催化剂组成及结构。催化剂的合适结构可以使活性位点更好地暴露，针对焦油中的组分以适应特定的转化反应。由于焦油组成复杂，催化剂中单一的活性位点可能不足以催化焦油中的所有化合物。更好的方法是设计具有多个活性位点的复合催化剂，以便实现焦油的真正转化。另外除了焦化，杂质中的金属也可能加剧催化剂失活。这些领域的基础研究仍然不足，需要更多的实验来阐明这些杂质的影响。此外，减少在焦油转化中的能量消耗需要开发能够在较低温度下有效工作的催化剂，因为在工厂中 400～600℃ 的废热可被利用。对于实际应用，催化剂的机械强度必须得到保证，因为许多催化剂没有足够的机械强度，因此在流化床反应器中使用时是很脆弱的。

第三，调查 NO$_x$ 及其前驱体排放的最终目的是预测并防止 NO$_x$ 的排放。在生物质热解过程中，对生物质中含氮物质与生物质其他成分之间的相互作用，特别是无机物中间体形成过程进行的研究和验证，对于预测和预防 NO$_x$ 的形成是至关重要的。除了控制 NO$_x$ 的形成和排放，另一个研究重点在于开发新的捕集剂或选择性地将生物质 N 富集在固体生物炭中的催化剂或者新型捕获剂。

第四，对于其他非碳元素（N、P、S 和 Cl），未来的工作应该是针对环境友好和较好成本效益的策略来抑制这些元素的排放。基于钙循环的技术在生物质热解过程可以有效将 N、

P、S 和 Cl 保留在生物炭相中，从而控制其排放进入生物油和气相中。另外，基于前期研究，N 和 P 可能富集在生物炭中，这种类型的生物炭可以用作 N-掺杂和 P-掺杂的碳材料来应用，如电催化和能量储存转换。

第五，对于重金属，前期研究表明大多数重金属可以富集在固体生物炭中，而不是释放到挥发性液相和气相中。因此不需要关注如何控制重金属排放的问题。目前已经发现一些重金属，如 Cu 和 Ni 在生物热解产物（生物油和天然气）精炼中具有催化效果。未来的目标应该是阐明这些重金属具有催化效果的机制，并充分利用它们来改善生物质热解过程中生物油和生物炭的品质。发展新型表征和建模技术，如原位 XRD、像差校正 TEM、动态 TEM 和层析成像等技术，可帮助我们了解重金属在生物质热解中的作用。此外，因为大部分富集在固体生物炭中的重金属可以还原成低价态或金属形式，我们可以把这种固体材料看作是生物炭（碳）负载的金属纳米粒子，因而这些材料可用于污染物去除和催化，以及能源存储或转化。相比于可用的方法，生物质中含有催化效应的重金属（如 Cu、Ni、Zn 和 Co），可通过热解制备碳载金属纳米粒子，这是一种低成本且可持续的方法，具有极大的应用潜力。

碱金属和碱土金属元素，包括 Na、K、Ca、Mg 等金属和碱金属通过改变生物质结构或热解反应途径显著影响木质纤维素生物质的热解。非均相催化剂的主要缺陷是快速热解过程中催化剂的失活。

生物质和合成材料（如塑料和橡胶）的共热解已被广泛研究。许多研究发现，生物质与其他有机固体废物的共热解可以在不进行改进的基础上，成功地用于提高热解油的产量和质量。然而，以前的工作往往只关注热解油的质量和产量的提高、在热解过程中生物质和有机固体废物之间的协同效应，各种污染物（如持久性有机污染物，重金属，含有 N、P、S 和 Cl 的污染物）排放的行为和趋势很少有系统的研究。因此，在未来的研究中，我们应着重阐明生物质与其他有机固体废物热解过程中污染物排放的行为、机制和控制这些污染物的排放的有效方式，构建用于热解过程和产品的标准，并基于前期研究开发更多用于生物质和有机固体废物共热解的先进技术。热解反应器的设计应该适合于在小型和中等规模下将生物质和其他有机固体废物混合热解。也应该探索在废弃生物质与其他有机固体废物的共热解过程中如何减少有毒污染物的形成，包括二噁英、多氯联苯和多环芳烃。

除了上述关键问题，未来的工作也应该致力于找到控制热解产物的质量和污染物排放的控制之间的平衡，污染的控制可能导致产品质量和产量下降。一个基于第三种生物质热解方式的新策略，即先热解再进行生物油的升级，可实现质量改善和污染物减排之间的平衡，从而避免过度关注污染物排放控制而造成生物油质量的下降。然而，将热解过程和污染物排放控制过程分开显然会增加回收利用的成本，所以应开发用于热解后污染物捕获技术，从而实现污染物排放控制。

第6章　沸石在生物质炼制技术中的应用

广义地来看，生物质不仅包括木质纤维素，也包括动物脂肪中甘油三酯、植物原料、微藻和松节油。因而从组成上来讲，生物质主要由纤维素、半纤维素、木质素，以及甘油三酯、蛋白质组成。

生物炼制的策略可以分为三类：第一类是生物法，即通过微生物发酵的方式将生物质转化成产品，目前将生物质中糖类化合物转化成乙醇和乳酸都是商业化比较成功的范例；第二类是热转化，这种策略包含了燃烧放热、气化生成生物燃气和液化生产生物油；第三类是化学催化，其目标是获得特定的化学品或者较窄范围的产品。当然这一划分会有交叉，通常我们将催化热解归入第二类。

6.1　化学催化简介

6.1.1　沸石简介

沸石在石油炼制过程中发挥了举足轻重的作用，建立起了多种多样行之有效的催化反应体系，因而许多研究者都试图将石油炼制中已建立的反应体系推广到生物炼制中，取得了许多进展。首先，一些生物质的衍生物，包括热解油、平台分子直接整合到现存的石油炼制工艺中；其次，催化快速热裂解过程中，沸石无论对于葡萄糖、呋喃等平台化合物还是对于原始的生物质原料的转化都有很好的催化效果；第三，对于一些特定的液相催化过程，沸石也可以起到促进生物质原料转化的作用。有许多研究者都尝试使用沸石合成特定的产品或者中间体，在此过程中沸石可以起到降解生物质原料或者经过预处理的生物质原料，提高产品品位的作用。

沸石在生物质转化中的广泛应用得益于其优良的性质。沸石是具有结晶和氧化物微孔框架的硅铝酸盐。沸石晶体高度多孔，孔径范围在 0.4～1nm。通过离子交换还可以往沸石上装载阳离子，在结合其多孔的优势用作吸附剂、分子筛、离子交换剂和催化剂。得益于 20 世纪 60 年代的技术突破，人造沸石逐步成为石化工业种最重要的非均相催化剂。

在石化燃料的炼制中，沸石扮演了重要角色。目前应用沸石最多的是原油的催化热裂解生产汽油。通常催化热裂解所用的催化剂是超稳定的沸石Y（USY），该催化剂结合了作为催化活性组分的疏松铝硅酸盐。布朗斯特酸的强度是关键的催化参数，当框架铝引入的负电被质子中和即形成了布朗斯特酸。

USY沸石中存在的框架外非骨架铝，对于裂解有着积极的促进作用。框架外铝结构是路易斯酸的来源，这也是沸石发挥功能的第二个重要因素。除了框架外铝，在沸石框架中引入杂原子同样会创造路易斯酸性位点，形成zeotype的沸石。例如，TS-1，MFI拓扑结构的钛硅分子筛便是这样的例子。这些含有很多硅的分子筛主要应用在烃类化合物衍生化学产品的功能化中。其他的例子还有含有Sn的沸石，即Sn-beta沸石。

在热裂解之后，不同馏分的油和气要进一步升级，因而沸石在通过加氢处理和氢化异构去除功能基、烷基化、氯化和氧化的过程中同样发挥重要作用。此外一种含有布朗斯特酸的沸石，还可以通过加入金属纳米粒子等方式获得双功能或多功能的催化剂。由于沸石上面的电补偿阳离子使其具有较强的离子交换容量，通过高浓度金属分散液很容易引入金属纳米粒子。研究较少的是，通过引入碱性金属使沸石具有碱性。

沸石在催化过程中的优良表现主要得益于它们的较强且可以调节的酸性、微孔性特征，这使得分子的输运可以控制，而较高的比表面积、坚固性和较高热稳定性使其在高温下容易再生，且它们的性质可以调节使其能够匹配特定化学反应的需要。在工业上容易调控它们的孔隙、组成、晶体尺寸，或者制成催化剂小球。

从气相转移到液相反应，对于沸石催化剂的稳定性有很大的影响。通常的商业催化剂是为气相反应发展出来。然而，生物质的转化反应以液相反应为主，使用这些非均相催化剂时就面临着许多新问题。液相溶剂可能会不可逆地水解催化剂及其载体，使催化剂失活，导致催化剂元素的流失和金属粒子的烧结。另一个可能的问题是反应产品和反应物导致的失活，例如当生成了酸碱或者使用了酸碱时容易导致这一现象。因此，除了活性和选择性之外，对生物质转化反应中催化剂的稳定性进行评价是非常必要的。

考虑沸石的稳定性，有必要重新定义处理条件。传统的沸石稳定性主要是在气象条件下的稳定性。然而，随着沸石大量应用在液相条件下以及不同pH值条件下，传统沸石稳定性的概念需要重新定义。沸石广泛应用在含水的气象条件下（水热气相，也叫蒸汽）。凝聚条件可以分为大气压条件（$P=1atm$）和超大气压条件（$P>1atm$）。虽然这两种压力条件条件下所处理的均是液态水，但是超大气压条件下进行处理的水的温度已超过水的沸点。最后，这些条件根据pH值还能细分为碱性、中性和酸性。

对沸石稳定性的评价还要充分考虑其合成条件和后合成修饰。例如，由于目标亚稳态沸石的合成需要在合适的时间终止以阻止不必要凝聚相的形成，沸石在超大气压液态水中稳定性是极其重要的。

在石油炼制领域，沸石的设计和应用是接近"定制"的，相比而言沸石在生物质转化领域的应用还处在初级阶段。

本部分主要以沸石为例，分析沸石在生物质转化的应用，同时也考虑了在石油炼制领域已经建立起来的概念。同时我们对沸石在石油炼制和生物炼制中的应用进行了比较，并详细分析了强布朗斯特酸、路易斯酸、多功能催化和择形催化。对于生物质的转化来说，沸石的一个不足之处是尺寸（微孔）。通常情况下，沸石的微孔太小不利于生物大分子扩散，引入二级孔隙——介孔有助于解决这一问题，它增强了反应物与位点的接触。

6.1.2 布朗斯特酸性

生物质主要是由高分子量的组分构成的，这和原油是很不相同的。和原油炼制过程类似的是，生物质炼制的首要目标是降低其分子量。因而要将沸石在石油炼制中的应用扩展到生物炼制中，首先要使其能够在生物质裂解和降解中发挥作用。然而，由于生物质基质中含有大量的氧且生物质体积较大，可以预见布朗斯特酸对生物质的活化相比于烃类化合物的活化要困难一些。

6.1.3 脂肪和油的转化

脂肪和油类物质具有较长烷基链，在组成上和石化烃类化合物是最接近的。因而它们的异构与裂解和众所周知的酸催化碳正离子是相关的。脂肪分子中天然存在的双键对于酸催化异构非常敏感。这个反应会形成带有一个支链的不饱和脂肪酸，以及不太希望发生的低聚反应。然而，异构化并不形成纯产品，而是含有 10～20 碳的有支链或直链的混合物。由于带一个支链的不饱和脂肪酸可以用作润滑油和化妆品，因而需要选择性更好的工艺。尽管黏土可以获得中等的产率，但沸石因较小通道和孔获得了更多的成功。由于在反应一开始沸石的孔就会被形成的焦炭堵塞，异构反应主要在微孔的入口发生，这是一个典型的洞口催化。基于孔洞的几何尺寸发展出了镁碱沸石成为超级催化剂，特别适合于催化合成甲基化的 MoBUFA，而较大孔径的沸石（Y、USY 和 beta）适合于生产乙基 MoBUFA 和丙基 MoBUFA。例如，为了抑制在沸石外表面酸性位点上形成聚合物，要向反应混合物中加入少量大体积 TPP（triphenylphosphine，三苯膦）。

高温条件下使用质子化的沸石可以促进 C—C 键的裂解形成汽油和轻质的 naphtha 组分（特别是 ZSM-5）、siesel（USY 和 beta），气态的烃类化合物（$C_3 \sim C_5$ paraffins 和 olefins）和焦炭。对于选择性较差的大孔沸石焦炭的形成尤其明显。当然，除了沸石的结构，基质的类型和来源也会影响产品分布。只含有羟基的脂肪相比于脂肪酸可以产出更多有价值的产品。烷基链中存在的不饱和结构相比于饱和脂肪可以获得更多芳香类产品。抑制芳香类物质的过量形成是有利的，因为芳香类产品倾向于发生聚合形成焦炭。甘油三酯由于体积过大而难以进入到微孔中，导致转化率和产品选择性相对于脂肪酸和醇都较低。因此，甘油三酯的转化首先需要发生热分解或者催化分解，以便于有效进入到沸石的微孔中。然而，这些分解产物有很强的趋势形成聚合产品，导致芳香类物质、重质产品和焦炭的形成。解决这些问题的一个可能方案是先对油脂类物质进行脱氧处理，将其转化成烃类化合物，而烃类化合物的裂解可以使用现有工艺。

6.1.4 木质纤维素的快速热裂解和裂解气精炼

相比于脂肪酸，木质纤维素分子的体积更大，因此木质纤维素的裂解首先要经过预处理，大部分预处理是热降解。在木质纤维素的热化学转化路径中，除了液化之外，有经济吸引力的是不使用催化剂的快速热裂解。在快速热裂解工艺中，生物质基质在短时间（1～2s）内快速升高到 400～600℃。随后，迅速冷却形成热不稳定的黑液，叫做生物油，其中有超过 300 种不同的化合物。然而，由于含氧量过高，这种生物油并不能与传统液体燃料——汽油和柴油兼容。因此，基于沸石的工艺可能会在调节生物油性质使其与传统化石燃料兼容上发挥重要作用。

裂解气的精炼出现在20世纪80年代末和90年代初期。已经证明的是，裂解气在布朗斯特酸性的ZSM-5沸石上反应活性很强，生成单体和聚合芳香类物质。Huber课题组研究了布朗斯特酸性沸石在裂解产品升级中的应用。他们将沸石催化升级工艺整合到了裂解工艺中。该工艺中，裂解是在催化剂沸石存在下进行的，导致沸石与基质的接触更多，因而沸石对于裂解气的催化精制影响更大。该工艺的缺点在于更多的焦炭会沉积在沸石上，导致催化剂很快失活。因此，通过选择合适的孔结构和活性位点来选择合适的催化剂是很重要的，调整催化剂的结构使其适合于反应的进行，对于减少焦炭和增加芳香类物质产率是十分必要的。

研究发现，布朗斯特酸和结晶孔的存在是提高糖类原料转化为芳香类产品产率的先决条件。ZSM-5可以产出30%的芳香类化合物，beta沸石主要产出焦炭，表明ZSM-5的特殊孔结构是十分重要的。只有中等尺寸孔洞（5.2～5.9nm）可以选择性地产生芳香类物质。相比而言，小孔的沸石由于反应物和产品的扩散受到阻碍，主要生成焦炭和氧化物。对于含有大孔的沸石，尽管大孔有利于反应物和产品的扩散，但孔洞过大缺乏对孔洞和过渡态的制约，容易生成芳香类聚合物，同样不利于反应进行。

相比于石化燃料的裂解，生物质的裂解不但需要破坏C—C键，也需要破坏相当数量的C—O键。基质组成的转变导致了对沸石中Si/Al需求的转变，生物质的裂解需要更高含量的Si。C—O键的解离能较低，因而不需要沸石有较高的酸密度或酸强度。对于典型的石化燃料裂解反应，Si/Al在5～8具有最高的活性，而生物质的裂解活性最高的Si/Al是15。这样的比例提供了适当量的布朗斯特酸性位点，也保持了布朗斯特酸之间的足够距离以抑制副反应的发生，因而可以获得最佳的平衡。

快速热裂解的主要问题是催化剂失活，因为基质的氧含量高很容易形成焦炭沉积在催化剂的表面。有研究表明，催化剂表面形成焦炭主要是由于木质素的存在。因此在裂解之前去除木质素或者提高木质素裂解反应的选择性将会减少焦炭的形成。然而，对木质素快速热裂解的研究是较少的，这方面需要更深入的研究，以便将木质素转变成汽油类产品或者甲苯等石化产品。焦炭也是沸石应用在石化工艺中的难题，石化厂的反应装置为提高沸石的再生能力提供了一些思路。测试沸石再生能力的最佳方式是采用持续操作模式或者用线性连接的装置。对这一难题的研究还比较少。对于沸石ZSM-5和USY，有研究表明在循环液体反应床进行了3h的稳态操作。另一种方式是鼓泡流化床反应器。当使用ZSM-5沸石对松木进行热裂解时候，可以在较长的6h内维持15%的恒定芳香类物质产率。

6.2 液相催化转化糖类物质及其衍生物

相比于生物质的快速热裂解，化学催化转化的吸引力主要在于它面向单个产品或者较窄范围的产品。化学催化转化主要在液相中进行，与原油炼制和热解产品的气相转化工艺是不同的。这也带来了新的挑战，包括沸石在热水中的行为，一些含氧量高的目标产品的稳定性，而且要更深入理解沸石的活性位点在水溶液中的本质。由于沸石在气相反应中广泛应用，活性位点的气相条件下动力学和稳定性是被充分掌握的。活性位点的性质决定了其强度，布朗斯特酸是极性很强的羟基，而路易斯酸是共价不饱和阳离子位点，可以接受客体分子的电子对。然而，当这些活性位点被极性分子（液态水）围绕时，沸石表面官能团与溶剂分子发生复杂的平衡。在此过程中，溶剂可能会与路易斯酸位点发生反应生成布朗斯特酸位点，这样的过程会观察到表面位点反应的改变。

在凝聚相中，沸石已经在多种布朗斯特酸反应中显示了潜力。一个比较著名的例子是糖类脱水形成5-羟甲基糠醛的反应。糖类的脱水反应已经研究了将近两个世纪，最早的报道可以追溯到1840年，但最早的技术突破出现在19世纪末，首次报道了用葡萄糖和果糖脱水合成5-羟甲基糠醛。在半个世纪后，开始出现了五糖（木糖）脱水生成糠醛的报道。在此后数十年，对糖类脱水的关注持续增加。从20世纪90年代开始使用沸石，包括Y沸石和ZSM-5沸石，催化糖类的脱水，但5-羟基糠醛的产率较低，一般在10％～25％。含氧量高的分子在高温和酸性环境中特别是水环境中的稳定性较差，生成的5-羟甲基糠醛容易进一步反应形成乙酰丙酸、甲酸以及2,5-二甲基呋喃，或者发生交叉聚合反应形成有色的水溶性聚合物和水不溶的胡敏素，这是5-羟甲基糠醛产率低的主要原因。

除了在水中反应外，也有在非水介质中反应的报道。然而，使用其他溶剂同样容易发生副反应。例如，在高沸点的二甲基亚砜中，产物和溶解的分离比较困难。在低分子量的醇中反应，容易造成过度反应，不利于产物控制。例如，在乙醇中反应中会形成5-乙氧基-甲基糠醛，这也是一种生物燃料。使用混合反应体系，特别是二相反应体系有助于解决上述问题。在二相反应体系中，生成的脱水产品会被持续提取到非极性溶剂相中，从而抑制后续反应选择性的提高。已经报道了多种二相反应体系，包括水-MIBK、水-甲苯、水-四氢呋喃、水-1-丁醇、水-二甲苯。由于葡萄糖的反应活性不高，其转化为5-羟甲基糠醛的产率仍然较低。相比于葡萄糖，果糖的五元环结构不稳定，更容易发生反应。因而这些研究主要集中在使用果糖和果聚糖为原料。然而，果聚糖的结果要远高于纤维素和淀粉的产率。解决这一问题的方法是使用路易斯酸将葡萄糖异构成果糖再脱水，这样的工艺中葡萄糖和纤维素都可以直接作为原料。

如前所述，5-羟甲基糠醛容易发生副反应，其中一个常见的副反应是水合重组形成乙酰丙酸。由于乙酰丙酸和它的氢化产品γ-戊内酯也是平台化合物，这些副反应也并非完全没有意义，关键是要在反应体系中控制目标产品和副产物的选择性。水溶性酸和树脂也被用作直接催化乙酰丙酸的生产，但进展不大。使用沸石作为催化剂的时候，5-羟甲基糠醛可以进入到孔洞中在布朗斯特酸催化下发生进一步反应形成乙酰丙酸。使用六碳糖作为起始原料，1分子的糖会形成1分子的乙酰丙酸和甲酸。相比之下，使用五碳糖，如木糖，经过糠醛转化成乙酰丙酸是一个原子经济性更高的转化路径，这一路径尽管需要氢化反应但能够保留全部原子。最近也有研究使用磺化的聚苯乙烯树脂和沸石催化糠醛醇来生产乙基乙酰丙酸。尽管离子交换树脂的催化效果最好，然而再生成本高，沸石的可再生性是最好的。

5-羟甲基糠醛也可以转化成2,5-二甲基呋喃，再进一步作为生产对二甲苯的原料，对二甲苯可以转化成对苯二甲酸用来生产PET。通过乙烯和2,5-二甲基呋喃的［4+2］环加成反应，再经过脱水反应可以在Y沸石或者β沸石上形成对二甲苯。在这一反应中，催化效果最好的是Y沸石。这一反应的主要不足是需要使用乙烯。虽然可以用丙烯醛替代乙烯，然而这样只能获得中等产率，表明该方法短期内在工业上难以推广应用。但是这一反应是生产对二甲苯的可持续途径，因而具有很高的研究价值。丙烯醛是很容易获得的一种原料，因为它是肥皂产业和生物柴油产业的副产品，也可以通过甘油脱水制得。

6.2.1 木质素的液相催化转化

针对液相中催化转化木质素的沸石研究已取得一定进展。例如，超稳分子筛（USY）

已经被用于一步反应将木质素解聚转化成高附加值的芳香类单体中。以脱碱的木质素为原料，获得了高达 60% 的芳香类单体，使用 ZSM-5 也可以获得相似的产率。可是 USY 沸石的重复使用还是存在问题的，反应产率从第一次的 60% 下降到第三次的 22%。其催化活性的下降可能的原因为木质素基质中释放出的 Na^+ 使催化剂的布朗斯特酸性位点中毒。然而，使用不含 Na^+ 的木质素，如有机木质素，仍能观察到显著的催化活性下降。经过对新鲜和再生的催化剂表征发现，反应条件对催化剂结晶度和空洞结构产生影响，说明保持催化剂结构的稳定性对于保持其催化活性是很重要的。

6.2.2 路易斯酸性

沸石是路易斯酸性的理想结构。1983 年，发现了 Ti-silicalite-1，这是一种含钛的分子筛，具有 MFI 拓扑结构，从而开启了以泡沸石结构为基础的人造材料（zeotype）沸石催化应用的研究。在此之前，沸石在催化领域的应用主要局限在布朗斯特酸性催化反应中。研究发现，孤立的 Ti^{4+} 取代了沸石框架中的 Si 原子，会形成路易斯酸性位点。此后，又陆续报道出了其他拓扑结构和其他金属取代路易斯酸，尽管其中一些 Ti 取代的真实性是有争议的。此外，一些框架外的物质（如 Ga、Al、Ta）也会产生路易斯酸性。在石油炼制中，由于含较多电子的取代基团（羰基和羟基）含量是很低的，因而路易斯酸的用途较为有限。在生物质中这些基团十分丰富，因而沸石可发挥较大的作用。

沸石路易斯酸的准确含义是有争议的。例如在含铝的沸石中构成路易斯酸的主要是临近框架外铝的三个相关的框架类型；在含 Sn 的沸石中，全框架连接的 $(SiO)_4Sn$ 和部分氢化的 $(SiO)_3SnOH$ 是路易斯酸的主要来源。较高的催化活性可能来源于后一种物质，因为 Sn—OH 结构或类似 Si—OH 结构在反应基质中可以稳定过渡态从而表现出较高的反应速率。因而，活性最高的路易斯酸可能不是完美取代的金属物质，而更可能是共轭较少容易接近且有较多反应位点的金属物质。在此背景下，对沸石进行后处理是很有必要的，因为后合成可以有效地引入路易斯酸金属，这不同于典型的水热合成过程。相比于水热合成过程，后合成更容易获得配位较少的路易斯酸性位点。反应类型与催化剂不同活性位点也是相关的，比如对糖的异构反应需要有孤立的 Sn 位点。在路易斯酸催化反应中需要大量使用非极性非质子溶剂。因为路易斯酸和质子型溶剂（如水）结合在一起会导致催化剂活性下降。水中含有丰富电子的氧原子倾向于与路易斯酸发生共轭从而抑制基质与催化剂的结合，甚至会导致催化剂自身的分解。疏水的沸石结构会抑制水分子进入到自身的孔洞中，适合应用在水溶液中的路易斯酸催化反应中。在这方面的合适例子是一种含有少量四面框架的 Sn—Si 结构的 β 沸石框架，这种结构具有较大的直径，更适合于生物质的催化转化。

6.2.3 糖的异构

在 2010 年，Davis 课题组首次证明 Sn-beta 沸石在水溶液中六碳糖异构反应具有较好催化活性。葡萄糖异构生产果糖在许多从生物质到化学品的反应路径中都是很重要的异构化反应，在这一反应中沸石有望取代酶作为催化剂。对 Sn 沸石进行相应的结构表征表明该催化材料的主要活性位点和木糖异构酶的活性位点是很相似的。除此之外，沸石相比于酶的优势在于其坚固性，可以使用在更剧烈的反应条件下。同位素实验表明，在葡萄糖脱水生产 5-羟甲基糠醛及其衍生物的反应中，路易斯酸性的异构活性是与布朗斯特酸结合在一起的。随后，Sn-beta 沸石也应用在了其他单糖，包括半乳糖、戊糖和丙糖，甚至二糖的异构和差向异构化反应中。最近的研究表明，beta 沸石中存在少量孤立的 Sn 位点，是活性最高的位点。

甘露糖，是葡萄糖的异构体，是葡萄糖异构反应中的主要副产品。Sn-beta 沸石和钠硼酸盐结合在一起，异构反应的选择性会转移到以差向异构化为主。在这里，Sn 对于异构反应中分子外氢的转移是很重要的，硼酸化单糖复合物的催化是将金属的催化活性转移到差向异构化反应中的分子外碳转移上。通过将反应溶剂由水替换成甲醇，或者将临近于 Sn 原子的硅烷基替换为 Na$^+$。在这两种情况下，碳转移对于单糖转化都是很重要的。使用含路易斯酸的 Ti-beta 沸石催化葡萄糖异构时不会形成果糖和甘露糖，而是会通过 C5—C1 分子外氢转移反应形成山梨糖。

6.2.4 5-羟甲基糠醛的转化和烷基乳酸/乳酸的生成

利用沸石也可以催化糖衍生的 5-羟甲基糠醛或三糖［甘油醛（GLY）和 1,3-二羟基丙酮（DHA），果糖的两种醛后成分］来进行反应。三糖的混合物也可以通过甘油的氧化反应获得。5-羟甲基糠醛可以在 Hf-beta、Zr-beta 和 Sn-beta 沸石催化剂的催化下通过转化氢化和与醇的醚化反应转化成高能量密度的燃料添加剂 2,5-双（甲氧甲基）呋喃。

DHA 和 GLY 在水和醇类介质中，可以分别被转化成乳酸和烷基乳酸酯，这些是潜在的生物质衍生平台分子。这一反应方案可以由多种催化剂在均相和非均相体系中进行。路易斯酸催化下乳酸的形成基质涉及多个步骤，包括三碳糖脱水形成甲基乙二醛，然后是溶剂分子的加成和氢转移。脱水反应是在路易斯酸的催化下进行的，但更容易被布朗斯特酸催化，后面在多功能催化部分还会进行详细分析。路易斯酸性的 Sn 沸石可以作为活性部分有效催化 DHA 转化成乳酸。使用 Sn-MFI、Sn-beta 沸石和 Sn-MWW 也有报道。Sn-MFI 在水中反应产出乳酸的活性很高，但在甲醇中反应，活性明显降低，这主要是孔径限制导致的。对于含有较大孔径的 Sn-beta 沸石，这样的限制发生在甲醇上而不是乙醇上，可以获得接近完全反应。使用 Sn-MWW 催化剂的时候可以获得相似的结果。通过碱辅助制备的含 Ga 沸石催化剂也是这一反应的理想催化剂。这些结果说明 FAU 型沸石催化活性最高。

6.2.5 其他路易斯酸催化反应

Sn-beta 沸石可以催化 DHA 的 C—C 与甲醛的偶合反应，得到的产品 α-羟基-γ-丁基酮是药物和除草剂生产的中间产品。此外，路易斯酸也可以催化萜烯的 C—C 偶联反应。例如，Sn-beta 沸石既可以催化蒎烯和甲醛通过分子普林斯反应形成诺莆醇，这是一种杀虫剂和香水的中间体，还可以实现香茅醛分子内环化生成异戊二醇。萜烯可以应用在其他的路易斯酸催化反应，如过氧化氢对二氢黄蒿萜酮的 Baeyer-Villiger 氧化反应。取代的杂原子的性质决定了反应的化学选择性，Sn-beta 沸石产生相应的酯，而 Ti-beta 沸石倾向于产生环氧化物。Zr-beta 沸石适合于将氧化乙烷转化成桃金娘醛，这种物质具有很高的药用价值。这些例子很好地说明了路易斯酸沸石在转化天然资源为各种化学品中的倾向性。

大部分路易斯酸催化的反应都是纤维素类基质，使用木质素基质的例子是很少的。最近，含有 Sn 的路易斯酸被用到环己酮化合物的转化，以木质素衍生的二甲氧基苯酚和愈创木酚为原料，以过氧化氢为氧化剂，Sn-beta 沸石为催化剂，通过 Baeyer-Villiger 氧化反应，转化成了相应的高产率的己内酯衍生物。这些酮类物质在合成新型聚合物方面可能很有用。

6.3　木质纤维素及其衍生物的多功能催化

6.3.1　糖类及其衍生物的多功能催化

使用多功能催化的例子也逐渐多了起来。其中一个是在单一材料上结合两种类型的酸，直接将三碳糖、GLY 和 DHA 转化成烷基乳酸酯。尽管这一反应可以以 Sn-beta 沸石路易斯酸成功催化，已经证明在连续反应基质中三碳糖脱水形成甲基乙二醛是决定速率的步骤。这一步骤可以被布朗斯特酸加速，通过后合成法将 Al^{3+} 引入到 Sn-beta 沸石中形成同时具有两种类型酸的催化剂，这一变化能显著加快反应速率。在催化剂上，这两种位点有着较为清晰的分工：Sn 位点催化甲基乙二醛的氢转移，而 Al^{3+} 催化 DHA 转化成甲基乙二醛。两种位点的平衡是保持物质的量的比为 2，在此比率下既有较高的反应速率又有很好的选择性。与多功能的 Al/Sn-beta 沸石相比，使用 Sn-beta 沸石和 Al-beta 沸石的混合物只能获得乳酸的中等产率。此外，使用 Al/Sn-beta 沸石转化皮质类固醇（由葡萄糖通过酶转化成的物质），经过呋喃基水合乙二醛形成羟基乙酸。相似地，布朗斯特酸催化脱水反应与路易斯酸催化分子外氢转移分子内反应很好地结合在了一起。

多功能酸性沸石催化剂并非一定要引入杂原子。以含 Al 的母体沸石经过经典工艺过程可形成路易斯酸-布朗斯特酸沸石。USY 沸石已被证明在三碳糖转化成乳酸的反应中具有很好活性，特别是含有较多框架外 Al 路易斯酸性位点的沸石，尽管它们的稳定性仍存在争议。这种沸石在糖脱水形成 5-羟甲基糠醛的反应中的催化活性同样高于其母体材料，这可能是由于路易斯酸性位点的引入加快了葡萄糖向果糖的异构反应。

除了路易斯酸和布朗斯特酸催化，其他催化功能也可以进行设计。比如路易斯酸性位点和还原反应的催化位点就可以结合在一起。最近就有报道，先利用 Pt 催化氧化生物茶油废弃物甘油为 DHA，然后 Sn 路易斯酸性位点再将 DHA 转化成乳酸。当使用结合了这两种位点的沸石时可以获得最高的转化率。

当反应中间体反应活性很高时，采用多功能催化剂更有利于反应的进行。一个很好的例子是糖类聚合物转化成糖醇的反应。由于半纤维素等生物聚合物对化学反应的定性，它的快速水解只有在超过 150℃ 的高温下或者在大量酸存在下才能进行。由于水解产物葡萄糖等在这些剧烈条件下的稳定性较差，容易被降解成焦糖和焦油，可以引入第二个催化位点使其被进一步转化成山梨醇和山梨聚糖等己糖醇。

对这一过程的系统研究是 50 年前由俄国研究者进行的。利用碳负载贵金属在酸性介质中催化反应，可以获得较高的己糖醇产率。几十年后，发展出了利用负载 Ru 颗粒的非均相催化剂来取代矿物酸。然而，由于金属粒子容易被阻塞，这种催化剂的使用周期有限。此后公开的专利表明以淀粉为原料可以长期获得较高的己糖醇产率。

该反应体系还被推广到纤维素的转化上，通过多个连续反应周期发现己糖醇几乎可以定量获得。不溶解于水的木质素首先在高温水和少量矿物酸催化下水解成水溶性的低聚物。沸石的存在可以辅助这一反应进行，表明了沸石上的布朗斯特酸也可以起到水解纤维素的作用。纤维素低聚物一旦形成，就很快在沸石的孔洞中被布朗斯特酸水解成葡萄糖。长时间催化反应的主要障碍是 Ru 的分散，而不是沸石的热稳定性。其他的研究是用 Pt 促进 Ni-beta 沸石，Ni 促进 ZSM-5，Ru 或 Ir 负载在 beta 沸石上，但目前 Ru/H-USY 仍然是最高的。

为了获得更高的糖醇产率，两种催化位点之间的平衡是非常重要的。如果布朗斯特酸太显著，就会在热作用下损失，进而发生糖的酸降解反应。然而，当活性金属的含量过高时，会发生典型金属催化氢解反应，生成如乙二醇，1,2-丙二醇，甘油以及四碳、五碳多元醇异构体。因而要将糖类聚合物选择性地转化成平台化合物，需要实现催化功能的精细平衡。

考虑到生物质衍生化合物较高的反应活性，这样的平衡是非常关键的。当然，这并不是一个新现象，因为在石油炼制中同样需要考虑这一平衡。在裂解过程中，催化氢化反应的活性位点（主要是贵金属）和催化裂解反应的位点（主要是酸性位点）的平衡决定了产品分布。例如，强酸性沸石结合中等强度氢化活性产生较多的是汽油和轻质产品，而弱酸性沸石和强氢化催化剂产出更多高-中馏分。

上述经验基本上可以推广到其他糖类聚合物，如半纤维素。然而到目前为止，半纤维素组分的还原裂解有一些被忽视。从商业化炼制的经济性来看，半纤维素组分的炼制是很重要的。文献中的报道主要集中在阿拉伯半乳聚糖上。原则上看，半纤维素基是容易加工的，尽管目前使用 Ru 负载的 beta 沸石和 USY 沸石只有 20%～25% 的糖醇产率。

只有在反应中间体稳定性相对较好的情况下，在一步反应中应用多种催化剂的效果才比较好。在中间体的活性比较高的情况下，使用具有多种功能的单一催化材料是较好的选择，生物质的转化反应通常属于这一类。沸石的可设计性，为不同催化位点的构建提供了可能性。将反应串联到沸石的孔洞中，有助于提高产品的产率。多功能催化剂的设计，有可能使不同位点发挥协同效应促进反应的进行。位点比例的平衡是一个很大的挑战，这需要很深入地了解内在反应的相互关系和动力学基质。

6.3.2 木质素衍生物的多功能催化

双功能金属负载的沸石也被报道作为催化剂将生物质转化为高质量的生物燃料，即通过反应路径的设计将生物质原材料转化为石油炼制的基础原料进而直接整合到后续的石油炼制中，如将糖类衍生的化合物转化为烷烃。如前所述，木质素的存在会对生物质的热裂解产生不利影响。因而通常认为在进行快速热裂解之前去除木质素是提高产率的必要步骤。另一方面，木质素是造纸工业中产生的废弃物，也是第二代生物乙醇生产中的废弃物，通常被用来燃烧来回收能源。木质素废弃物的炼制对于整个生物质转化工艺来说是非常重要的。最近的报道表明了将木质素转化为高附加值的酚类单体和低聚化合物的经济收益约提高 30%。

为了从木质素中生产燃料，酚类单体可以将 Pt 沉积在 H-Y 沸石、H-beta 沸石、H-ZSM-5、Pd/H-beta 沸石、Ni/H-ZSM-5 以及 Ru/H-ZSM-5，或者是还原催化剂与沸石的结合，如 Pd/C 和 H-ZSM-5 或 La/H-beta 沸石催化下转化成烷烃（单体和双环烷烃）或芳香类物质。这些转化涉及一系列的反应，包括水解、脱水、氢化、裂解、烷基化和脱烷基化反应。双环烷烃可以在双功能的大孔径沸石催化剂（如 H-beta 沸石和 H-Y 沸石）催化下产生，这些催化剂孔径内部可以催化烷基化反应的进行。对于选择性地形成双环烷烃，优化酸性位点和金属位点的比例，进而控制金属催化的氢化反应和酸催化的脱水和烷基化反应是非常关键的。通过该路径，酚类单体既可以转化为轻质物质（单环烷烃，C_6～C_9），和重质烃类化合物燃料（双环烷烃，C_{12}～C_{18}）。使用金属负载的双功能催化剂（如 Ni/H-ZSM-5 和 Ni/H-beta）可以获得超过 70% 的产率，其中的主要产品是单环的烷烃。

6.3.3 甘油三酯类物质的多功能催化

使用多功能的沸石催化剂将甘油三酯及其衍生的生物质类物质转化为一系列的柴油和航

空燃料也是将生物质转化为生物燃料的完美例证。氢解和脱氧反应是在高度分散的金属催化下进行的，而金属与沸石酸性位点的结合保证了形成的长链烷烃发生氢异构和裂解反应。为了满足冷流性质，异构成支链烷烃对于柴油和航空燃油都是很必要的。当目标产品是航空燃油时，裂解成短链是非常必要的。脱氢和质子化形成碳离子中间体既可以发生异构反应，也可以发生氢化或裂解反应。因此，与前面分析的纤维素还原裂解反应相类似的，金属和酸性位点的平衡对于这些双功能沸石是非常重要的。一般来说，中等强度的酸性负载结合了经优化的、高效的金属/酸平衡，有利于促进异构反应，而更多酸性负载或未优化的金属负载可以提高裂解反应，产品更接近于航空燃油。

6.4 催化剂的选型在生物炼制中的应用

选型的概念在 1960 年首次被美孚公司的研究者提出，他们观察到葵烷裂解反应和丁醇脱水反应中的良好表现，原因在于其催化效果依赖于微孔的孔径。从此以后，这个概念对在石油炼制中设计新催化体系产生了巨大的影响。选型的定义是在无空间约束的情况下获得的产品分布的偏差，由分子运动或产品形成的约束引起的偏差。一般来说，最普遍的三种选型是反应物类型、过渡态和产品类型选型，可以用选型因素 S 来表示。$S > 1$ 表示选型效应明显。在过去数十年间，其他的选型效应也被证明，但这些尚不具有普遍性。一个与此相关但似乎更普适的概念是分子扩散控制，基于反应物分子可以进入一种孔径而从其他相交的孔径扩散出来。

生物炼制中最早的设计选型是 H-ZSM-5 分子筛催化下的橡胶直接转化以及玉米油和其他油的转化。另一个产品类型选型的著名例子是最大的烃类化合物不能从晶体里面扩散出来，而汽油型的化合物（沸点 70～140℃）可以。近些年来，这一工艺在生物炼制工业中被用以将醇类转化为烯烃，使用小于 8 元环分子筛，如 SAPO-34、SSZ-13 来取代 10 元环的分子筛。如今，在几乎所有运用沸石进行的生物质转化利用中，几乎都应用了选型效应，但使用最普遍也最重要的仍然是快速热裂解。在其他领域，如生物质衍生平台分子通过特殊工艺的升级，对较大分子扩散限制的例子相对较少。

在生物衍生平台分子的升级中同样有选型的例子。由于反应相的不同，在生物质转化领域的沸石选型和典型石油炼制中选型是不同的。当反应物的尺寸有着较大差异时，在凝聚相中也能观察到反应物类型的选型。六碳糖在 Sn-MFI 和 Ti-MFI 中不发生异构反应，而在 Sn-beta 沸石中会异构成果糖（或甘露糖）说明了这一现象。然而，三碳糖（以及中间产物是戊糖的）可以在 10 元环框架中很有效地被转化，包括 Sn-MFI 甚至脱硅的 MFI 都可以催化这一反应。为了利用这一概念，最近有研究将 Sn-MFI 与 MoO$_3$ 结合在一起设计了一种独特的连续催化反应，将己糖转化成乳酸盐。MoO$_3$ 能够催化果糖，而 Sn-MFI 沸石将形成小分子丙糖并有效转化成乳酸盐。较大的果糖很难接近路易斯酸的 Sn 位点和它们的氢转移活性点位。结果其选择性高达 75%，低温下将常见糖类转化成乙基乳酸盐，这是生产聚酯和可再生溶剂的基础原料。

最近报道了一种促进可降解塑料聚乳酸酯生产的工艺，该工艺是基于选型的沸石催化过程。聚乳酸酯生产过程的技术瓶颈是高能耗、周期长，合成丙交酯的效率低，而丙交酯是进行开环聚合的基础。目前丙交酯的生产涉及两个过程，在浓乳酸溶液的聚合过程中由于缺乏控制，会形成聚合物中间体。两步过程也会导致旋光性的消失，且要使用金属催化剂。使用

现代生物质资源化应用技术

浓乳酸在以芳香化合物为溶剂的溶液中（相对于溶剂的质量分数为9%～18%），利用相迁移来除水，经过1h反应即可得到产率为80%的丙交酯，伴随着少量的副产品（乳酸低聚物）的产生。在这里，关键的步骤是在沸石孔径中控制较大聚合物的形成，这与过渡态选型的特征是很接近的。介孔、大孔和水溶性的酸性催化剂主要产生较长的低聚物而不是丙交酯，而H-beta沸石能形成纯度高达98%的没有旋光性的丙交酯。这种沸石可以重复使用6次而不发生结构变化，这一前沿研究提供零排放的丙交酯合成的工艺。过渡态选型的另一个例子是四碳糖转化成C_4-羟基酯，这与乳酸的转化过程是相似的。催化剂孔径尺寸和产品分布有着直接的关系。介孔沸石Sn-MCM-41、Sn-SBA-15和水溶性的$SnCl_4 \cdot 5H_2O$倾向于形成大体积的甲基-4-环氧-2-羟基丁酸酯，而小分子的Sn-beta沸石倾向于形成小分子的甲基乙烯基糖酸盐。

在木质素衍生的酚类单体在金属负载的沸石催化下转化成烷烃时，沸石的选型特性也可以用来调节产品的选择性。当使用孔径较小的沸石，如H-ZSM-5时，主要获得单环烷烃，使用大孔径的沸石，如H-beta沸石或H-Y沸石，可以选择性地获得双环烷烃。

沸石的较窄孔径范围保证了其优良特性，但同时也会对扩散造成限制。为此可以设计层状结构的沸石，在其多孔性的基础上设计二级微孔，从而促进沸石晶体内部的扩散，增加了临界活性位点的数量。这种相对新型的沸石在石油炼制中发挥了重要作用。由于生物质相关的反应相比于石油炼制通常涉及较大一些的分子，层状结构沸石的使用潜能具有更大的空间。

近日许多自上而下和自下而上的合成策略被用于层状结构沸石的制备，特别是自上而下的后合成修饰具有高效、可调节、可扩大生产和适合各种类型沸石修饰的优势。此外，最近的研究也证明了这些策略能够控制合成方法的经济性和环境足迹，并增加反应器的选择性、再利用废弃物、阻止有机副产物的产生并减少副产物的影响。考虑到能够减少生物质利用的生态足迹，合成方法也是需要着重考虑的方面。

目前应用最多的沸石催化剂是八面沸石系列，更具体的是硅质USY变体。商业化的USY由12Mr微孔（0.74nm）的3D网络构成。尽管微孔相对较大，但已有研究证实石化转化发生在内表面，这说明了层级的重要性。考虑到USY沸石的丰富性，可通过水热合成避免有机溶剂的引入，层状结构的USY沸石可用于生物质转化，且催化剂可以再生使用。由于传统的USY是通过Y沸石的蒸汽处理和酸淋洗制得的，自下而上的策略并不能制得相应的层状结构沸石。此外，八面沸石系列由于在液相中相比于气相中具有更高的稳定性，其应用性可能更广。

后合成修饰法的报道是很多的。尽管不同的合成方法都各有优势，单个的合成步骤以及不同步骤的顺序都要优化。这里一个较好的例子是层级Y沸石，要求优化酸碱处理的顺序。此外，为了优化沸石催化剂的设计，有必要建立稳固的合成-性质-功能关系。系统的合成必须与深入的表征，包括沸石和非沸石性质表征，和催化表现相结合。

大部分生物质转化依赖于大体积聚合物分解成基本分子或基本分子混合物的反应过程，以及将后者转化成高附加值终产品的过程。在这两种情况下，接触限制是主要的障碍。因此，增大内壁表面积，提高在沸石晶体内部的扩散速率有助于提高活性效应，这已经在纤维素和半纤维素的水解反应，木质纤维素的热裂解，生物油的升级，HMF的烷基化，以及DHA、α-蒎烯和红花油的异构化有所应用。

活性位点更高的可获得性可能会促进产品更容易扩散到晶体外部，减少产品与活性位点的接触时间。因此，由于可获得性降低，发生二次反应的概率下降，因而选择性得以提高，这可以在正烷烃的异构反应中得到验证。同样，对于生物质的转化，这种优势也有助于获得优先产品的产率，包括半纤维素水解的糖类产品，红花染料是 α-蒎烯桥联之后的主要异构体。

特别是在涉及酸催化打破化学键的反应，层级孔隙是一个很有效的工具，有助于控制裂解程度到目标产品，控制不想要的副产品的产量。这些优势已经在层级结构 USY 八面沸石和层状丝光沸石催化下的真空轻质油裂解反应中得到验证，同样也适用于生物质转化。在使用脱硅 Y 沸石催化生物油裂解，一级裂解和脱氧产品的选择性增加，而二次聚合、环化和氢转移反应的优先性降低导致芳香烃类化合物的选择性降低。对于生物质和生物质模型化合物的催化热裂解反应，层状结构沸石产出了高质量的生物油和较低的焦炭产率，已经证明了自身优势。更进一步地，向 ZSM-5 沸石引入介孔使生物质裂解气转化成 C_8 和 C_9 单体芳香类物质的转化率提高。

生物质转化反应中一个非常重要的因素是催化剂的生命周期，这主要受到形成的焦炭限制，因为焦炭容易阻塞孔道。沸石层级结构是解决生命周期较短问题的一个方案。较大的内表面使活性位点失活较慢，微孔中较低的反应时间同样会降低二次焦炭产品的形成。层级沸石催化生物油精制在 α-蒎烯的异构化和木质纤维素的快速热裂解方面也被证明有较好的热稳定性。

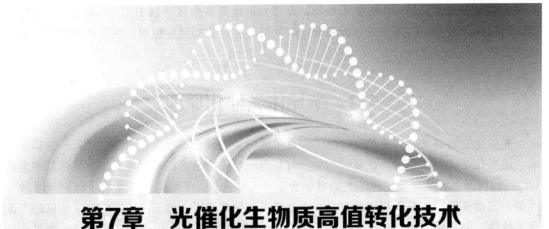

第7章 光催化生物质高值转化技术

7.1 引言

能源紧缺与环境污染已经成为威胁可持续发展的世界性难题。随着我国社会经济的发展、人民生活质量日益提升，生态居住环境遭到破坏，不可再生的化石能源不断消耗。因此，开发新型的可再生能源，改善中国的生态居住环境是我国当前的重要发展战略。生物质能是一种可再生能源，是仅次于煤炭、石油、天然气的第四大能源，其在构建稳定、清洁、安全的能源供应体系中具有非常重要的地位。近年来，世界各国都加大了对生物质能的开发利用力度。生物质资源是由生物直接或间接利用光合作用形成的有机物，是生物质能的重要来源。自然界每年通过光合作用合成的生物质资源达 2000 亿吨，其中 95% 为可利用的糖类化合物，然而只有 3%～4% 的糖类化合物作为食品以及非食品被人类利用。1972 年，Fujishima 和 Honda 在权威期刊 *Nature* 上首次报道了单晶二氧化钛能在紫外光下光解水的现象，而后，研究人员相继发现半导体光催化材料能将太阳能转化为电能或化学能，为环境和能源问题的解决提供了一条新的有效途径，近年来，光催化技术的应用与探索成为当今学术界的研究焦点之一。目前，不断有先进的合成技术和研究方法在光催化技术的研究中推广，极大地推动着这一学科的快速发展。其中，纳米合成技术的普及和计算化学的引入，特别是密度泛函理论（density functional theory）的应用，为探索开发新型的光催化材料奠定了更直观的理论基础；飞秒瞬态光谱和顺磁共振自由基捕获技术的开发，为深入研究光催化机理提供了关键的研究技术。同时，研究人员还不断地开发出半导体光催化技术在高级氧化、选择性氧化、杀菌除臭以及表面自清洁等方面的新应用途径。近来，研究发现半导体光催化材料在人工光合成方面具有潜在的应用价值，在可见光作用下能实现芳香族化合物的羟基化反应、烃类化合物的氧化反应、醇类化合物的氧化反应、烯烃的环氧化反应、含硝基的芳香化合物还原反应、CO_2 还原产甲烷或甲醇等反应，为新型光催化材料的开发探索和应用推广开辟了一条崭新的途径。光催化生物质转化，即利用太阳能光催化转化生物质为人类可利用的燃料或精细化学品，是太阳能和生物质能利用的重要途径。目前，光催化生物质转化的研究主要集中在光催化产氢和光催化合成精细化学品方面，本章将以 TiO_2 光催化剂为例，从光催化原理、光催化剂的改性技术出发，介绍光催化重整生物质制 H_2、光催化氧化生物质制备精细化学品的研究进展，分析光催化生物质转化过程的反应机理，探索光催化生物质转化的新途径。

7.2　半导体光催化原理

光催化能够将光能转化为化学能，在此过程中，光催化剂吸收光子能量瞬间产生瞬态衰减，诱导化学反应的发生。光照射半导体时，当激发光的光子能量明显大于半导体禁带宽度（E_g）的情况下，半导体中价带上的电子会吸收入射光的光子能量，发生电子跃迁至半导体导带，进而在价带上留下相应的空穴，由此获得光生载流子（电子-空穴对）。以常见的光催化半导体二氧化钛为例，在被光子能量大于 3.2eV（$h\nu > 3.2$eV）的光源照射时，二氧化钛价带上的电子吸收光子能量在跃迁成为导带电子的同时，在价带留下空穴，由此过程产生的光生电子和光生空穴可能在 TiO_2 半导体体相或表相直接复合，能量以热能形式或荧光光能的形式散发掉；也可能迁移至半导体表面与吸附的物质产生相应的氧化还原反应。经过同位素示踪和 ESR 等现代表征手段的研究，已经对二氧化钛半导体光催化反应过程中的活性自由基物种有了一定的了解，在光催化初级过程中，光生电子和空穴会分别和表面吸附的分子氧和羟基反应，生成为具有氧化性的超氧自由基（$\cdot O_2^-$）和羟基自由基（$\cdot OH$），这些活性氧自由基能使催化剂表面的电子受体通过接受光生电子而被还原，整个光催化过程如图 7-1 所示。

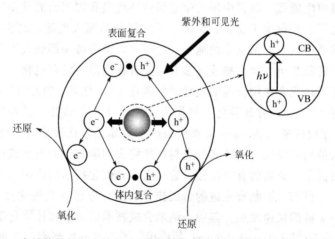

图 7-1　半导体材料上光催化过程中光生电子-空穴对的产生及主要迁移过程

1995 年，Hoffmann 等研究人员在国际知名期刊 *Chemical Review* 中通过激光脉冲光解实验对光催化基元过程中的反应时间进行了研究总结，发现光辐射作用下 TiO_2 半导体内部产生的光生电子和光生空穴迁移、复合的持续时间相差巨大。如表 7-1 所示，半导体在受激状态下，能够极快地生成光生电子-空穴对（反应时间大约 10^{-15}s，即飞秒数量级），而后，大部分光生电子和空穴会复合（其反应时间大约在 10^{-7}s 和 10^{-8}s，即纳秒数量级）；相比来说，电子供体和电子受体捕获光生电子和光生空穴的反应时间慢（约为皮秒或毫秒数量级）。这一报道指出在光催化的基元过程中，光生电子-空穴对在体相或者表相中的复合与扩散迁移过程是相互竞争的关系：从反应时间上看，光生电子-空穴对的复合概率远高于其扩散迁移的概率，致使半导体光催化材料的量子效率偏低。因此，降低光生载流子复合概率、延长光生载流子的寿命，成为提高光催化活性重要途径之一，而如何高效引导光生载流子的转移、降低其复合概率，是光催化技术应用中亟待解决的主要研究课题。

表 7-1　半导体光催化过程中重要步骤的反应时间

半导体光催化过程	反应时间
光生电子-空穴对的产生	
$TiO_2 \xrightarrow{h\nu} e_{CB}^- + h_{VB}^+$	快（fs 级）
光生电子和光生空穴的捕获过程	
$h_{VB}^+ + >Ti^{IV}OH \longrightarrow \{>Ti^{IV}OH \cdot \}^+$	快（10ns）
$e_{CB}^- + >Ti^{IV}OH \longleftrightarrow \{>Ti^{III}OH\}$	深层捕获（100ps）（动态平衡过程）
$e_{CB}^- + >Ti^{IV} \longrightarrow >Ti^{III}$	深层捕获（10ns）（不可逆过程）
半导体中光生电子-空穴对的复合	
$e_{CB}^- + \{>Ti^{IV}OH \cdot \}^+ \longrightarrow >Ti^{IV}OH$	慢（100ns）
$h_{VB}^+ + \{>Ti^{III}OH\}^+ \longrightarrow >Ti^{IV}OH$	快（10ns）
界面电荷转移	
$\{>Ti^{IV}OH \cdot \}^+ + Red \longrightarrow >Ti^{IV}OH + Red \cdot^+$	慢（100ns）
$e_{tr}^- + Ox \longrightarrow >Ti^{IV}OH + Ox \cdot^-$	很慢（ms 级）

注：e_{CB}^- 为跃迁至导带的光生电子；h_{VB}^+ 为留在价带的光生空穴；e_{tr}^- 为被捕获的光生电子；Red 为电子供体，即还原剂；Ox 为电子受体，即氧化剂；$\{>Ti^{IV}OH \cdot \}$ 为 TiO_2 表面捕获的光生空穴；$\{>Ti^{III}OH\}$ 为 TiO_2 表面捕获的导带电子。

7.3　半导体光催化剂的改性技术

通过利用低能量密度的太阳光能，半导体光催化材料可以实现降解污染物等高级氧化过程以及光解水产氢等制取清洁能源过程，具有巨大的应用潜力。近几十年来，国内外的科研工作者对以 TiO_2 为基础的光催化剂进行了大量的研究，并取得了巨大的进展。但仍然存在着以下几个方面的问题：①光谱响应范围较窄，TiO_2 作为一种宽带半导体，其禁带宽度为 3.2eV，这就决定了它只能利用占太阳光谱不到 5% 的紫外光，对太阳能的利用率比较低；②量子产率较低，TiO_2 在光激发过程中，光生电子与空穴复合概率较高，直接导致了催化过程中的量子产率较低。在这种背景下，迫切需要提高二氧化钛的量子效率和扩展其光响应范围。为了提高光催化剂的活性，对改性半导体光催化剂的研究非常重要。目前，半导体改性通常有以下四种方案及目标：①利用掺杂、敏化等手段，拓展光响应范围；②制造电荷陷阱，抑制电子与空穴的复合，提高量子产率；③调整电荷界面转移过程，提高光催化反应产物的选择性和产率；④利用负载等方式，提高光催化材料的循环使用特性。迄今为止，已经有多种方法被用来提高光催化剂的催化活性，包括过渡金属掺杂、非金属掺杂、晶面修饰、石墨烯复合、构建等离子体光催化剂等。例如，Asahi 等在 *Science* 上报道了 $TiO_{2-x}N_x$ 能够在可见光的作用下光催化降解有机污染物，激起了研究人员对非金属掺杂改性的研究热情。Yang 等在 *Nature* 上报道了一种合成暴露高活性 {001} 晶面的 TiO_2 单晶方法，为半导体表面形貌改性修饰开辟了一条崭新的路线。Awazu 等在《美国化学会志》上提出了将表面等离子体共振效应应用于光催化反应，开发出在可见光谱区具有宽光谱吸收特征的

Ag/TiO$_2$ 光催化材料，并首次提出了等离子体光催化剂的概念。陈晓波等在 Science 上报道了一种利用表面氢化的方法对 TiO$_2$ 纳米晶体表面进行结构修饰的方法，合成了黑色的 TiO$_2$ 颗粒，该颗粒在光解水制氢和光降解有机物方面表现出优异的性能。这些前瞻性的探索为光催化剂的发展提供了新契机，开辟了可见光光催化剂研究的新途径。

7.3.1 金属掺杂改性

金属元素掺杂改性。金属离子掺杂可能会在半导体晶格中引入缺陷位置，使改性后的二氧化钛能在可见光下实现光催化反应的持续进行。另外，科研人员探索了铁元素掺杂二氧化钛的改性方案：当 Fe^{3+} 代替晶格中的 Ti^{4+}，影响半导体系统中电子-空穴对的复合概率，从而提升光催化效率。然而，金属离子改性掺杂也会有负面影响，由于在掺杂过程中，晶格内部会形成的深层缺陷，成为载流子的复合中心，所以过量掺杂反而会导致光催化活性的下降。除了金属掺杂量这个影响因素之外，改性掺杂的金属离子种类、金属离子半径以及金属离子所带电荷对光催化活性也有重要的影响。一般情况下，当掺杂金属离子的离子半径与 Ti^{4+} 相近时，有利于光催化活性的提高，而引入的金属离子半径过大时，会使金属离子难以进入 TiO$_2$ 晶格，在 TiO$_2$ 表面形成团簇或在晶胞中引起晶格膨胀，抑制催化活性。Choi 等通过溶胶-凝胶法合成了金属离子掺杂的二氧化钛，系统地研究了 21 种金属离子掺杂光催化性能的影响，结果发现 Fe^{3+}、Rh^{3+}、Os^{3+}、Re^{5+}、Ru^{3+}、Mo^{4+}、V^{4+} 掺杂的二氧化钛催化剂具有高效的可见光光催化活性，其中，Fe^{3+} 掺杂的二氧化钛光催化性能最佳，并且他们在此实验的基础上，提出在金属掺杂改性中，具有闭壳层电子构型的金属对光催化反应活性的影响较小。

7.3.2 非金属掺杂改性

为了提高传统半导体光催化剂（如 TiO$_2$、CeO$_2$）的光催化活性，人们探索了许多方法使其带隙宽度变窄，提高材料对可见光的吸收性能。近年来研究表明，在传统半导体中掺杂非金属元素的改性方法可以有效地改善半导体材料对可见光的响应特性，且不容易形成光生电子-空穴复合中心。2001 年 Asahi 等研究人员在 Science 上首次报道了 N 掺杂的 TiO$_2$ 光催化剂在紫外光和可见光条件下均有较高的反应活性，他们还利用第一性原理计算了 C、N、F、P、S 掺杂 TiO$_2$（锐钛矿型）半导体的态密度，认为 N 掺杂之后，价带由 N$_{2p}$ 和 O$_{2p}$ 的混合轨道组成并且负移，且带隙间的 N$_{2p}$ 能态是可见光响应的本质。目前，对于非金属掺杂拓展 TiO$_2$ 可见光响应的现象，主要有两种解释：第一种认为非金属元素取代了 TiO$_2$ 晶格中的部分氧原子，非金属元素中能级 p 轨道与相近的 O$_{2p}$ 轨道相互杂化，造成半导体的价带能级值变小，降低 TiO$_2$ 的禁带宽度，从而使得半导体催化剂获得吸收可见光的能力。另一种认为非金属元素的 2p 轨道会在价带上方形成独立的窄带，由此一来，在受激状态下价带电子可以先从价带跃迁至新的杂质能级，然后从新的杂质能级跃迁至导带，即在半导体内部的导带和价带之间起到一种类似于中间跳板的作用，这样一来可以大幅度地降低激发光的光子能量，从而获得可见光光催化的能力。

7.3.3 光催化剂的晶面调控

由于晶体的各向异性，催化活性很大程度取决于不同晶面原子排列特性和高活性面的比例，因此晶面调控成为提高光催化性能的有效途径。然而在晶体的生长过程中，表面自由能大的晶面会通过表面弛豫、表面重构和表面吸附等方式降低表面能，因此，正常条件下难以得到。对于锐钛矿 TiO_2，其晶面的表面自由能分别为 $\{110\}(1.09J/m^2)>\{001\}(0.90J/m^2)>\{010\}(0.53J/m^2)>\{101\}(0.44J/m^2)$，一般情况下暴露的晶面主要为 $\{101\}$ 晶面。2008年，Yang 等在 *Nature* 期刊上发文表示，他们计算了不同非金属元素在 $\{001\}$ 晶面和 $\{101\}$ 晶面上对表面能的影响程度 [图 7-2 (a)、(b)]，并以氟离子作为晶体生长中的表面调控剂，氟离子在锐钛矿 $\{001\}$ 晶面上形成 Ti—F 键后，降低 $\{001\}$ 晶面的表面能，从而使 $\{001\}$ 晶面得以大量暴露。自此，暴露高活性晶面成为光催化的研究热点，而调控锐钛矿型 TiO_2 的晶面构成也成为改进 TiO_2 材料的应用性能并拓宽其应用领域的一种重要和崭新的手段。近年来，已有大量光催化剂的晶面调控相关的论文被报道，而调控对象也从较低比例 $\{001\}$ 晶面暴露到超高比例 $\{001\}$ 晶面暴露、从微米级催化剂的晶面调控到纳米级催化剂的晶面调控、从单晶催化剂的晶面调控到多等级结构催化剂的晶面调控。

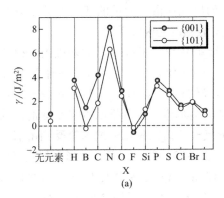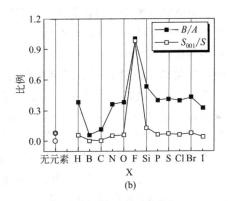

图 7-2　吸附 X 原子后 TiO_2 的 $\{001\}$ 晶面和 $\{101\}$ 晶面表面能和
吸附 X 原子 TiO_2 上 $\{001\}$ 晶面所占的比例

（a）吸附 X 原子后 TiO_2 的 $\{001\}$ 晶面和 $\{101\}$ 晶面表面能；（b）吸附 X 原子 TiO_2 上 $\{001\}$ 晶面所占的比例

暴露 $\{001\}$ 晶面锐钛矿型 TiO_2 的晶体形貌如图 7-3 所示。

（1）微米级 $\{001\}$ 晶面材料　2009 年，Yang 在之前研究的基础上向 TiF_4 和 HF 的反应体系中引入异丙醇，制备出了微米级锐钛矿型 TiO_2 片状单晶 [图 7-3(a)]，其 $\{001\}$ 面所占比例从 47% 上升到了 64%，光催化活性为商用材料 P25 的 5 倍。作者指出，由于异丙醇在酸性条件下形成的 $(CH_3)_2CHO^-$ 与 $\{001\}$ 晶面和 $\{101\}$ 晶面上的未饱和配位的 Ti^{4+} 相结合，而 $\{001\}$ 晶面上高密度的 5 配位 Ti 将吸附大量的异丙醇，延缓了锐钛矿 TiO_2 在 $\{001\}$ 晶面上的生长。随后，Yu 研究小组利用含 1-丁基-3-甲基咪唑四氟硼酸盐离子液体和 TiF_4 在微波辅助作用下合成了 $\{001\}$ 晶面比例高达 80% 的锐钛矿型 TiO_2 单晶 [图 7-3(b)]。他们认为，在该反应体系中，离子液体中阴离子（BF_4^-）富氟的环境有利于 $\{001\}$ 晶面的生长。另外，离子液体作为微波能量良好的接受体，有利于提高 TiO_2 的结晶度和缩短反应时间。在 TiO_2 晶面中，$\{110\}$ 晶面具有最高的表面能为 $1.09J/m^2$，始终难以通过常规方法合成。Liu 首次报道利用水热法合成出了同时具有 $\{001\}$ 晶面和 $\{110\}$ 晶面的 TiO_2 [图 7-3(c)]。该方法主要采用高纯度 Ti 粉为钛前驱体，加入 HF 和 H_2O_2 为盖帽剂以及氧化剂，在高温高压的环境下反应 10h，获得了暴露 $\{110\}$ 晶面的锐钛矿 TiO_2 微米去顶双锥颗粒。经测试，由于 $\{001\}$ 晶面和 $\{110\}$ 晶面的存在，合成得到的 TiO_2 在光催化降解亚甲基蓝的应用中展现出较高光催化活性。

（2）纳米级〔001〕晶面材料　TiO₂纳米晶体相比与微米级晶体在比表面积上具有更大的优势，可以进一步提升材料的光催化活性。Han等以钛酸四丁酯为钛前驱体，氢氟酸（HF）为晶面调控剂，通过改变HF的使用量和合成温度，实现了锐钛矿TiO₂的晶粒尺寸和〔001〕晶面比例的改变〔图7-3(d)〕。该方案不仅将〔001〕晶面比例提高至89%，更重要的是将暴露高能晶面的TiO₂首次引入到纳米材料的范畴中。为了开发简易、无毒的制备方式来替代氢氟酸表面控制工艺，Dinh等首次采用油酸与油胺的混合体系作为晶面生长控制剂，并配合水蒸气以加速钛酸丁酯的水解，制备出了分散性极佳的暴露〔001〕晶面的锐钛矿TiO₂纳米颗粒〔图7-3(e)〕。在此之后，Murray研究小组利用TiF₄和TiCl₄作为钛源，以油酸和油胺作为辅助表面活性剂合成了蓝色的TiO₂纳米晶。并可通过改变钛源TiF₄和TiCl₄、油酸与油胺的比例来控制水解的速率和晶面生长的方向，从而很好地调控了所得产物的形貌；在此基础上分析讨论了反应过程中表面活性剂油酸和油胺的影响机制。此外，作者指出合成的TiO₂呈现蓝色是由于晶格中存在大量的氧空位，而氧空位的出现提供了大量的Ti^{3+}位点和额外的自由电子使该纳米材料在可见区域以及近红外区域具有较强的光吸收性能。

（3）多等级结构〔001〕晶面材料　在微米级单晶和纳米级单晶的基础上，研究人员通过合成纳米结构单元组建具有三维结构催化剂。2009年，Hu等报道了一种以H₂O₂、HF和TiO₂纳米管为原料，在水热条件下合成多等级结构暴露〔001〕晶面的微米小球，该催化剂在降解亚甲基蓝染料实验中高于P25和TiO₂纳米棒。作者推断微米小球的形成过程如下：首先，在高温条件下，H₂O₂分解产生大量氧气，而二氧化钛纳米管受到由氧气压力作用碎裂分解。之后，分解的纳米管变成不规则豆状梯形；最终，豆状梯形自聚成豆状微米小球〔图7-3(g)〕。在此之后，Chen等、Liu等、Li等、Yang等以及Kim等众多研究人员在合成由〔001〕晶面组成的3D分等级TiO₂微米/纳米球结构〔图7-3(h)、(i)〕。近期，Yu等在最新的报告中提出采用离子液体（〔Bmim〕〔BF₄〕）和NH₄F作为化学蚀刻剂，对TiO₂空心球进行深加工，获得了多种分等级纳米材料，其中纳米立方集合体表现出极佳的光催化活性，远超过商用光催化材料德固赛P25 TiO₂。

（4）晶面协同效应　最初，研究者通过实验和理论的分析发现，〔001〕晶面比〔101〕晶面暴露了更多的不饱和Ti5c原子（〔001〕晶面为100%，〔101〕晶面为50%）和具有更高的表面能，故认为〔001〕晶面是锐钛矿TiO₂的光催化活性晶面，其光催化活性比〔101〕晶面高。但近期的研究表明，当〔001〕晶面和〔101〕晶面共存的时候，其光催化活性要明显高于单独暴露高比例的〔001〕晶面。其中，Pan等在合成了三种具有不同分数的〔101〕晶面、〔010〕晶面和〔001〕晶面的锐钛矿TiO₂的基础上，对三种不同晶面材料的表面原子结构和电子性质进行研究时发现，〔001〕晶面的TiO₂纳米颗粒光催化活性的是由晶面的吸光度、氧化还原电势和载流子的迁移率三者协同效应所决定的，而光催化实验结果显示同时存在〔101〕晶面、〔010〕晶面和〔001〕晶面的单晶二氧化钛光催化活性最强。随后，Tachikawa等以及D'Arienzo等分别通过单分子荧光成像技术和光致缺陷分析技术从实验层面上解释了TiO₂晶面协同效应对光催化活性影响的根源。这两次实验结果表明：在紫外光的照射下，锐钛矿〔101〕晶面的光生空穴将会转移至〔001〕晶面上，发生光氧化反应；而〔001〕晶面上的光生电子会转移至〔101〕晶面上，发生光还原反应（图7-4）。最近，Yu等通过第一性原理的密度泛函理论计算，提出了新异质结的概念，即TiO₂单晶体上的〔101〕晶面和〔001〕晶面组成异质结。之后，作者在实验中验证了这一说法，他们通过调整HF酸的含量获得不同晶面比例的TiO₂纳米晶〔图7-3(f)〕，并且测试了不同晶面比

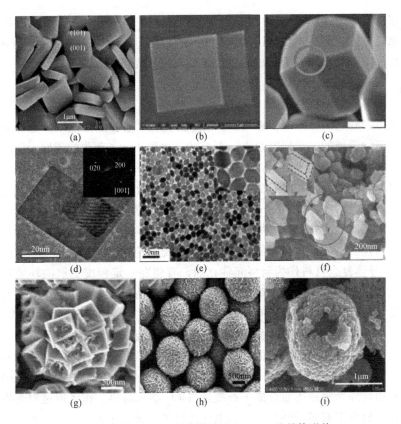

图 7-3 暴露 {001} 晶面锐钛矿型 TiO₂ 的晶体形貌

(a) 暴露 64% {001} 晶面的 TiO₂ 锐钛矿单晶纳米片 SEM 图；(b) 暴露 80% {001} 晶面的锐钛矿 TiO₂ 的 SEM 图；(c) 暴露 {001} 晶面和 {110} 晶面的锐钛矿 TiO₂ 的 SEM 图；(d) 暴露 {001} 晶面的 TiO₂ 锐钛矿单晶纳米片高倍 TEM 图；(e) 以油酸与油胺作为溶剂合成的 TiO₂ 锐钛矿纳米晶 TEM 图；(f) 暴露 {001} 晶面的 TiO₂ 锐钛矿单晶纳米片 SEM 图；(g) 暴露 {001} 晶面豆状梯形自聚而成的微米小球；(h) 暴露 {001} 晶面的分等级纳米球 TiO₂ 的 SEM 图；(i) 暴露 {001} 晶面的空心纳微米球 TiO₂ SEM 图

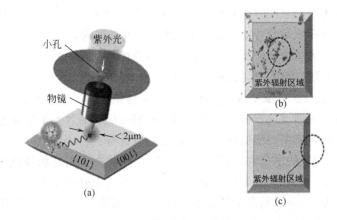

图 7-4 单分子荧光成像

(a) 单分子荧光成像实验中光照射到 {001} 晶面时 {101} 晶面与 DN-BODIPY 染料的光催化反应模型；
(b) {001} 晶面荧光突发点位置；(c) {101} 晶面荧光突发点位置

例的材料光催化还原 CO_2 制甲烷的性能，提出当 {101}：{001} 为 45：55 时，可展现出最强的光催化能力。该研究不仅阐述了优化 {101} 晶面与 {001} 晶面比例分配对 TiO_2 光催化性能提高的重要性，而且为合成先进的光催化材料提供了新的理念。

7.3.4　石墨烯/TiO_2 复合纳米材料

2004 年英国 Manchester 大学的 Geim 等首次发现单层石墨烯以来，这种新型碳材料成为材料学和物理学领域的一个研究热点。石墨烯是一种由 sp^2 杂化的碳原子以六边形排列形成的周期性蜂窝状二维新纳米材料，单层厚度仅为 0.35nm。石墨烯具有突出的导热性能和力学性能，更为奇特之处是它具有独特的电子结构，每个碳原子贡献剩余 1 个 p_z 轨道电子形成垂直于晶面方向的 π 键，由于 π 键为未填满状态，电子可以自由移动，从而赋予石墨烯优异的导电性能。除此之外，石墨烯在室温下具有量子霍尔效应、量子隧道效应、双极性电场效应等一系列性质，使其在材料领域中将有着广泛的应用。

石墨烯/半导体复合材料作为新型光催化剂，有望在一定程度上解决环境和能源领域应用的瓶颈问题，由以下两个方面决定：首先，石墨烯具有优异的导电性能，可作为电子和空穴的传导介质，使光生电子与空穴有效分离，从而延长自由载流子的寿命，提高量子效率，增强光催化活性；其次，石墨烯表面存在大量的 π-π 共轭双键，能够大量地吸附有机分子富集到石墨烯的平面上，这为羟基自由基以及光生空穴降解污染物提供了可行途径。

2008 年，Kamat 及其同事通过超声处理将氧化石墨烯（GO）以及 TiO_2 纳米晶分散在乙醇中，并利用紫外光辐照还原合成了石墨烯-TiO_2 纳米材料。作者通过对光生电子逐步转移过程的研究，展示了石墨烯储存和转运电子的性能，证实了石墨烯在光催化剂中传递电子的可行性。而正是这一前瞻性的想法激发了科研人员在石墨烯复合光催化材料的制备、改性及应用等方面的研究，这为后人研究其他石墨烯/光催化复合材料提供了重要启示。随后，Zhang 等报道采用一步水热法合成了 P25-石墨烯光催化剂，并在光催化降解亚甲基蓝溶液中展现出良好的光催化性能，并也证明了其在一些领域中的应用性能优于德固赛 P25 TiO_2。由此可见，石墨烯/TiO_2 已成为改进 TiO_2 材料的应用性能并拓宽其应用领域的一种重要和崭新的手段。

（1）传统的石墨烯/TiO_2 复合材料合成方法　由于制备方法对复合光催化剂的形貌、结构、尺寸大小，以及石墨烯与 TiO_2 的结合方式等有着直接的影响，进而影响复合光催化剂的活性。因此，研究人员尝试使用多种方法合成半导体/石墨烯复合光催化剂：例如，水热/溶剂热法、原位生长法、溶胶-凝胶法等。其中，Zhang 等首次将石墨烯引入光催化制氢领域，作者采用溶胶-凝胶法合成了 TiO_2/rGO 纳米光催化材料，考察了 rGO 负载量和煅烧气氛对催化剂光解水制氢活性的影响。结果表明，石墨烯优异的载流子传输性能可以用来提高光生载流子迁移效率，表明石墨烯在光催化制氢领域具有潜在的应用前景。Lambert 等也报道在氧化石墨烯（GO）的水分散体系中水解 TiF_4，原位合成出花状锐钛矿 TiO_2/GO 复合材料。在这个体系中，当氧化石墨烯的浓度充分高，并且充分搅拌后，可以获得有序 TiO_2/GO 复合材料。近期，Lee 及其合作者报道合成了具有高光催化性能的石墨烯包裹的锐钛矿 TiO_2 纳米球。在合成过程中，作者首先采用溶胶-凝胶法合成了非晶态的 TiO_2，并对其表面 APTES 官能化处理，使其带正电。然后将带负电的氧化石墨烯负载在 TiO_2 纳米球表面。最后，通过水热法还原氧化石墨烯，合成石墨烯包裹的锐钛矿 TiO_2 纳米球。

（2）自组装技术合成石墨烯/TiO_2 复合材料　以纳米材料为单元，将其自组装为各种分级有序结构是近年来兴起的研究热点。研究者们一直期望能够像操纵分子一样操纵纳米结构单元。通过自组装技术，以纳米材料为单元，能有效地构筑纳米或微米尺度上的有序结构。例如，Du 等制备出分等级大孔介孔有序 TiO_2/石墨烯复合薄膜（图 7-5）。他们采用自组装的方法合成出二维六角形构造和相互连接形成大孔结构的层级有序多孔二氧化钛薄膜。然后，在自组装系统中，还原氧化石墨烯获得具有介孔有序 TiO_2/石墨烯复合薄膜。经测试表明该石墨烯复合分等级有序大孔介孔二氧化钛薄膜，在紫外光条件下光催化降解亚甲基蓝溶液时，这种分等级复合薄膜比纯介孔二氧化钛薄膜显示出更好光催化性能。Zhang 等报道了一种利用一步水热合成法制备的多功能 TiO_2/石墨烯气凝胶。在水热过程中，TiO_2 纳米颗粒会锚定在石墨烯纳米片上，而石墨烯纳米片会自组装形成一种 3D 交联结构。作者表示，合成的石墨烯纳米气凝胶材料在电化学、光催化以及储能方面具有潜在的应用前景。最近，Huang 等报道了一种合成石墨烯复合材料的新方法，基于乳液自上而下的自组装方法合成了 3D 介孔 TiO_2/石墨烯纳米片。在合成过程中，作者采用表面活性剂十六烷基三甲基氯化铵（CTAC）作为辅助剂，使纳米颗粒自组装形成带正电的胶体粒子，与带负电石墨烯纳米片静电组装，后煅烧获得 3D 介孔 TiO_2/石墨烯纳米材料。

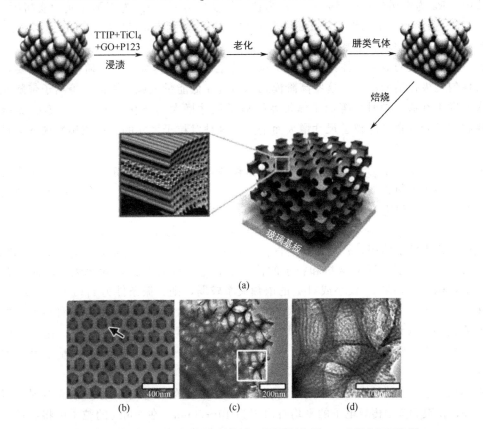

图 7-5　有序大孔-介孔二氧化钛复合石墨烯制备及 SEM 图和 TEM 图

（TTIP 为钛酸四丁酯；GO 为氧化石墨烯；P123 为聚环氧乙烷-聚环氧丙烷-聚环氧乙烷三嵌段共聚物）

（a）原位还原氧化石墨烯自组装法制备有序大孔-介孔二氧化钛复合石墨烯的机理示意图；
（b）合成有序大孔-介孔二氧化钛复合样品的 SEM 图；（c）合成有序大孔-介孔二氧化钛
复合样品的 TEM 图；（d）合成有序大孔-介孔二氧化钛复合样品的 TEM 图 [图（c）白框部分放大]

7.4　表面等离子体光催化剂

7.4.1　表面等离子体共振

表面等离子体共振是导带内全部自由电子的连续激发形成的相内振动，当金属纳米晶体的尺寸小于入射光波长时，就会产生表面等离子体共振。1908 年，Mie 通过求解电磁波与小金属球相互作用的麦克斯韦方程，首先解释了金纳米粒子胶体的红色现象。这个电动力学计算解释了贯穿纳米粒子截面的一系列多极振动：

$$\sigma_{ext} = (2\pi / \mid k \mid^2) \sum (2L+1) Re(a_L + b_L)$$

$$\sigma_{sca} = (2\pi / \mid k \mid^2) \sum (2L+1)(\mid a_L \mid^2 + \mid b_L \mid^2)$$

利用 $\sigma_{abs} = \sigma_{ext} - \sigma_{sca}$ 和以下公式：

$$a_L = [m\Psi_L(mx)\Psi'_L(x) - \Psi'_L(mx)\Psi_L(x)] / [m\Psi_L(mx)\eta'_L(x) - \Psi'_L(mx)\eta_L(x)]$$

$$b_L = [\Psi_L(mx)\Psi'_L(x) - m\Psi'_L(mx)\Psi_L(x)] / [m\Psi_L(mx)\eta'_L(x) - m\Psi'_L(mx)\eta_L(x)]$$

式中，Re 为雷诺数；$m = n/n_m$；n 为粒子的复折射率；n_m 为周围介质的实折射率；k 为波矢；$x = kr$；r 为金属纳米粒子的半径；Ψ_L 和 η_L 为里卡蒂-贝塞尔（Ricatti Bessel）圆柱函数；L 为分波的求和指数。

式中清楚地表明等离子体共振依赖于粒子尺寸 r。粒子越大，则高阶模式越重要，因为光不再均匀地极化纳米粒子。这些高阶模式峰出现在低能量区域。因此，等离子带随粒子尺寸增大而发生红移。同时，等离子体带宽随粒子尺寸增大而宽化。El-Sayed 等的实验结果表明吸收波长和峰宽都随粒子尺寸增大而增大。这种对粒子尺寸的直接依赖性被认为是外部尺寸效应。

对于较小纳米粒子的光学吸收谱的尺寸依赖性，其情况更为复杂，只有偶极子项是重要的。对于远小于入射光波长（$2r \ll \lambda$ 或 $2r < \lambda_{max}/10$）的纳米粒子，只有偶极子振动贡献于消光横截面。Mie 理论可以简化成下面关系式（偶极子近似）：

$$\sigma_{ext}(\omega) = [9\omega\varepsilon_m^{3/2}V\alpha\varepsilon_2(\omega)/c]\{[\varepsilon_1(\omega) + 2\varepsilon_m]^2 + \varepsilon_2(\omega)^2\}^{-1}$$

式中，V 为粒子体积；α 为无量纲直径；ω 为激发光的角频率；c 为光速；ε_m 和 $\varepsilon_m = \varepsilon_1(\omega) + i\varepsilon_2(\omega)$ 分别为周围材料和粒子的体介电常数。前者假设与频率无关，而后者是复数且为能量函数。如果 ε_2 较小或对 ω 的依赖关系较弱，则共振条件为 $\varepsilon_1(\omega) = -2\varepsilon_m$。从该方程中，表明消光系数不依赖于粒子尺寸，但是实验观测到尺寸依赖性。这种偏差显然来源于 Mie 理论中的假设，即纳米粒子的电子结构和介电常数与其块体的相同，这种假设在粒子尺寸变得非常小时不再有效。因此，Mie 理论需要通过引入较小粒子中的量子尺寸效应进行修正。

在小粒子中，当传导电子的平均自由程小于纳米粒子的尺寸时，电子-表面散射变得很重要。例如，在银和金中传导电子的平均自由程为 40～50nm，在 20nm 的粒子中将会被粒子表面所限制。如果电子被表面无规则弹性散射，则整个等离子体振动的一致性将消失。非弹性电子和表面碰撞也将改变相。粒子越小，则电子到达表面越快，电子能够散射并失去一致性也越快。结果是等离子带宽随着粒子尺寸减小而增大，而峰宽却随着粒子尺寸的增大而减小。

7.4.2　等离子体光催化剂概念

光催化剂表面调控是提高其光催化活性的重要手段之一。由于贵金属在半导体的表面适量沉积修饰有利于光生电子-空穴对的有效分离，进而提升催化剂的活性，引起了人们的广泛关注。2008 年，Awazu 等将 TiO_2 负载在 Ag/SiO_2 核壳结构上，利用 Ag 纳米颗粒在可见光作用下产生的局域表面等离子体效应（localized surface plasmonic resonance，LSPR）特殊的光学性质，提升催化剂的活性，并对其光催化活性提升的来源进行了研究。研究表明 Ag 纳米颗粒的 LSPR 效应对光催化效率的提升有极大的促进作用，基于此，研究人员提出等离子体光催化剂（plasmonic photocatalysts）的概念，这一概念的提出，使贵金属复合的改性方式获得了科研工作者的青睐。

7.4.3 等离子体光催化剂研究进展

（1）金属纳米颗粒修饰 TiO_2　Ag 和 Au 是在等离子体光催化材料体系中研究最多的贵金属，目前合成等离子体光催化材料中常见的方法包括光还原法、水/溶剂热法、沉积-沉淀法、溅射法等。如 Awazu 首次报道的表面等离子体光催化材料就是先将 TiO_2 沉积至由 SiO_2 包覆的 Ag 纳米颗粒上，并通过 Mie 散射理论计算将 SiO_2 包覆层的厚度和 Ag 颗粒的半径尺寸优化至最佳，光催化降解实验表明该材料在近紫外光照射下降解亚甲基蓝的速度是 TiO_2 的 7 倍。之后，Shiraishi 等采用沉积-沉淀法将不同尺寸的 Au 纳米颗粒负载在锐钛/金红石 TiO_2 的交界处，从而极大地提高了该材料在可见光照射下氧化醇的选择性以及产率。此外，作者表示由于 Au/锐钛/金红石三相间具有极佳的电子传导能力，致使光生电子可以从 Au 颗粒传导至 TiO_2 上，形成更多的超氧自由基，因此，在该实验中，在锐钛/金红石相界面处负载的 Au 纳米颗粒（<5nm）是光催化剂活性增强的重要因素。另外，根据 Schmuki 等的报道，提出采用阳极氧化方法合成的原位 Au 修饰 TiO_2 纳米管，经测试展现出惊人的水解制氢能力：在紫外光光源的激发下，Au/TiO_2 纳米管的产氢能力为 TiO_2 纳米管的 30 倍，另外，相比于同剂量 Au 修饰的 TiO_2 纳米片，Au/TiO_2 纳米管是其 50 倍。并且研究人员表示，利用阳极氧化的方法，通过 Au 的量和阳极氧化的时间来有效地控制金属纳米颗粒的大小。最近，Dinh 等报道了一种合成新型光催化剂的方法：利用分子自组装技术搭载了 3D TiO_2 空心球结构，并在其表面修饰金纳米颗粒。镶嵌在表面的 Au 纳米颗粒会与入射光产生局域表面等离子体谐振效应，使 TiO_2 空心球具备吸收可见光的能力，另外，由于空心结构的设计，使得光在材料内部会形成多重光散射并产生慢光效应，从而进一步增强可见光接收能力，有效提升了光催化的效率。

为表明等离子体光催化剂中 Au 纳米颗粒大小对光解水制氢速率的影响，Wei 课题组在 TiO_2 纳米晶上负载了不同尺寸的 Au 纳米颗粒（Au large>50nm/Au small<5nm），并对其进行两种不同可见光范围（>400nm 以及>435nm）的光解水测试。实验结果表明，当入射波长大于 400nm 时，P25 不产氢，Au small/P25 表现出极强的光解水能力，是 Au large/P25 的 20 倍。但是，当入射光转换成 435nm 时，两种材料的光催化能力却完全相反，Au large/P25 具有一定的制氢能力，但是 Au small/P25 和 P25 却不能产氢。作者认为 P25 材料在 400nm 处还存在一定的带尾吸收，因此，当在此波段的光激发下，TiO_2 内会产生光生电子-空穴对，在 Au 纳米颗粒的作用下进行有效分离，从而具有光催化能力，但是 P25 却由于其内部的结合过快导致无产氢能力。另外，小尺寸的金纳米颗粒均匀地分布在 P25 的表面可以有效地分离电子-空穴对，而大尺寸的却只能作用某一个区域，导致产氢效率下降。另外，对于 435nm 波长的光催化现象，作者认为是由 $Au-TiO_2$ 界面处形成的肖特基势垒（Schottky barrier）造成的，当>435nm 波长的光辐照时，大尺寸的 Au 纳米颗粒可以向

TiO$_2$ 提供更多的热电子（hot electrons）从而提高整体的还原电势，增强材料的产氢能力。而小尺寸的 Au 纳米颗粒所能提供的热电子有限，致使还原电势提升不明显，产氢能力弱。

众所周知，光催化材料中载流子复合率高这一现象严重影响了光催化的量子效率，制约着光催化的工业化进程。为了解决这项问题，Wei 课题组提出了一种延长热电子寿命的方法。他们采用等离子体光电化学电池技术实现原位沉积 Au 纳米颗粒与 TiO$_2$ 光阳极形成异质结构，该结构可以使紫外光作用下的热电子寿命延长 1~2 个数量级。这种现象是由 Au-TiO$_2$ 界面处的肖特基势垒引起，实际上，当半导体表面和金属接触时，载流子重新分布。电子从费米能级较高的材料转移到费米能级较低的材料，直到两者的费米能级相同，从而形成肖特基势垒。肖特基势垒成为俘获光生电子的有效陷阱，因此，在半导体材料上沉积贵金属纳米颗粒可以使光生载流子有效分离，从而抑制了电子和空穴的复合。除此之外，Tachikawa 等研究人员提出了另外一种 Au 纳米颗粒负载的介孔片状 TiO$_2$ 超结构。由时间分辨漫反射光谱测定得出，相比于一般结构的 Au/TiO$_2$ 的热电子寿命（2.3ns），该超结构的 Au/TiO$_2$ 达到 9.6ns，提升了近 4 倍，从而大幅度提高了光催化降解亚甲基蓝和制氢的量子效率。作者认为这种结构的材料不仅能通过 SPR 效应实现可见光响应，而且由于纳米片结构的传导作用大幅度地延长了 Au 纳米颗粒产生的热电子的寿命，可以有效地降低电子-空穴复合的概率，从而提高可见光催化的性能。

（2）核壳结构　核壳结构纳米复合材料因其独特的结构而呈现出诸多新奇的物理、化学特性，在催化、生物、医学、光、电、磁以及高性能机械材料等领域具有广阔的应用前景。在等离子体光催化材料中，金属核与 TiO$_2$ 壳之间形成的特殊异质界面，光照时能够使光生电子从金属迅速迁移到 TiO$_2$ 的导带，通过等离子体共振效应增加了 TiO$_2$ 对可见光的吸收范围，减小了电子-空穴复合的概率。Wu 等采用低剂量的 TiF$_4$ 作为钛源，水热环境下合成具有截断楔形形貌的核-壳结构 Au@TiO$_2$，并在紫外光下展现出良好的光催化降解乙醛的能力。另外，Xu 等研究人员则采用高剂量的 TiF$_4$ 作为钛源，合成了花型形貌的核-壳结构 Au、Pd、Pt@TiO$_2$，并对比了该核-壳结构材料在紫外光和可见光下的光催化性能，指出由于金属纳米颗粒可以捕获电子，延长光生电子-空穴对的寿命，从而获得可见光催化的能力，但是紫外光激发下，羟基自由基代替空穴在降解罗丹明 B（RhB）染料的过程中起了主导作用，从而大幅度地提高了催化效率。

之前的研究结果表明由于球形纳米金颗粒的结构对称性，产生各向同性的等离子振动，形成单一的等离子体共振模式。然而，棒状的纳米颗粒由于结构上的各相异性，导致各个方向上电子的极化程度不同，会产生两个表面等离子体共振模式。随着长径比的增加，两个表面等离子体共振吸收峰的频率分离：高频率共振峰（510~530nm）由垂直于金属棒的轴向电子共振产生，即横向 SPR 吸收；而另一个在较大波长范围内移动的共振峰则是由轴向的电子共振产生，称为纵向 SPR 吸收。随着纵横比的变化，横向 SPR（SPRT）吸收峰位置变化较小，而纵向 SPR（SPRL）吸收峰的位置会移至可见-近红外波段。因此，不同纵横比的纳米棒胶体溶液可以呈现出不同的颜色。

根据这一特性，Ye 课题组采用种晶促进合成方法（seed-mediated synthetic route）合成了 5 种不同纵横比的金纳米棒，后用浸渍法负载在 TiO$_2$ 上，考虑到煅烧会破坏金纳米棒的形貌，故首次提出采用强氧化剂 HClO$_4$ 去除表面活性剂。光催化结果表明该方法能够保证金纳米棒形貌不改变的情况下，去除吸附的表面活性剂，提高材料的可见光催化活性。另外，作者表示由于 Au 纳米棒的 LSPR 作用，使该催化剂在可见光范围内具有较宽的吸收

现代生物质资源化应用技术

峰，这为针对吸收特定波长的可见光光催化材料的研发及应用奠定了基础。随后，Qu 等在报告中指出，Au/Ag 的核壳结构将大幅度增强其 SPR 效应，从而获得更佳的可见光吸收效果。通过调整化学组分的方法，可以使双金属纳米颗粒的 d 带中心接近它的费米能级，因此，这些双金属纳米颗粒往往对 O_2 表现出较强的还原能力，产生更多的 O_2^- 提升光催化效率。据此，Xu 等合成了 TiO_2 包覆的 Au/Ag 纳米棒结构，均获得了较高的可见光光催化效率。另外，作者表示纳米棒结构具有空间电荷分离的作用，从而降低了电子-空穴对复合的概率。而 Torigoe 等在合成了一系列不同纵横比的 Au/Ag/TiO_2 三层纳米棒结构，并在可见光下选择性氧化异丙醇得到较高的光催化效率。作者研究了 Au/Ag 物质的量的比以及 TiO_2 壳层厚度等参数对与光催化性能的影响后指出，选择性氧化的能力会随着 Au/Ag 物质的量的比上升而增大，当物质的量的比达到 1∶5 时，光催化能力最强，但当物质的量的比达到 1∶20 时，由于 Ag 壳层的溶解导致催化能力降低。而 TiO_2 壳层厚度为 10nm 时，该材料的选择性氧化能力最强。

近期，Han 的课题组在核-壳结构基础上，合成了两种具有非对称结构的纳米材料，分别是偏心型核-壳结构和 Janus 结构。对于偏心结构的合成，作者引入二异丙氧基双乙酰丙酮钛作为钛源，以预先制备的柠檬酸包裹的 Au 纳米颗粒作为核心材料，采用溶胶-凝胶方法合成偏心型的核-壳结构。另外，在合成过程中增加钛前驱体的含量，发现得到的偏心型核-壳结构在厚边处的 TiO_2 壳层会随着 Ti 含量的增加而变厚，相反在薄边则不会变化。这种非对称包覆壳层形成的原因是由于柠檬酸包裹的 Au 纳米结合强度具有一定的界面选择性，故不同的柠檬酸离子会引起 TiO_2 包覆层的界面选择性缩合。对于 Janus 纳米结构，Janus 颗粒的类双亲性分子可在液/液界面自组装，为物质在两相间传输提供了通道，从而表现出更加优异的性能。例如，Han 等通过控制钛前驱体的加入量以及钛源的加入方式，获得了 Janus 结构 Au-TiO_2 和核-壳结构 Au@TiO_2，在可见光水解制氢中，Janus 结构材料均表现出极高的可见光光催化产氢速率，分别为是核-壳结构 Au@TiO_2 和 Au/TiO_2 的 2.12 倍和 4.35 倍。

7.4.4　等离子体光催化剂的光催化机理

目前，关于表面等离子体光催化剂的合成方法和性能研究方面已有大量报道，但是对于等离子体光催化剂在光照条件下催化反应的机理还存在一定的争议。早期的研究认为，由于金属纳米颗粒在半导体表面可作为助催化剂，能与半导体界面形成肖特基势垒，其作为"电子陷阱"，有效地阻止了光生电子-空穴的复合，是贵金属复合半导体催化剂获得光催化活性增强的原因。根据目前已有的文献报道，等离子体光催化剂的催化反应机理有以下三种。

（1）金属纳米颗粒的光子吸收和散射机理（light absorption and scattering）　当光照射在等离子体金属纳米颗粒上，金属纳米颗粒能够散射一部分的入射光子，使光子在半导体周围具有更长的传播光程，并在半导体中产生更多的光生载流子。例如，2010 年，Christopher 等研究人员实验表明，利用 Ag 纳米颗粒对入射光子的散射能力，提升 TiO_2 材料对亚甲基蓝染料的光降解率。同时，他们对比了两种形貌不同的银纳米颗粒对染料降解效率的影响，相比于球形的银纳米颗粒，纳米立方形貌的银纳米颗粒在紫外光下具有更高的降解效率。他们认为这是由于纳米立方形貌的银纳米颗粒具有更强的光散射能力。随后，他们利用 FDTD 软件模拟银纳米颗粒的尺寸和形貌对入射光散射效率的影响，发现在银纳米颗粒粒径从 30nm 增加至 100nm 的过程中，散射效率随着银纳米颗粒的尺寸的扩大而增强，尤其当银纳米立方颗粒尺寸大于 80nm 时，散射效率急剧增加。

（2）热电子注入机理（hot electron injection） 对于等离子体光催化剂，集成等离子体金属颗粒可以起到类似于染料敏化的太阳能电池中的染料分子的作用，即可以直接注入热电子到相邻半导体的导带。因此，热电子注入效应也被称作 LSPR 敏化效应。该效应首先是由 Tian 和 Tatsuma 等提出，他们发现以 Au-TiO$_2$ 材料作为阳极而产生的开路电位和入射单色光子-电子转化效率（光电转化效率 IPEC）变化规律与该材料的吸收光谱基本保持一致。另外，将 0.2mol/L 的 4-硝基苯甲酸加入电解质后，获得了系统最高的光电转化效率（26%）。他们认为 Au 纳米颗粒在光照条件下产生热电子，进而迁移至 TiO$_2$ 的导带，同时 Au 纳米颗粒上产生的光生电荷也能将电解质中的电子供体氧化。随后，对 Au 纳米颗粒尺寸效应的研究表明 Au-TiO$_2$ 电极的量子产率随着 Au 颗粒尺寸的增加而增加。Tsai 等以等离子体金属颗粒和 n 型半导体直接接触为例，对这种热电子注入过程提出详细的反应机理，如图 7-6 所示：最初，在金属纳米颗粒中电子状态为连续的费米-狄拉克分布，当受到入射光照射，金属纳米颗粒表面的电子受激发至较高的能级形成等离子体态，进而生成的热电子将会注入相邻半导体的导带中。最后，电子状态通过电子-电子弛豫重新恢复至连续的费米-狄拉克分布。在这个阶段中，电子分布尾部能量高于 E_f 的电子将会转移到相邻半导体的导带。当表面等离子体的能量消散，电子标准的费米-狄拉克分布将再次建立。值得注意的是，热电子注入的情况仅只有发生在等离子体金属与半导体光催化剂直接接触时。当等离子体金属与半导体光催化剂接触时，等离子体金属的功函数高于 n 型半导体或低于 p 型半导体的半导体会形成肖特基势垒。从热电子注入的过程中，我们可以推断出整个过程中热电子注入效率是由肖特基势垒的高度和热电子的能量所决定的。因此，等离子体金属的尺寸，形状和固有性质以及相邻半导体光催化剂的电化学性质在热电子注入过程中起着重要作用。Govorov 等计算了等离子体金属纳米颗粒中的光激发热载流子的能量分布。他们认为尺寸为 10～20nm 的球状金纳米颗粒能够更高效地产生热载流子。此外，对于小尺寸非球形纳米晶体（如纳米带、纳米板、纳米立方和纳米线）而言，光偏振的方向也是极其重要的。对于不同的等离子体金属颗粒和半导体光催化剂而言，触发热电子注入过程所需的入射光能量是不同的。金属和半导体之间的肖特基势垒可以表示为：$\Phi_{sb} = \Phi_M - \chi_s$，式中，$\Phi_{sb}$ 为肖特基垒势；Φ_M 为等离子体金属的功函数；χ_s 为半导体光催化剂的电子亲和势。因此，肖特基势垒是由等离子体金属和半导体共同决定的。目前，热电子注入机理仍存在一定的争议，究竟是金属纳米颗粒在可见光激发后，产生的电子从贵金属纳米颗粒转移到半导体光催化剂的导带上，还是半导体材料被激发后，导带上的光生电子被贵金属纳米颗粒和半导体界面产生的肖特基势垒所捕获，或者同时存在这两种途径，还需要人们进一步研究。

（3）等离子体共振能量转移（plasmon-induced resonance energy transfer，PIRET） 当贵金属纳米颗粒与半导体光催化剂非直接接触时，在两者之间就会形成一层绝缘层，阻止热电子从金属注入半导体的导带，因此，需要其他的理论模型来解释等离子体光催化剂可见光活性增强的现象。近年来，多位学者研究表明，表面等离子体共振效应会激发电磁场场强增强，促使半导体光催化剂产生光生电子-空穴对。等离子体金属在光照条件下，在其附近产生的电磁场强度（即近场范围）远远高于入射光的电磁场强度。因此，等离子体金属颗粒对光催化活性的增强过程可以被视为金属纳米颗粒在光照条件下，通过等离子体共振能量转移的方式放大近场电磁场强度，进而提高半导体材料产生的光生载流子数量。由于局域电磁场的不均匀性，金属颗粒表面所产生的强度最高，并随着距离的增大而减弱。如 Torimoto 等

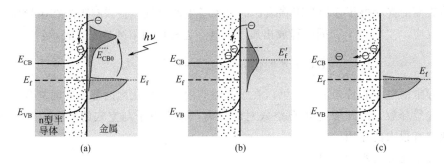

图 7-6　热电子注入效应的示意图

(a) 在金属吸收光子能量后，将电子从热平衡态激发到高能态，高能电子注入半导体导带；

(b) 热电子注入后，金属的电子能量再分布，在高温费米能级处形成费米-狄拉克分布；

(c) 光生电子和空穴流向半导体中不同区域，金属恢复热平衡态下的电子分布

研究人员在 Au/CdS 中间包裹一层 SiO₂，形成了 Au/SiO₂/CdS 等离子体光催化剂体系，他们认为利用 SiO₂ 绝缘层隔离了贵金属与半导体载体之间的电荷转移通道，从而表明该体系的光催化活性提高是由于金纳米颗粒的表面等离子体共振效应所产生的局域电磁场增强有效地激发了 CdS，并且他们的实验表明该催化体系的催化活性随着绝缘层 SiO₂ 厚度的增大而降低。此外，金属的尺寸和形状对由金属产生的电场具有显著的影响。Ingram 等总结了以上因素对电磁场场强的影响，并通过以下公式予以表达：$r/r_0 \propto \int I_0(\lambda) A_{SC}(\lambda) E_{SPR}(\lambda) d\lambda$。式中，$r/r_0$ 为反应速率的增加比例；I_0 为光源强度；A_{SC} 为半导体的吸收光谱；E_{SPR} 为 SPR 效应产生的电场场强。另外 PIRET 机制产生的必要条件是金属表面等离子体共振光谱和半导体吸收光谱产生重叠，且这种重叠与光反应的活性成正比。

7.5　光催化生物质重整制氢气

能源是当今社会赖以生存和发展的基础，也是制约国民经济发展和衡量综合国力的指标，对于国家安全的作用举足轻重，始终是世界各国优先发展的战略领域。目前，传统化石能源的利用效率低、环境污染严重以及逐渐匮乏的趋势使其将不能适应未来社会高效、清洁、经济、安全能源体系的要求。因此，利用可再生资源从非化石燃料中制氢，包括生物质制氢、太阳能光催化分解水制氢和可再生能源发电电解水制氢等，是最终解决国家能源安全和环境问题的根本出路。其中利用生物质制氢，作为解决能源问题的有效途径之一，近年来尤其引起世界各国研究人员的广泛关注。

7.5.1　光催化分解水制氢反应

光催化分解水制氢气是一种上坡反应（uphill），必须有光子提供能量才能进行。因为光直接分解水需要高能量的光量子（光波长小于 190nm），从太阳辐射到地球表面的光不能直接使水分解，所以只能依赖光催化反应过程。光催化是含有催化剂的反应体系，在光照下，激发催化剂或激发催化剂与反应物形成的络合物从而加速反应进行的一种作用。当缺少了光或者催化剂，该反应进行缓慢或不能进行。

（1）光催化分解水制氢的过程　整个光催化分解水的过程原理是半导体吸收能量大于其禁带宽度的光，激发价带上的电子跃迁到导带上，形成光生电子，在价带上形成空穴。迁移

到半导体表面的光生电子还原吸附在表面的氢离子生产氢气；空穴与吸附在半导体表面的水发生氧化反应，生成 CO_2，同时释放出质子。这一过程可用下列方程式表示：

$$H_2O + 光催化剂 + 2h\nu \longrightarrow H_2 + \frac{1}{2}O_2$$

由于导带的电子和价带的空穴可以在很短时间内在光催化剂内部或表面复合，以热或光的形式将能量释放。因此加速电子-空穴对的分离，减少电子与空穴的复合，对提高光催化反应的效率有很大的作用。

（2）光催化分解水的热力学分析

$$H_2O(l) \longrightarrow H_2(g) + \frac{1}{2}O_2(g) \quad \Delta G^\ominus = 237kJ/mol$$

从化学热力学上讲，水作为一种化合物是十分稳定的。在标准状态下若要把 1mol 的 H_2O 分解为氢气和氧气，需要 237kJ 的能量。这说明光催化分解水的过程是一个 Gibbs 自由能增加的过程（$\Delta G > 0$）。这种反应没有外加能量的消耗是不能自发进行的，是一个耗能的上坡反应，且逆反应容易进行。从理论上分析，分解水的能量转化系统必须满足以下的热力学要求：

首先，水作为一种电解质，$H_2O/\frac{1}{2}O_2$ 的标准氧化还原电位为 +0.81eV，H_2O/H_2 的标准氧化还原电位为 -0.42eV。在电解池中将 1 分子水电解为氢气和氧气仅需要 1.23eV。因此，入射光子的能量必须大于或等于从水分子中转移 1 个电子所需的能量，即 1.23eV。其次，并非所有的半导体都可以实现光催化分解水，其禁带宽度要大于水的电解电压（理论值 1.23eV），而且由于过电势的存在，禁带宽度要大于 1.8eV。对于能够吸收大于 400nm 可见光的半导体，根据其光吸收阈值（λ_g）与其 E_g 的关系式：$\lambda_g = 1240/E_g$，其禁带宽度还要小于 3.1eV。最后，光激发产生的电子和空穴还需要具有足够的氧化还原能力，即半导体的导带位置应比 H_2/H_2O 电位更负，价带位置应比 O_2/H_2O 的电位更正。因此，催化剂必须能同时满足水的氧化半反应电位 $E_{ox} > 1.23V$（pH=0，NHE）和水的还原半反应电位 $E_{red} < 0V$（pH=0，NHE）。

（3）光催化分解水的动力学分析　在满足热力学的要求，还需要满足动力学方面的要求。首先，自然界的光合作用对 H_2O 的氧化途径是四电子转移机制，即 2 个 H_2O 分子在酶催化剂上连续释放 4 个电子一步生成 O_2，波长不大于 680nm 的光子就能激发释放 O_2 的反应，且无能量浪费的中间步骤，这是对太阳能最为合理和经济的利用方式。但当今研究的人工产 O_2 多相体系，不管是利用紫外光的 TiO_2、$SrTiO_2$ 或利用可见光的 WO_3、CdS 等，都是采用的单电子或双电子转移机制，因此有很大的能量损失。其次，用光还原 H_2O 生成 H_2 不可能经过 H· 中间体自由基，因为这一步骤的还原电位太负：

$$H^+ + e^- \longrightarrow H \cdot \quad \frac{1}{2}E^\ominus(H^+/H\cdot) = -2.1V(pH=7, NHE)$$

因此，它只能经过双电子转移机制一步生成 H_2：

$$2H^+ + 2e^- \longrightarrow H \cdot \longrightarrow H_2 \quad E^\ominus(H^+/H\cdot) = -0.41V(pH=7, NHE)$$

然而，双电子转移机制的反应具有较高的超电势，一般需要用助催化剂来降低氢的超电势。最后，光激发的电子-空穴对会发生复合，这在人工太阳能转化中难以避免。在多相光催化中，当催化剂的颗粒小到一定程度时，体相的电子-空穴复合可以忽略，而只考虑在颗粒表面再结合的损失。电子和空穴的表面复合比较复杂，它与固体表面的组成和结构、溶液性质、光照条件等因素都有关系。

7.5.2　光催化重整木质纤维素基有机废弃物制氢

如前所述，由于空穴和电子在催化剂内部或表面可能直接复合，影响产氢效率，因此，通过给体系加入电子给体不可逆地消耗反应产生的空穴，可以提升催化产氢的反应效率。这样既抑制了逆反应，又提高了电子-空穴对的分离效率。例如，在 TiO_2 光催化分解水体系中加入电子给体 I^-，产氢效率明显提升。目前，许多光催化研究都采用添加牺牲剂的方法。从应用的角度考虑，人们主要关心的是光催化分解水制氢。许多有机物是很好的电子给体，能够显著提高光催化分解水产氢的效率。而木质纤维素衍生的化合物可以作为牺牲剂（电子给体）以降低光催化剂中光生电子-空穴对的复合速率。目前，已有多种木质纤维素的衍生化合物（如醇、多元醇、糖、芳香族化合物和有机酸）已被报道用作光催化制氢的电子给体。

在光催化重整生物质制氢领域，甲醇、乙醇等醇类化合物是最常用的制氢半反应的牺牲剂。1980 年，Kawai 等对光催化重整甲醇制氢反应进行了研究，其最高量子效率达到 44%。他们认为光催化重整甲醇体系类似于一个以 TiO_2 作为光阳极、贵金属作为对电极的光化学电池。Wu 等研究发现采用廉价的 CuO_x 作为 TiO_2 的助催化剂，可以有效地促进电荷的分离，进而大幅度提高 TiO_2 光催化重整乙醇的产氢活性。除了甲醇、乙醇外，甘油（丙三醇）是肥皂工业的副产物，它的重整制氢具有重要价值。研究发现，光照条件下，甘油在负载贵金属二氧化钛的表面可以转化为 H_2 和 CO_2。Montini 等利用光沉积的方法在 TiO_2 表面沉积金属 Cu，合成 Cu/TiO_2 催化剂，发现该催化剂在光催化甘油产氢反应中表现出较高的活性。其中，二氧化钛表面高度分散的 Cu 作为助催化剂替代贵金属，能大幅度降低催化剂的成本，而对反应液进行的气相质谱联用测试表明该反应的中间产物如 1,3-二羟基丙酮和羟基乙醛具有工业应用价值。在此基础上，作者提出了光催化甘油重整制氢反应的基本途径。

日本科学家 Kawai 和 Sakata 等利用 $Pt/RuO_2/TiO_2$ 催化剂，在水中光催化重整生物质及其衍生物制得氢气。例如甘氨酸、谷氨酸和脯氨酸，以及分子量为 10000～70000 的白明胶蛋白质为原料，如果在中性溶液中反应，则只有 H_2 和 CO_2 放出；在碱性溶液中反应，则只放出 H_2 和 NH_3。同时，作者也利用光催化降解技术对未经处理的生物质如海藻、昆虫尸体、人体尿液、动物粪便等初始原料进行研究，证明了光催化生物质制氢的可行性。之后，作者还对光催化重整糖类的反应进行了比较深入的研究。不但糖类、可溶性淀粉可以在光催化条件下产氢，甚至破碎的滤纸（主要成分为纤维素）也可在光催化条件下制氢。

目前，光催化重整木质纤维素制氢体系的研究尚处于初始阶段，大部分的研究仍主要在实验室规模上，且没有相关商业化的光催化重整制氢气报道。尽管如此，由于该过程经常在室温下进行，并且能量和原料都来自可再生资源，光催化重整技术对于绿色生物氢的可持续大规模生产来说是特别有发展前景的。

7.6　光催化升级木质纤维素基分子：高价值化学品的生产

将廉价的生物质分子转化为高品质的化学品在工业上具有极其重要的应用价值。光催化被认为是一个清洁、高效、技术简单、成本低廉的化学反应过程，目前研究人员已经探索了一系列光催化在化学合成中的反应应用，如氧化、还原、替代、异构、偶联等。

波兰科学院的 Juan Carlos Colmenares 等研究人员在光催化选择性氧化葡萄糖方面做了大量研究。该课题组采用不同的 TiO_2 作为催化剂，发现葡萄糖可以被选择性地转化成葡萄糖二酸和葡萄糖酸，这两种羧酸是农业和食品加工中非常重要的化工原料。作者发现当选择使用乙腈和水的混合溶液（体积比 1∶1）作为溶剂时，葡萄糖的转化率为 11%，产物的总选择性为 71.3%，而仅使用水作为溶剂，其液相产物的选择性迅速下降。而后，他们尝试使用超声辅助溶胶-凝胶法制备的高硅 Y 型分子筛负载的 TiO_2 样品，去提升葡萄糖的选择性氧化的选择性。当采用乙腈和水的混合溶剂（体积比 1∶1）时，反应时间为 10min，获得葡萄糖的转化率提升至 15.5%，产物的总选择性下降为 68.1%。同样的，该反应在水溶剂中无任何选择性。之后，作者采用 Fe 和 Cr 掺杂的 TiO_2 进行光催化反应。当以 Fe/TiO_2 为催化剂时，在混合溶剂中反应 20min 可达到 7.2% 的转化率，且葡萄糖酸和葡萄糖二酸的选择性达到 94%；当以 Cr/TiO_2 为催化剂时，转化率达到 8%，总选择性为 99.7%。当作者尝试延长反应时间时，他们发现产物的总选择性反而会随着时间的延长而迅速下降。

Minero 等通过对比 Evonik P25 和 Merck TiO_2 的光催化氧化甘油反应，并推测了反应机理（图 7-7）。当以 Evonik P25 为催化剂时，在较低转化率下，甘油先转化成甘油醛和二羟基丙酮，然后生成甲醛和乙醇醛，由此作者推测 Evonik P25 上甘油的氧化是一个直接电子转移过程。但当以 Merck TiO_2 为催化剂时，生成的主要产物是甘油醛和二羟基丙酮，作者认为在 Merck TiO_2 上的甘油氧化反应是自由基反应历程。由此可见，TiO_2 表面性质的差异有可能导致甘油氧化反应经历不同的路径。

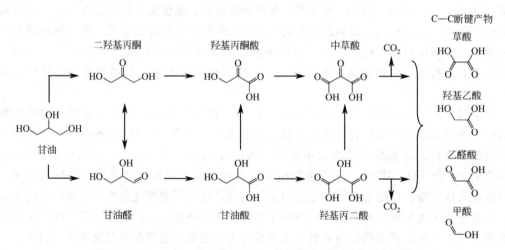

图 7-7　Evonik P25 和 Merck TiO_2 的光催化氧化甘油反应路径

基于以上的研究，为了提高生物质的利用效率，李灿院士课题组在无氧条件下，以负载不同贵金属的 TiO_2 为催化剂，通过光催化的方法实现生物质高值转化和产氢。该课题组通过对催化剂设计以及反应过程中的活性氧物种的分析，探讨了影响产物选择性的因素。负载 Rh/TiO_2 的光催化剂在光照条件下，能在水溶剂中将甘油以 C—C 键断裂的方式转化为羟基乙醛（HAA），同时释放出 H_2 和甲酸。作者通过调变 TiO_2 暴露的晶面，发现 TiO_2 暴露的晶面对产物羟基乙醛的选择性很大。金红石高比例暴露 {110} 晶面时，产物 HAA 的选择性高达 90% 以上，而锐钛矿 TiO_2 暴露 {001} 晶面时，产物 HAA 的选择性仅有 48%。

进一步的电子顺磁共振分析和理论计算结果表明，H_2O 在金红石相 TiO_2 ｛110｝晶面活化生成氧化能力温和的过氧物种 TiOO·，而锐钛矿相 TiO_2 暴露 ｛001｝ 和 ｛101｝ 晶面产生无选择性活性氧物种·OH。因此，作者推测不同 TiO_2 的表面结构及光催化过程中产生不同的活性氧物种是造成产物 HAA 选择性差异的主要原因。

之后，他们以葡萄糖作为反应底物，在同样的反应条件下，葡萄糖以 C1—C2 断裂方式转化为阿拉伯糖、赤藓糖，同时生成 H_2 和甲酸（图 7-8）。在高比例暴露 ｛110｝ 晶面的金红石相 TiO_2 催化剂上，葡萄糖转化率为 65%，阿拉伯糖和赤藓糖的总选择性达到 90% 以上。通过对所有产物进行计算发现葡萄糖和水的反应是以化学计量比进行的。在该反应中 H_2O 被 TiO_2 的光生空穴活化后，生成的活性氧物种是该反应中的氧化剂。可能的反应途径如图 7-8 所示，活性氧物种进攻葡萄糖分子，经过 C1—C2 键断裂脱掉 1 分子氢气生成阿拉伯糖和甲酸；随着阿拉伯糖生成量逐渐增加，阿拉伯糖与葡萄糖之间发生竞争反应，阿拉伯糖被活性氧物种氧化，经 C1—C2 键断裂生成赤藓糖、甲酸和 1 分子的氢气。

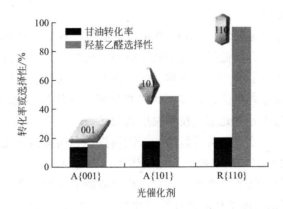

图 7-8　光催化氧化葡萄糖反应路径

芳香类化合物是木质素中的重要组成部分。应用芳香类化合物进行高值化转化，可缓解对传统石油化石燃料的需求紧张，是生物质资源化利用的有效途径。通过芳香类化合物制取芳香醛，在有机合成中有重要的工业价值。而在过去的研究中，一般采用的都是铬酸盐（Cr^{6+}）和高锰酸盐（Mn^{7+}）等高毒性高污染的强氧化剂，且反应条件多为高温高压，能耗甚高。近期，光催化选择性氧化技术的发展为解决这一难题提供了一个崭新的思路，即以氧气或空气作为氧化剂，利用光能在温和条件下驱动反应，实现芳香醛的绿色合成。

2008 年，Palmisano 教授等在研究 TiO_2 对苯甲醇选择性氧化反应时发现，一种结晶度不高的二氧化钛（rutile）可以在紫外光的作用下选择性氧化苯甲醇以及对甲氧基苯甲醇，这两种底物在光催化过程中生成苯甲醛和对甲氧基苯甲醛的选择性分别达到 38％和 60％，相比而言，商品 TiO_2 的选择性为 9％和 21％。尽管反应中获得的选择性不高，但这两项报道确立了光催化技术在选择性氧化合成芳香醛反应中的可行性，同时也为光催化选择性氧化技术的推广提出了新的要求，即如何通过光催化剂的设计和反应条件的优化提高光催化氧化过程的选择性和反应效率。

目前已有多项研究报道展示出 TiO_2 半导体光催化过程的高度选择性，但由于 TiO_2 可见光吸收范围窄、量子产率较低等缺陷限制了应用。根据半导体光催化的基元过程，半导体光催化的效率与光生载流子的产生、迁移、复合以及氧化还原能力联系密切。毫无疑问，如何提高光生电荷的有效分离和快速迁移、如何避免可能的体相/表面复合、如何提高入射光利用率和可见光响应范围等是光催化技术发展的瓶颈。

中科院化学所的赵进才研究员课题组创新性地提出利用染料敏化的 TiO_2 与 2,2,6,6-四甲基哌啶氧自由基（TEMPO）组成光催化剂体系，在可见光作用下实现了对苯甲醇、正己醇、环己醇等多种醇分子的选择性氧化，合成相对应的醛或酮，并且反应中的选择性均接近 100％。他们认为该催化剂体系在醇选择性氧化反应中的高选择性是由于一连串的电子及自由基的转移过程：在可见光作用下，染料分子受到光子激发，将电子注入相邻 TiO_2 的导带，而染料分子变成自由基，将 TEMPO 分子氧化成 $TEMPO^+$，$TEMPO^+$ 可以将醇分子选择性氧化至醛分子，导带上的电子与溶剂中的 O_2 分子作用生成超氧自由基 O_2^-，重启染料敏化的催化循环。为了进一步说明光催化选择性氧化的反应机理，他们利用氧同位素交换实验研究了醇分子羟基上的氧原子在光催化过程中的传递途径。在光催化反应过程中，醇分子羟基上的氧原子与 O_2 中的一个氧原子相置换，生成相应的羰基化合物。基于顺磁共振、氧同位素标记、拉曼光谱、同位素效应动力学等试验结果，提出以下反应机理（图 7-9）：在光照条件下，α-C 上的 H 原子脱离，O_2 分子中的氧原子分别插入 α-C 和 Ti^{3+} 形成 C—O 键和 Ti—O 键，随后氧分子裂解，最终形成醛、酮分子和过氧化氢分子，在反应之中 O_2 分子的插入是光催化选择性氧化醇分子过程中的关键决速步骤。

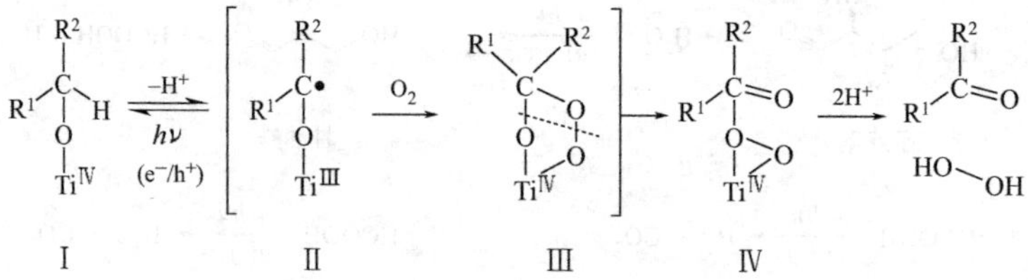

图 7-9　三氟甲苯溶剂中二氧化钛光催化选择性氧化醇分子过程中氧原子的转移过程

为了表明苯甲醇及其衍生物作为反应底物对选择性氧化反应活性的影响，Higashimoto 等研究人员通过反应动力学、电子顺磁共振谱等实验手段研究了不同取代基的芳香醇在可见光条件下 TiO_2 催化的选择性氧化过程。他们认为在反应中醇分子在 TiO_2 表面相互作用形成的表面复合物，使二氧化钛具备可见光活性，在可见光下获得 99% 的醛选择性。研究表明，在给电子基团如甲氧基（—OCH_3）、甲基（—CH_3）、乙基〔—$C(CH_3)_3$〕和吸电子基团如氯基（—Cl）、三氟甲基（—CF_3）和硝基（—NO_2）取代的苯甲醇衍生物都比苯甲醇分子的光催化反应活性要高，作者认为反应活性的提升是由于苯甲醇上有取代基团时，苯甲醇易形成自由基正离子，且 α-C 在脱氢反应过程更容易。

大阪大学 Shiraishi 教授在《美国化学会志》上报道了一种具有特殊空间结构的 Au/TiO_2 等离子体光催化剂，他们成功地在 Anatase/Rutile TiO_2 混晶的界面上负载金纳米颗粒，并在可见光条件下，利用合成的催化剂实现了芳香醇的选择性氧化，反应效率高且选择性好，并在实验基础上提出载体材料的电子-空穴复合速率及电子的迁移过程对于表面等离子体光催化材料的催化性能至关重要。随后，他们又证实了金属-氧化物界面在热电子输运中的巨大影响，并用实验手段探测了可能的金属-氧化物热电子注入过程对反应活性的影响（图 7-10）。他们通过构建具有不同肖特基势垒的金属-氧化物界面，如肖特基势垒分别为 2.8eV 的 Pt/Ta_2O_5 和 1eV 的 Pt/TiO_2，他们发现，在 2-丙醇的室温选择性氧化反应中，Pt/Ta_2O_5 光反应活性增强系数远超 Pt/TiO_2 体系。他们提出的解释是光照下 Pt 表面产生的大量热电子都被注入 TiO_2 体相中，因而热电子利用效率低，而在 Pt/Ta_2O_5 体系中，因为过高的肖特基势垒而无法发生金属-氧化物界面的电子注入过程，因而更有效地直接参与到金属表面催化反应中。为了验证此假设，他们利用电子自旋共振（ESR）手段通过检测氧化物载体表面的氧活化物种来间接探测金属-氧化物间的电子转移。结果发现，光照之后的 Pt/TiO_2 暴露于氧气气氛之后，检测到了大量的超氧酸根物种，而 $Pt-Ta_2O_5$ 上面却没有检测到相应的氧活化物种，说明 $Pt-TiO_2$ 之间存在大量的电子转移，因此载体 TiO_2 上能够产

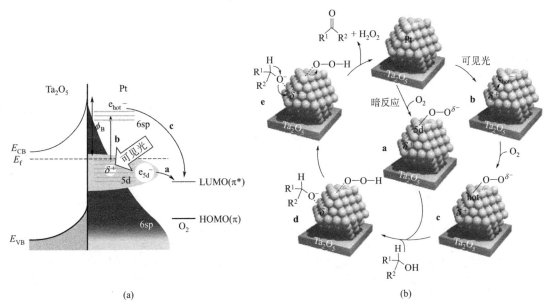

(a)　　　　　　　　　　　　　　　(b)

图 7-10　Pt/Ta_2O_5 在选择性氧化醇分子过程机制

（a）Pt/Ta_2O_5 界面的能级图；（b）Pt/Ta_2O_5 在黑暗和光照条件下选择性氧化醇分子机理

生大量的活性氧物种，这也就证实了电子转移过程在热电子参与的表面催化反应中的巨大影响。

CeO$_2$作为一种的金属氧化物半导体，可以替代二氧化钛成为光催化剂。Kominami 研究组在 2012 年的《美国化学会志》上发表了利用二氧化铈作为 Au 纳米颗粒的载体，合成的等离子体光催化剂在可见光作用下选择性氧化苯甲醇。以发光波长为 530nm 的 LED 灯为光源时，Au/CeO$_2$ 可以在水相中催化氧化芳香醇合成芳香醛。另外，Au/CeO$_2$ 在可见光下的催化活性主要依赖于金纳米颗粒的比表面积而不是金纳米颗粒的总量。他们还通过多步光化学沉积的方法合成了 Au/CeO$_2$。相比一步法，多步法合成的金纳米颗粒粒径更大、催化活性更高，是单步法合成催化剂的 2 倍。

众所周知，金属催化剂的表面电子态和几何参数与催化活性有着密切的联系，而双金属的电子与几何效应可以协同作用，从而进一步提高催化剂的活性、选择性和稳定性。目前，研究者们已经通过不同的方法合成制备出种类繁多的双金属纳米结构，如合金结构、核壳结构和异质结构。其中朱怀勇教授的课题组将金-钯合金负载到 ZrO$_2$ 上得到的 Au-Pd/ZrO$_2$，并验证了其在可见光或太阳光的照射下选择性氧化苯甲醇的能力。在随后的实验中得出，由于 Au、Pd 双金属改变了纳米粒子表面钯位点的分布情况及催化剂表面电子状态，从而对催化活性表现出极强的协同效应。但是，Shiraishi 教授则给予了另外一种解释，他们系统地研究了 Au-Cu/TiO$_2$ 光催化剂，表示由于 Au 纳米颗粒的等离子体共振效应激发热电子将 Au-Cu 合金中的 Cu^{2+} 还原至 Cu^0，维持醇分子选择性氧化反应的循环进行。最近，山东大学的刘宏教授报道了一种由 Au-Pd 合金负载的 TiO$_2$ 纳米带，实验发现合金中的钯位点可以快速捕获由金位点 SPR 效应激发的热电子，因此在液相催化苯甲醇的反应中展现出比单一金属（Au 或 Pd）/TiO$_2$ 更高的催化活性。

第8章 生物炭复合材料的研究进展

　　人类目前所面临的所有全球性问题中最严重的是能源危机、气候变化和环境污染问题。各行各业的人都在寻找低成本、环境友好的研究途径来解决这些问题。这些研究中一个重要方向是具有多种功能的复合材料的开发。例如，生物质可以转化为生物燃料，用作替代能源。因此人类可以开发具有高储存能力的材料，用于储存低成本、清洁的可再生能源，如太阳能、风能和生物质能。为了解决全球变暖问题，可以开发吸附剂或催化材料来去除污染物或捕获二氧化碳。由于碳材料在能量储存、催化、吸附和气体分离和储存中的潜在应用，所以被认为是解决许多现实问题（如环境污染和全球变暖）的理想候选者。例如结晶碳纳米管/纳米纤维和石墨烯的合成，以及具有可控性质和功能性的无定形碳、活性炭和炭黑材料的合成。然而，这些方法通常需要烦琐的合成方法以及有机溶剂和电化学处理。此外，它们常常依赖相当昂贵的基于化石燃料的前体，使用金属催化剂和涉及高加热温度的复杂装置，这些都不是环境和经济上可持续的。正因为如此，上述缺点限制了碳材料的大规模生产和商业化应用。与此同时，天然丰富的生物质资源，如稻壳、豆秆、玉米秸秆和锯屑生产的木质纤维素，用于合成各种功能材料的原料碳展现出巨大的潜力。例如，在缺氧条件下不同热解速率制备的木质纤维素生物质，在近年来已经被深入研究和商业应用。在典型的热化学分解热解过程中，除了可再生液体燃料（生物油）之外，还产生了称为生物炭的固体残渣。平均发热量为17MJ/kg的生物油不仅可以直接用作锅炉系统、柴油发动机、燃气轮机和斯特林发动机的低档燃料，甚至可以转化为生物燃料用作化石燃料的替代品。据报道，它还被用于经过一系列复杂的工艺提取为有价值的化学品。几乎所有类型的木质纤维素生物质通过单一步骤热化学转化成包含酸、醇和酮的复合产物以及芳香烃类化合物从而获得生物油。这些化合物可以使用催化酯化、加氢处理、裂解等进行转化，生成单质碳和芳族化合物以及 H_2，所有这些都可用于替代燃料或精细化学原料。

　　生物炭的制备条件是在 350～700℃，在厌氧或缺氧的条件下进行热解。由此方法能够获得高含碳量、具有较大比表面积的固体材料。目前生物炭主要由木炭、稻壳炭、秸秆炭和竹炭等组成。生物炭中含有碳、氢、氧、氮、硫以及少量的微量元素，其组成结构为芳香烃和单质碳或具有石墨结构的碳。

　　从结构上看，生物炭和活性炭之间没有根本的区别，因为它们都是具有丰富孔隙度的无定形碳。活性炭甚至也可以被认为是某种活性生物炭。然而，与活性炭不同的是生物炭通常具有丰富的表面官能团（C—O、C＝O、COOH 和 OH 等），可被各种官能团修饰用于合成各种碳材料。

从大型工业设施到个体农场的规模都可以生产生物炭，因为它是在生物质热解中形成的固体残留物。一般情况下，2000kg 生物质热解后，可以生产约 700kg 的生物炭（产量 30%~40%）。通过一系列方法对生物炭进行物理和化学的表征表明，它具有相对较低的孔隙率和比表面积，但含有丰富的表面官能团，以及矿物质如 N、P、S、Ca、Mg 和 K。这些性质使得生物炭可直接作为吸附剂和催化剂使用。更重要的是，易于修饰的表面功能和孔隙率使生物炭成为许多其他功能材料合成的载体。如图 8-1 所示，生物炭通过关键载体的功能合成许多功能化碳材料。事实上，尽管生物炭功能化还处于初始阶段，但是其在催化、储存、污染物的去除和 CO_2 捕获等领域已经广泛应用。更重要的是，功能化的生物炭材料的大规模应用是可持续的过程。因为废物转化为生物炭时可以减轻人为 CO_2 排放量。

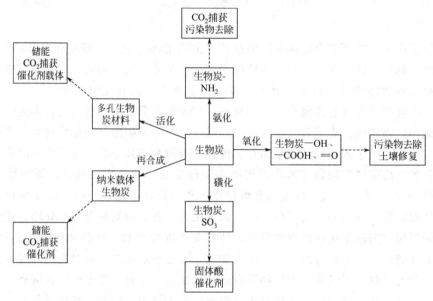

图 8-1　作为碳材料基质的生物炭的各种修饰功能及应用

在生物炭生产和应用的可持续发展的理念下，CO_2 首先通过绿色植物的光合作用从大气中去除；在热解作用下，通过光合作用吸收储存于植物体中的 CO_2 与生物炭的最终碳结构相结合，展示了从碳循环中去除二氧化碳的有效途径，从而有助于降低气候改变导致的缓解全球变暖的威胁。例如，据估计，将碳储存在生物炭中每年可避免排放 0.1 亿~0.3 亿吨二氧化碳。此外，热解过程中生产的生物油可用作生物燃料，因此也可能抵消化石燃料二氧化碳排放。据预测，21 世纪生物炭的累积而避免的排放大约为 48.91 亿吨二氧化碳。

近几年来，热解生物炭的应用潜力受到人类越来越多的关注，人们意识到生物炭可以为功能化碳材料的合成提供一个多功能且高效的平台。这种意识导致了研究兴趣的相当大的转变，以解决生物炭在催化、储能和环境保护方面的各种潜在应用。自 2008 年以来，与生物炭的制备和应用相关的出版物快速增长。例如，Manya、Meyer 等以及 Laird 等对生物炭生产技术、经济和气候相关方面及其在土壤修复中的应用进行了总结。然而，这些研究只集中在生物炭的一些具体方面，主要是生物炭生产和土壤修复和污染物去除的应用。迄今为止，还没有关于生物炭材料催化和储能应用的形成机制、特征或功能化的综合评估。特别是对于在这些材料的应用中发挥关键作用的生物炭功能材料的优缺点进行系统的评估，目前在这些方面还尚未有报道。全面分析生物炭功能材料的研究进展、挑战和机遇是非常重要的。特别是需要对催化、储能和环境保护方面的应用进行综合评估。在本章中，我们将讨论生物质热解过程中生物炭形成的机理、生物炭的特征、表面性质和功能的调节以及官能化生物炭的应用，从而对未来生物炭基功能化的方面提出一些建议。

8.1　生物质热解生物炭的制备、特征和机理

由于生物炭的主要来源是生物质热解，在考虑生物炭生产机理及其结构或组成之前，首先要了解热解过程本身。基于加热速率的差异，热解主要分为快速热解和缓慢热解。快速热解通常指的是在中等温度（如 $400 \sim 600℃$）及无氧条件下低密度生物质（如加热值至 $11MJ/kg$）的热分解，此过程具有非常高的加热速率（如 $>300℃/min$）和短的蒸汽停留时间（如 $0.5 \sim 10s$）。该过程制备生物炭时产生出称为生物油（加热值约为 $17MJ/kg$）的高能量密度液体，及相对低能量密度的气体（加热值约为 $6MJ/kg$）。缓慢热解是指生物质在较宽的温度范围（$300 \sim 800℃$）下的炭化，其特点是加热速率较低（$5 \sim 7℃/min$）和蒸汽停留时间较长（通常大于 $1h$）。在此过程中，生物炭是主要产品。在热解过程中，在无氧的情况下将生物质加热至高于 $300℃$ 的温度时，有机组分被加热分解释放出气体，而剩余的组分则以固相形式保留在生物炭中。然后将气体冷却产生具有极性和高分子量化合物缩合而成的生物油，而低分子量挥发性化合物（如 CO、H_2、CH_4 和 C_2H_2）保留在气相中。热解过程中发生的物理和化学反应非常复杂，这主要取决于反应器条件，加热速率和生物质的性质。

文献已经报道，生物质热解生物炭的制备可追溯到数千年前。人类可以使用各种热解方式制备生物炭，包括缓慢热解、快速热解和热解气化。由于制备生物炭时，产生了大量的可再生生物质能源，如生物油和天然气，所以从生物质制备成生物炭既具有经济效益又具有环境可持续性。另外热解生物炭还有一个优点就是降低了温室气体的排放量。例如，Yoder 和他的同事们已经从木质纤维素生物质的热解过程中分析出生产生物炭和生物油的经济效益。他们计算了在热解过程中生物炭和生物油的二次生产函数，并计算出在不同温度下生物油和生物炭的产量表征和产物转化曲线。这些函数可以用于推出生物炭的最佳热解温度，及在不同经济条件下制定生物炭和生物油的价格。给定生物炭的产量和性质主要取决于每个热解过程的特征和生物质原料的性质。表 8-1 总结了不同热解过程的特征和这些过程中生物炭的一般产率。如表 8-1 所示，生物炭是缓慢热解的主要产物，产率为 $35\% \sim 50\%$。在通常情况下，热解温度越高，生物炭的产量越低。

表 8-1　不同热解过程的特征和生物炭在这些过程中的典型产量

项目	缓慢热解	快速热解	光热解	热解气化
加热速率/(℃/min)	5～7	300～800	约1000	—
温度/℃	300～800	400～600	400～1000	750～1000
停留时间	>1h	0.5～10s	<2s	10～20s
典型反应堆	固定床	流化床	流化床	流化床
主要产物	生物炭	生物油	气体	气体
生物炭产量(质量分数)/%	35～50	15～35	10～20	10～20

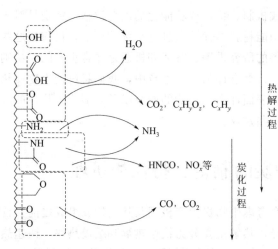

图 8-2 生物质热解随温度升高而分解的过程

相比之下，生物炭中的固定碳含量通常随温度上升而升高（图 8-2）。这种现象的主要原因如下：在热解阶段，挥发性物质（如 H_2O、CO_2、CO、NH_3、HCN 和 $C_xH_yO_z$）随机释放，导致生物炭产率稍微降低。随着温度进一步升高，富含碳的化合物如 $C_xH_yO_z$ 显著降低，而其他具有较少碳（如 CO、CO_2 和 NO_x）含量的化合物则不断释放。这一过程显示了残余物中的固定碳含量不断增加。除了产率和固定碳含量之外，生物炭比表面积和孔径分布等结构特征也受热解温度的影响。温度的升高会导致生物质表面释放出更多的挥发性物质，从而产生具有更多孔的生物炭，并显著增加炭的比表面积。

据报道，生物质水分含量较高时（42%～62%），提高压力可以增加生物炭的产量。随后许多研究都证实了这一点。这一发现表明，对制备生物炭来说，含水量高的生物质可能更加有潜力。除了水分含量之外，另一个需要考虑的重要因素是生物质的固有组成，如纤维素、半纤维素、木质素和无机物质。所以高木质素生物质（如松木和云杉木材）的热解可以获得产率和固定碳含量高的生物炭。另一方面，无机物质，如碱金属或碱土金属化合物，对生物质分解和成炭反应具有固有的催化活性。研究发现生物质原料用热水或酸溶液预处理降低灰分含量时，可以提高生物炭产量。18 种类型的生物质原料（如木本生物质、草本生物质、大型藻类、纸张生物质）制备生物炭的产量会随着热解温度的升高而降低。在所有研究的产品中，发现木本生物质（如硬木、松木和木质油）制备的生物炭具有较高的碳含量，但多环芳烃与总有机碳之间的比例相对较低，而来自草本生物质制备的生物炭的碳含量较低，但多环芳烃与总有机碳之间的比例高。他们还发现生物炭的比表面积和 pH 值主要受热解温度的影响，而生物炭的碳封存能力、矿物质浓度、总有机碳含量和灰分主要受生物质原料性质的影响（表 8-2）。这些结果表明，通过原料和生产温度的合理组合，可以微调生物炭的特性，因此也可能为特定的环境或农业应用开发"设计"专用的生物炭。

表 8-2　通过不同生物质原料热解制备的生物炭的物理化学性质

生物炭原料	温度/℃	总碳/%	固定碳/%	热解或炭化后潜在的碳封存/%	产率/%	挥发物质/%	灰分/%	pH 值	阳离子交换能力/(cmol/kg)	BET-N_2比表面积/(m²/g)
牛粪	500	43.7	14.7	41.8	57.2	17.2	67.5	10.2	149	21.9
猪粪	500	42.7	40.2	26.6	38.5	11	48.4	10.5	82.8	47.4
虾壳	500	52.1	18.9	34.3	33.4	26.6	53.8	10.3	389	13.3
骨渣	500	24.2	10.5	23	48.7	11	77.6	9.57	87.9	113
污泥	500	26.6	20.6	21.1	45.9	15.8	61.9	8.82	168	71.6
废纸	500	56	16.4	24.7	36.6	30	53.5	9.88	516	133
锯屑	500	75.8	72	28.5	28.3	17.5	9.94	10.5	41.7	203

生物炭原料	温度 /℃	总碳 /%	固定碳 /%	热解或炭化后潜在的碳封存 /%	产率 /%	挥发物质 /%	灰分 /%	pH 值	阳离子交换能力 /(cmol/kg)	BET-N₂ 比表面积 /(m²/g)
草	500	62.1	59.2	28	27.8	18.9	20.8	10.2	84.0	3.33
麦秸	500	62.9	63.7	26.4	29.8	17.6	18.0	10.2	95.5	33.2
花生壳	500	73.7	72.9	34.4	32	16	10.6	10.5	44.5	43.5
小球藻	500	39.3	17.4	33	40.2	29.3	52.6	10.8	562	2.78
水草	500	25.6	3.84	47.1	58.4	32.4	63.5	10.3	509	3.78
猪粪	200	37	12.6	45.1	98	50.7	35.7	8.22	23.6	3.59
	300	39.1	34.7	31.5	57.5	27.4	37.2	9.65	49.0	4.26
	400	42.7	40.2	26.6	38.5	11	48.4	10.5	82.8	47.4
	500	45.3	19.2	31.4	35.8	10.7	69.6	10.8	132	42.4
麦秸	200	38.7	22.5	40.7	99.3	70.2	7.21	5.43	32.1	2.53
	300	59.8	53.2	45.3	52.5	31.3	14.7	8.69	87.2	3.48
	400	62.9	63.7	26.3	29.8	17.6	18.0	10.2	95.5	33.2
	500	68.9	72.1	34.1	26.8	11.1	16.2	10.2	146	182

　　虽然慢速热解是传统的生物炭生产技术，并且被广泛应用，但其固有的缺点，即能源效率低下和耗时问题使得它不太可能成为未来生物炭的理想制备方法。如果生物油和气体副产物可以以适当的方式被利用，由此可显著提升制备生物炭的成本效益和环境可持续性。一些更有效的生物炭制备方法如下所述：①通过向间歇式反应器连续进料而提高能源效率，充分燃烧废气产生可利用的热量来减少相应的污染排放，在这种情况下，流化床反应器较常规固定床反应器具有更大的优势；②通过使用无氧渗透的放热操作来提高能量效率和生物炭产量；③通过调整工作条件及生物炭特性，如纹理特征和表面化学性质来提高材料性能；④通过回收生物炭生产的副产品，改善工艺经济性，减少污染物排放；⑤扩大生物质原料生产基地，使木本和草本生物质如农业废弃物或草可以转化为生物炭。为了实现这些目标，快速热解、快速炭化和热解气化较慢速热解的优势更加明显。虽然这些技术生产的生物炭产量低于慢速热解，但其能源效率大大提高，污染物排放明显减少。此外，这些技术可生产大量的生物油和气体副产品，可以在许多领域进行应用。

8.2　生物炭裂解过程的机理

　　为了在阐明生物炭制备过程中的机理，对生物炭形成过程中的物理转化和化学反应的研究是必不可少的。在热解过程中，生物质中的半纤维素、纤维素和木质素分别以不同的速率和不同的路径机制进行反应。这三种组分的分解速率和程度主要取决于工艺条件，如反应器类型、温度和加热速率。例如，在热解过程中，半纤维素首先在200～260℃的温度下分解；纤维素在240～350℃的温度下分解，木质素分解在280～500℃的温度下进行。生物炭形成的总体机制主要包括生物质成分（即纤维素、半纤维素和木质素）的热解机理。纤维素热解机理的特征在于减少聚合度，发生在两个基本反应中：①在低热解温度和缓慢加热速率下纤维素分解和炭化；②伴随着高热解温度和快速加热速率形成左旋葡聚糖的快速挥发。

在热解过程中，纤维素最初解聚成寡糖，然后裂解葡糖苷键以产生 D-吡喃葡萄糖。进而分子内重排以形成左旋葡聚糖。左旋葡聚糖是纤维素热解中的重要中间体，可以通过脱水过程形成左旋葡萄糖酮，然后可以通过几个途径进行，包括脱水、脱羧、芳构化和分子内冷凝，形成固体生物炭。另外，左旋葡聚糖可以经历一系列重排和脱水过程，形成羟甲基糠醛，进一步分解，产生更易挥发的生物油和合成气。它也可以经历一系列聚合芳构化和分子内缩合反应，形成生物炭（图 8-3）。

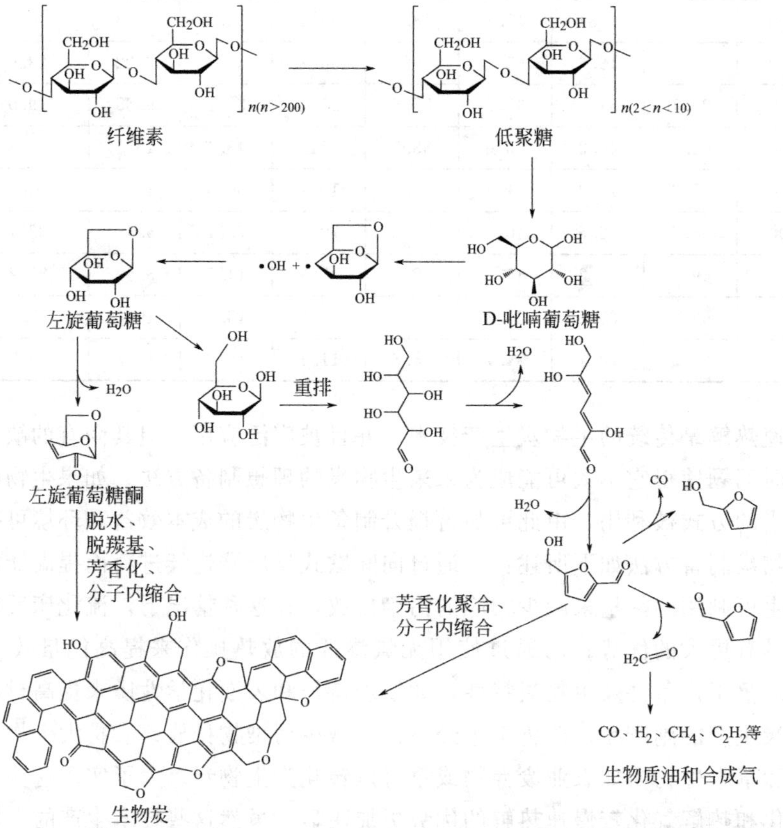

图 8-3　纤维素热解形成生物炭机制

半纤维素热解的机理与纤维素的机理相似，它也从解聚开始形成寡糖，随后切割木聚糖链的糖苷键和解聚的分子的重排以产生 1,4-脱水-D-吡喃木糖。1,4-脱水-D-吡喃木糖作为半纤维素热解中的中间产物。它可以进一步经历几个途径，如脱水、脱羧、芳构化和分子内缩合，形成固体生物炭，或者可以分解成低分子化合物生物油和合成气（图 8-4）。

与纤维素和半纤维素相比，木质素的结构更复杂，这导致它的分解机制更复杂。自由基反应是木质素热解途径中最重要的机制之一。如图 8-5 所示，通过 $\beta\text{-}O\text{-}4$ 木质素键断裂产生自由基。这被认为是自由基链反应的起始步骤。自由基可捕获具有弱 C—H 或 O—H 键（如 C_6H_5OH）的其他物质的质子，因此形成分解产物香草醛和 2-甲氧基-4-甲基苯酚。在反应时间之后，自由基被传递到其他物质进一步反应，这导致链传播。最后，当两个基团相互碰撞以形成稳定的化合物时，连锁反应终止。然而，由于在热解过程中观察自由基是非常困

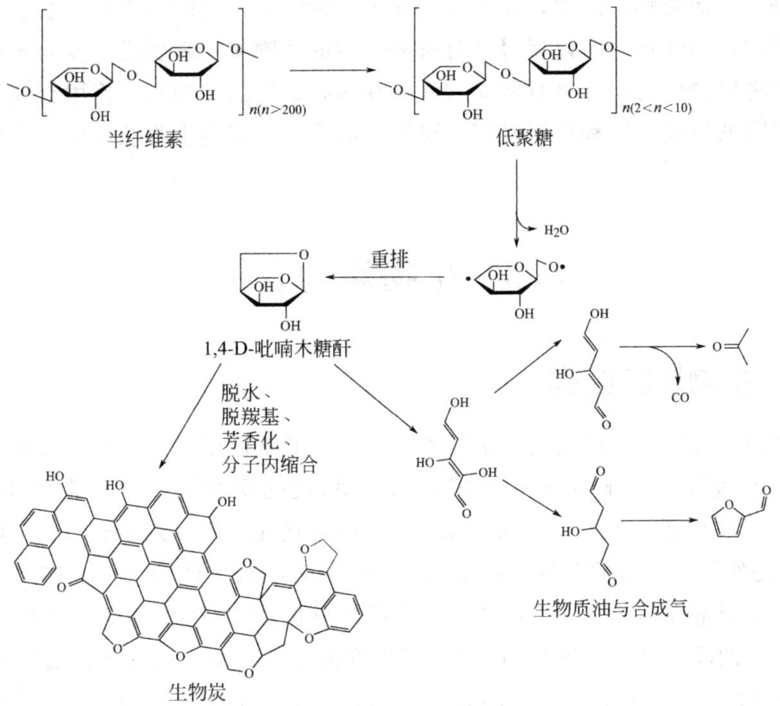

图 8-4 半纤维素热解形成生物炭机制

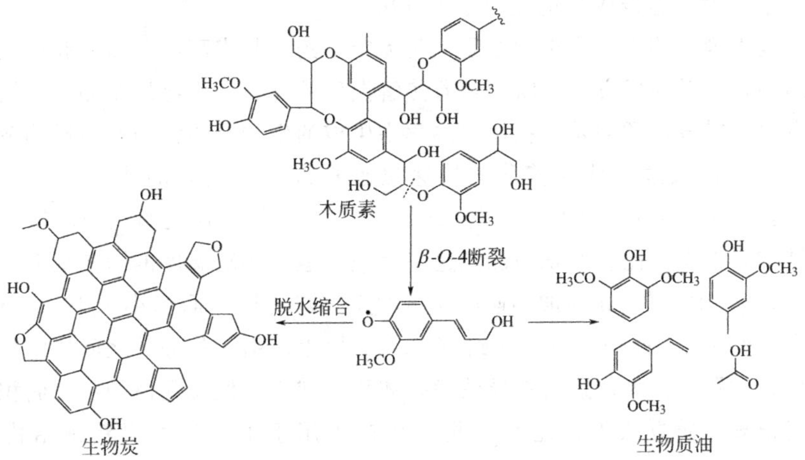

图 8-5 木质素热解形成生物炭机理

难的，目前澄清木质素热解的确切机理仍然是一个非常具有挑战性的任务。

除了纤维素、半纤维素和木质素之外，生物质中还有一些无机物质也可以极大地影响生物炭的形成。在热解过程中，K 和 Cl 是高度流动的并且可以在相对较低的温度下蒸发。相比之下，Ca 和 Mg 与有机分子离子或共价形式结合并在高温下蒸发。P、S 和 N 与植物细胞内的复杂有机化合物共价结合，并在低速热解温度下分解。生物质热解过程也可以描述为自催化过程，因为生物质中的一些无机组分，特别是碱金属和碱土金属 K、Ca 和 Mg 可以对生物炭结构产生显著的催化作用。例如，一些含 K 的化合物可以催化在热解过程中产生的挥发物的二次裂解。这导致生产更多气态化合物，如 CO、H_2、CH_4、C_2H_4 和 CO_2，这又导致生物炭进一步地裂解。然而，在某些情况下，特别是复杂的木质纤维素生物质，单独的固有无机物质的自动催化不足以获得具有所需性质的生物炭。需要进一步的研究来开发有效的催化剂，以将生物质转化为具有所需官能团和多孔结构的生物炭。使用有效和合适的催化剂反过来可以降低反应温度和停留时间，更重要的是还可促进生物质直接制备成杂化或纳米结构的材料。

8.3 生物炭的表征

8.3.1 生物炭的结构

生物炭的结构可以使用广泛的分析技术来分析。通常使用的常规分析仪器为扫描电子显微镜（SEM）和透射电子显微镜（TEM）。对生物炭的微观结构表征常使用 X 射线衍射（XRD）、拉曼光谱和能量色散 X 射线（EDX）。可以使用 BET 方法分析比表面积和孔隙结构，其中 N_2 是使用最广泛的载气。它也适用于生物炭结构特征的表征，如比表面积和孔隙度。然而，对于通常在生物炭材料中丰富的微孔的分析，N_2 吸附-脱附等温线并不适用于提供关于纹理特征的准确结果。这是因为 N_2 可以在微孔内冷凝，阻止气体吸附并在低温（如 77K）下进行交换。作为替代方案，CO_2 可以提供更准确的值。因为与 N_2 不同，其可以在较高温度（273K）下使用。实际上，CO_2 吸附-脱附等温线已取代了生物炭材料的 BET 分析中的 N_2 吸附-脱附等温线成为更优的分析方法。

通过这些技术确定的生物炭结构本质上是无定形的，其中高度共轭芳族片状结构的一些局部有结晶结构，并以随机方式交联。随着热解温度的升高，生物炭微晶尺寸增加，整个结构变得更加有序。应该注意的是，在快速热解中生成的生物炭通常与在缓慢热解条件下获得的结构差异很大。据报道，从含羞草的快速热解获得的生物炭的比表面积通常为 $7.7 \sim 7.9 m^2/g$，几乎没有孔隙率；相反，生物质缓慢热解产生的生物炭的比表面积更高，具有更发达的多孔结构。生物炭比表面积与加热速率无关，但受热解温度的影响很大。在低温（如 450℃）下，以 $30 \sim 1000℃/h$ 的加热速率获得的生物炭的比表面积小于 $10m^2/g$。当温度升高到 750℃时，这些比表面积急剧增加到 $400m^2/g$ 以上。由于相邻孔之间的壁分解，高的热解温度也会导致微孔的扩大。这可能导致微孔体积的减小，但总孔体积和表面积增加。

除了上述常规表征方法外，还有一些表征技术用于了解生物炭精细结构。例如，固态 ^{13}C 核磁共振（NMR）是用于进行不依赖于峰值比的常用技术。换句话说，每个谐振峰可以基于总共振强度进行比较，给出每个功能组的相对丰度。固态 ^{13}C NMR 光谱还可以揭示在不同温度和加热速率下热解的生物质和生物炭样品之间碳结构的变化。生物质在 200℃（BC200）生产的生物炭在交叉极化魔角旋转（CPMAS）[13]C 固态核磁共振光谱中显示出 O-烷基 C（$\delta=45\sim110$）、羧基 C（$\delta=165\sim190$）和烷基 C（$\delta=0\sim45$），这些结构是纤维素、半纤维素和木质素中的重要组分。这些结果表明生物质炭化在低温下不发生。随着热解温度升高到 300℃和 400℃，O-烷基 C 和羧基 C 结构消失，而烷基 C 信号变强。然而，生物炭的烷基 C 结构又将在更高的热解温度（如 500℃）下被破坏，导致更多的芳族 C 结构（$\delta=128$）。这些结果表明芳族 C 结构在高于 500℃的热解温度下是生物炭的主要成分。随着热解温度从 390℃升高到 605℃，在生物炭的 ^{13}C NMR 光谱中观察到以 $\delta=125$ 为中心的芳族 C

共振的数量逐渐增多。固态[13]C NMR 还可用于评估生物炭在自然环境中的长期稳定性。在环境中生物炭 C 稳定性与非芳族 C 的初始含量和芳族 C 缩合度在生物炭中密切相关，特别是土壤环境中可以用来预测生物炭 C 的稳定性。在一项研究中，使用固态[13]C NMR 研究了来自不同生物质原料的 11 种生物炭的稳定性。根据 $\delta^{13}C$ 值的周期测量，发现粪便制备的生物炭比在木质纤维素生物质制备的生物炭中的 C 矿化更多。此外，在 550℃下生成的生物炭比在 400℃热解的焦炭中的 C 更为稳定。依据[13]C NMR 的数据，非芳族 C 的比例和生物炭中芳族 C 缩合的程度，预计生物炭中 C 的平均停留时间在 90～1600 年。

8.3.2　生物炭的表面化学

表面官能团多样性使得生物炭可用作各种功能材料，如催化剂、吸附剂和电极材料。由于生物炭由非均质组成，其表面化学性质非常容易变化。生物炭的表面通常具有一系列亲水和疏水的官能团，包括酸性和碱性。杂原子 O、N、P 和 S 掺入生物炭芳族结构中，可以导致表面化学异质性，是因为这些杂原子和芳族 C 原子之间具有电负性差异。

表面功能可以通过 X 射线光电子能谱（XPS）、FTIR 和温度程序解吸（TPD）技术来表征。研究人员现在发现使用这些技术可以详细了解生物炭的表面结构和化学组成。这些性质取决于生产条件，特别是慢速热解与快速热解的选择以及起始生物质的性质。如上所述，含氧官能团，特别是羟基和羧基已被证明是快速热解的生物炭中的主要结构，而在缓慢的热解中含量较低。

了解生物炭表面官能团的化学性质，不仅要了解不同反应条件下的稳定性，还要了解其转化动力学的热转变。除了简单的碳结构之外，含 O/N 的组分是最常见的，其稳定性和转化对生物炭的应用非常重要。需要一套先进的表征技术数据才能得出可靠的结论。基于同步加速器的 XAS 技术，包括近边缘 X 射线吸附精细结构（NEXAFS）和 X 射线吸收近边缘结构（XANES），构成了研究生物炭动态分子结构的独特工具。动态使用 NEXAFS、FTIR 和 XRD。研究了两种类型的生物炭的表面化学物质，一种来源于富含木质素的松木屑和一种来自木质素含量低的高羊茅。结果揭示这两种类型的生物体结构类似但是随着热解温度从 100℃升高到 700℃，物理到化学的转变明显不同。这些转变意味着存在四种不同类型的炭，它们存在包括物理状态和化学状态的不同：①生物质的结晶特性保留在转变焦炭中；②热改变分子和初始的芳族缩聚物在无定形碳中随机混合；③无规则石墨烯堆叠在复合材料的无定形相中；④无序石墨晶体占主导地位。还通过 NEXAFS 研究了在高风化农田土壤中修饰的生物炭的动态表面分子结构和短期 C 和 N 矿化，发现了 C 和 N 在生物炭的芳香族和杂环芳族结构中随着热解温度的升高富集，并发现了这种结构变化导致 C 和 N 矿化率降低。

8.3.3　生物炭的无机组成部分

生物炭包含的主要元素是 C、H 和 O，还有少量的 N。确切的组分根据生物质原料的性质而有很大差异。通常，典型生物炭的碳含量为 45%～60%（质量分数，下同），氢含量为 2%～5%，氧含量为 10%～20%。除了元素组成外，近似分析可提供生物炭中水分、挥发物、灰分和固定碳的质量分数。其中挥发物含量与热解温度呈负相关。挥发性含量高的物质意味着生物炭的高反应性和用于改良土壤的潜力低。

除了这些基本元素之外，存在于生物炭中的各种微量无机元素也会影响其性质。可用电感耦合等离子体原子发射光谱（ICP-AES）和 X 射线荧光（XRF）等技术来表征生物炭中的无机物。ICP-AES 可用于确定无机元素（K、Mg、Ca、Na、Si、Al、Fe、Mn 等）的绝对浓度。XRF 通常用于确定无机组成元素。无机元素的含量和种类高度依赖于生物质原料的性质。如表 8-3 所示，源于木质生物质（如锯屑）的生物质的无机含量比来自草本生物质（如玉米焦炭和秸秆、小麦秸秆和草）或水生植物生物质（如水草和小球藻）高很多。热解温度也极大地影响生物炭的最终无机元素的含量。据报道，来自小麦秸秆的生物炭中的 P、Ca、Mg、K、Fe 和 Al 含量随着温度的升高而显著增加。可以解释为，随着热解温度的升高，形成更多的挥发性物质并释放到气相中。相比之下，大多数不易挥发的无机物质保留在固体生物炭中。虽然在研究生物炭的结构、组成和表面化学技术方面取得了实质性的进展，但是需要进一步的研究工作，以便探索具有独特分子组成的各种类型的生物炭的存在。每个类别的物理和化学特征的不同组合都可能导致生物炭在自然土壤环境中动力学和功能的不同。未来对炭化条件（如炭化持续时间和加热速率）的影响以及生物量（木材和草）对单个生物炭的性质和产量的影响的调查可能有助于改进目前的分类方案。

表 8-3　生物质快速热解获得的生物燃料中无机元素含量

元素	玉米皮 /(g/kg)	玉米秸秆 /(g/kg)	锯屑 /(g/kg)	草 /(g/kg)	小麦秸秆 /(g/kg)	水草 /(g/kg)	小球藻 /(g/kg)
Si	73.50	193.223	—	—	7.2	—	—
Al	0.21	33.10	0.097	0.109	—	0.685	0.547
Fe	0.65	15.95	0.168	0.152	—	0.559	0.409
Ca	0.97	20.13	2.290	5.236	3.2	23.13	17.50
Mg	2.15	14.24	0.348	0.530	1.3	0.663	0.779
K	43.35	23.46	1.189	5.151	10.2	3.224	13.67
Mn	0.05	0.65	0.009	0.011	—	1.025	0.912
P	4.36	12.94	0.061	0.590	—	0.514	0.717

8.4　生物炭材料的功能化

通常直接从生物质热解获得的生物炭具有较差的表面官能度，仅存在有限的 C—O、C=O 和 OH 基团，并且具有非常有限的孔隙率和比表面积（通常 $<150\text{m}^2/\text{g}$）。这些固有的缺点限制了生物炭作为功能材料的广泛应用。然而，生物炭的表面功能和孔隙度通常可以被调整，这为合成各种功能材料提供了有希望的平台。例如，生物炭可以为催化剂或污染物吸附提供更多的活性位点。生物炭孔隙度大，比表面积大，对于用作能量储存材料或催化剂是有利的，因为它们有助于高质量转移通量和高活性负荷。因此，为了提高官能化生物炭材料的性能，合适的功能化过程至关重要。由于表面功能和孔隙结构是影响生物炭性能的两个主要因素，目前我们关注的焦点主要是调整表面性质和孔隙结构来进行生物炭的功能化。

8.4.1　生物炭表面特性的调控

（1）表面杂化

① 表面氧化　氧化官能团如 C=O、OH 和 COOH 对于在各种应用中提高生物炭性能是至关重要的。例如，当生物炭被用作去除重金属的吸附剂时，表面 OH 和 COOH 基团可

以大大提高其吸附能力。这是因为这些基团通过氢键和络合与重金属相互作用。此外，在表面引入氧化官能团可以大大地提高生物炭的亲水性，从而提高其在水系中的性能。

表面氧化是在生物炭表面上增加氧化官能团的最广泛使用的方法，常用的表面氧化试剂包括：过氧化氢（H_2O_2）、臭氧（O_3）、高锰酸钾（$KMnO_4$）和硝酸（HNO_3）。几种类型的氧化官能团，如羧基、酚羟基、内酯和过氧化物，可以通过表面氧化处理形成。目前报道了使用不同的化学方法，将竹子制备的生物炭成功功能化。已经证明，化学处理（通过$KMnO_4$ 或 HNO_3 氧化并用 NaOH 进行碱处理）可以增加生物炭的亲水性。氧化可以在生物炭表面引入大量酸性氧化官能团，如 COOH 和酚类 OH、HNO_3 在产生氧化官能团方面已被证明比 $KMnO_4$ 更有效。

除了化学处理之外，在弱氧化气氛下的低温热处理也可以在生物炭表面上产生氧化官能团，例如，在含氧条件且在 300℃ 下几种来自糖类化合物的生物质表面氧化。

② 表面胺化 除了氧化官能团之外，在二氧化碳捕获和污染物吸附等应用中表明，胺化也明显提高了生物炭的性能。表面胺化是引入氨基的最广泛的方法之一。生物炭在高温下的氨（NH_3）处理是常规的表面胺化技术，已被广泛使用十几年。这种方法通常与预氧化方法相结合，因为生物炭的表面在结构上是石墨结构的，并且 NH_3 反应性不高。虽然 NH_3 处理可以有效地将氨基引入碳表面，但通常会消耗大量的能量并将 NH_3 排放到环境中，造成严重的环境污染。

也可以使用一些含氨基试剂的化学改性用于生物炭表面胺化。位于碳材料表面的 OH 和 COOH 基团可以通过试剂，如 3-氯丙胺或 2-氨基乙基胺，转化为氨基。受这些发现的启发，开发了通过使用聚乙烯亚胺（PEI）的 OH 基化学转化将氨基引入生物炭表面的新方法。从稻壳生物质的快速热解获得的生物炭最初用 KOH 处理增加表面 OH 基团的含量，然后与 PEI 反应并与戊二醛交联，得到氨基改性的生物炭。具有丰富表面氨基的合成生物炭材料在废水中吸附重金属表现出良好的性能。使用这种方法，除了氨基之外，还可以将一些具有不同亲水性或疏水性的有机单体引入到表面上。这是通过选择含有特定亲水性或疏水性的有机单体实现的。

除表面胺化的另一种化学方法是硝化还原，其中生物炭首先经硝化过程以在表面上引入硝基，硝基随后使用还原剂转化为氨基。该过程涉及一系列反应在硝酸（HNO_3）：硫酸（H_2SO_4）为 1：3 体系中经历碱式离子化过程，产生活性离子（NO^{2+}）。由于 NO^{2+} 的形成是缓慢的，所以经常被认为是整个硝化过程的速度控制步骤。新形成的 NO^{2+} 快速攻击生物炭芳烃 C 形成一个瞬态复合物，进一步转化为硝基。通过还原剂将硝基快速转化为相应的氨基，形成一系列可能的产物。

与 NH_3 处理和化学改性相比，富含氮的生物质直接热解，不需要使用 NH_3 或昂贵的化学试剂，因此制备富含 N 的生物炭的方法更经济而且可持续。此外，该方法还具有将氮原子掺入生物炭的碳质骨架中的优点，大大增加了其稳定性，促进了生物炭在吸附重金属、二氧化碳捕获、催化、储能装置和其他表面改性中的应用。如 Nguyen 等所证实的，介孔氮掺杂生物炭材料可以通过在 900℃ 下从富氮纳米晶壳质衍生的生物质的缓慢热解直接合成。

③ 表面磺化 磺酸基（—SO_3H）是固体酸性物质中主要的官能团。这些被广泛用于催化许多化学反应的酸的替代物。由无定形含碳的—SO_3H 基团构成的固体布朗斯特酸，其通常具有高密度的—SO_3H 基团，并且可以很容易地通过简单的过滤或离心从反应体系中分离出来。大多数具有—SO_3H 基团的无定形碳材料是由不完全炭化的有机物质直接磺化合成。

生物炭是合成无定形碳基固体布朗斯特酸的有潜力的原始材料。使用浓硫酸或其衍生物（如发烟硫酸和氯磺酸）对生物炭的表面磺化是制备生物炭基固体酸最常用的方法。酸性位点的密度可以达到 2.5mmol/g。

除了它们的高酸强度之外，生物炭基固体酸也可以具有其他性质。例如，首先将杉木锯屑生物质预先加载 $FeCl_3$，然后进行快速热解过程，以获得磁性生物炭材料。然后将磁性生物炭磺化，最终产生磁性碳基固体酸。合成材料表现出非常粗糙的表面形貌，具有许多线状结构。虽然生物质在磺化过程中有些损伤，但在 $FeCl_3$ 预负荷的热解过程中形成的 Fe_3O_4 结构仍然存在于固体酸物质中，从而保留了磁性。此外，$FeCl_3$ 还可以在生物质热解过程中作为催化剂，有助于改善所得生物炭的多孔结构。生物炭的多孔结构可进一步促进磺化过程，导致固体酸具有非常高的酸强度（2.57mmol/g）。

由于浓硫酸的强氧化能力，生物炭表面氧化时一般伴随着磺化。产生氧化官能团，如此作为—COOH、—C＝O 和—OH，其可以促进具有其他性质的生物炭基固体酸的进一步官能化。通过将 1-三甲氧基丙基甲硅烷基-3-甲基咪唑镓氯化物接枝到竹生物炭基磺酸的—OH 基上，成功合成了离子液体官能化的生物炭基固体酸。该方法赋予固体酸优异的模拟纤维素结合结构域和催化结构域，其赋予合成材料高的催化效率和优异的稳定性。

（2）表面重组　将生物炭表面特定纳米结构重组，进一步打开了生物炭基纳米材料在许多领域的应用潜力。此种生物炭的纳米复合材料的合成方法主要有两种：金属纳米粒子的原位负载和表面纳米结构化。

① 负载金属纳米粒子（NPs）　如前所述，在无氧环境中进行热解时，生物质被分解成生物炭和一些具有挥发性的低分子量化合物，两者都具有很强的还原能力。因此，如果预先加入某些含有高价金属化合物的生物质进行热解，产生的具有挥发性的化合物可以将高价金属化合物还原为零价金属 NPs。反过来，这些零价金属可以原位装载到生物炭表面上，随后产生生物炭载体金属 NPs。这种生物炭纳米复合材料的合成方法具有几个优点：生物炭的形成和金属 NPs 的生成同时进行，从而避免使用额外的还原剂；金属化合物对生物质的热解具有一定的催化作用，从而提高生物油的质量和生物炭的多孔结构；整个合成过程仅涉及一个热解步骤，可以轻松扩大规模生产。例如，通过这种合成方法，利用 $Cu(NO_3)_2/Fe(NO_3)_3$ 预载的杉木锯屑生物质的热解合成了一种磁性 Cu-NP 锚定的生物炭。合成后的材料包含两种生物炭载体上的颗粒：微米尺寸的 Fe_3O_4 颗粒和纳米尺寸的 Cu 颗粒。在水溶液浸渍过程中存在于生物质中的许多氧化基团可以作为 Ni^{2+} 吸附的活性位点。这在生物质基质中产生均匀分散的金属前体，随后，通过在约 500℃ 的温度下的碳热还原，将这些前体原位还原成金属 Ni-NP。生物炭除了负载金属 NPs 外，还可以通过预加载有金属离子的生物质的热解合成生物炭加载金属氧化物 NPs。例如，通过用 $MgCl_2$ 溶液浸渍杉木锯屑生物质，进一步进行快速热解过程，我们获得了 $MgCl_2$ 预加载的生物质。通过控制 500～700℃ 的热解温度，将生物质转化为生物稳定的 MgO NPs。同时，在高温下，预加载的 $MgCl_2 \cdot 6H_2O$ 被脱水并分解成 MgO NPs，气态化合物 HCl 和 H_2O 被释放，上述物质释放后会在生物炭中留下介孔结构。由于 $MgCl_2$ 在海水中的浓度很高（平均值为 0.45%），以废弃生物质作为吸附剂从海水中吸附 $MgCl_2$，可以容易地制备含 $MgCl_2$ 的生物质，并且合成碳稳定的 MgO NPs。更重要的是，在快速热解过程中，除了介孔稳定化的 MgO NPs 之外，还形成了生物油，可用作燃料或作为化学物质来源的可再生液体。另外的优点是不产生固体废物。因此，整个过程是环境友好的且在经济上是可行的。

② 表面纳米结构化　与常规活性炭相比，生物炭的一个更重要的优点是具有丰富的表面官能团。值得注意的是，这些表面官能团常常对各种纳米结构表现出良好的反应性。例如，已经报道了对具有碳纳米管（CNTs）的山核桃碎屑和甘蔗渣热解得到的生物炭的表面官能团进行"修饰"。生物炭表现出对羧酸官能化的高反应性。碳纳米管的杂交效应可以显著改变生物炭的物理化学性质，大大提高其去除污染物的效果。椰壳制备的碳表面氧化后，用二氨基环己烷基功能化，然后将功能性碳材料与 Pd 纳米合金（如 Pd-B 和 Pd-Ni-B）进一步还原反应。使用该方法制备的 Pd 纳米合金粒径被成功地控制在 $2\sim5nm$，所得到的纳米合金高度分散在官能化碳的表面上。

鉴于其可持续性，将自然产生的生物炭中无机物质用于生物功能性纳米结构材料是另一个重要领域。如在草本生物质（稻壳）中发现的丰富硅元素。由于其二氧化硅含量高、成本低，因此稻壳生物炭可用作生产硅酸盐和二氧化硅材料经济可行的原料。例如，可使用稻壳合成一种 3D 多孔 Si 用作高容量锂电池阳极材料。在合成过程中，首先用 10% 的 HCl 溶液洗涤稻壳以除去任何碱金属杂质，然后在 650℃ 下热解 3h 以获得生物炭。在 850℃（$2Mg+SiO_2 \longrightarrow 2MgO+Si$）下，用 Mg 粉末还原稻壳生物炭，最后通过两阶段蚀刻工艺生成高纯度三维多孔硅。第一阶段去除 MgO（$MgO+2HCl \longrightarrow MgCl_2+H_2O$），第二阶段除去残余二氧化硅（$SiO_2+4HF \longrightarrow SiF_4+2H_2O$）。

Fe 是植物生长的必要元素，同时也可用作合成含碳纳米纤维的生物炭原位催化剂。生物质灰分中存在的 Fe 被用作天然催化剂，乙烯作为碳源，H_2 作为还原剂，用于通过化学气相沉积（CVD）使棕榈仁、椰子壳和小麦秸秆制备的生物炭表面上的碳纳米纤维（CNF）沉积。因此，生物炭表面上形成 CNF 的步骤如下：用 H_2 还原 Fe 颗粒，在 Fe 颗粒的特定表面上化学吸附乙烯，通过 Fe 颗粒在分解反应中产生的碳物质的扩散，在 Fe 表面上沉淀固体碳以形成纤维结构。与传统 CVD 相比，该方法不需要化学催化剂的制备步骤，使其更环保，性价比更高。通过调节温度和加入的催化剂来用于 Fe(Ⅲ) 加载的杉木锯屑生物质的热解合成纳米纤维/介孔生物炭复合材料。研究发现 Fe 和 Cl 物质的耦合催化作用有效催化 CNF 在介孔生物炭上的生长并形成磁性纳米纤维/介孔生物炭复合材料。受此启发，研究人员通过 $NiCl_2$ 和 $FeCl_3$ 预负载生物质的直接热解合成了 Ni-NiFe$_2$O$_4$/CNF 复合材料，其中 $FeCl_3$ 作为生物炭表面上 CNF 生长的催化剂。将 $NiCl_2$ 转化为 Ni-NiFe$_2$O$_4$ 并还原成 Ni 纳米颗粒。合成的 Ni-NiFe$_2$O$_4$/CNF 复合材料在芳族硝基和其他不饱和化合物的氢化反应中具有良好的催化性能、高产率和高选择性。此外，催化剂可以很容易被磁铁去除，并且其催化活性在 7 次重复使用后几乎保持不变。

使用上述方法，可以针对各种领域的特定应用而设计生物炭的表面功能。然而，调整生物炭表面功能的一个主要挑战是表面的化学异质性。对于大多数生物炭，表面复合化学特性和无机物质可以极大地影响表面功能。

8.4.2　生物炭的孔隙结构

虽然生物炭具有丰富的表面官能团，但与常规活性炭相比，它通常只具有少量的低表面积的微孔。控制孔隙率和高比表面积对于能量储存、催化和污染物去除的应用是至关重要的。为此，学者们研究了各种技术来控制生物炭的孔隙率并增加其比表面积。

（1）原位孔结构裁控　用于调节生物炭的孔结构的最常用的技术之一是生物质热解期间的原位催化孔的形成。该过程由某些化学物质催化，如用 $ZnCl_2$ 和 H_3PO_4 化学品浸泡生物质。这可能会影响生物质的热解，抑制焦油的形成，降低热解温度。例如，当 H_3PO_4 用作催化剂时，一旦与生物质混合就开始反应。在低温下，H_3PO_4 水解半纤维素和纤维素中的糖苷键，并切割木质素中的芳基醚键。在此过程中，H_3PO_4 可以在低于200℃的温度下与生物质上的—OH基团形成酯键，从而有助于交联聚合物链。随着温度的升高，环化和缩合反应可以通过 P—O—C 键的断裂增加多芳族的芳香性大小。另外，在热解过程中，H_3PO_4 可以通过膨胀生物质结构来加快纤维素微纤维的分离，并且驱使微纤维在热解时形成开放的多孔结构。研究表明，H_3PO_4 活化不仅增加微孔，而且还能将含 P 的官能团引入生物炭。这大大提高了这些材料在电化学储能中的性能。例如，使用比表面积为 $1055m^2/g$，磷含量为8.52%（质量分数）的富磷多孔生物炭作为超级电容器电极材料，可以在大于 1.3V 的电压下的 H_3PO_4 水溶液中稳定地工作。在此之后，合成了几种富含磷的生物炭基材料并用于超级电容器。这些研究得出的最显著的成果是富磷生物炭基电极材料增加了对电压的耐受范围。

与 H_3PO_4 活化不同，$ZnCl_2$ 活化的作用在于热解生物炭时主要表现为强脱水能力。这可以显著降低生物质成分如纤维素、半纤维素和木质素的炭化温度，并通过抑制焦油形成和促进开孔形成来改变其分解途径。此外，$ZnCl_2$ 可以在低温例如200℃以下使木纤维膨胀并且侵入生物质内部，直到解聚发生，从而形成熔融混合物。$ZnCl_2$ 的熔点和沸点分别为263℃和732℃。因此，$ZnCl_2$ 在整个热解过程（<700℃）期间保持液态，因此不抑制碳分子的重排并且均匀分布在碳结构中。在除去 $ZnCl_2$ 后，在生物炭中形成良好的微孔结构。

根据使用的活化剂不同，可以通过热解过程成功合成具有各种孔径分布和比表面积的生物炭。已经报道了使用不同活化剂的生物质的热解，并且已经发现 $ZnCl_2$ 可以大大增加生物炭的比表面积和多孔体积。另一方面，$FeCl_3$ 可以催化生物炭石墨化过程。在 $ZnCl_2$ 和 $FeCl_3$ 催化下，椰子壳合成了多孔石墨烯生物炭。合成纳米材料的特点有石墨度高，比表面积（$1874m^2/g$）和孔体积（$1.21cm^3/g$）较大，而且具有良好的导电性。除了活化剂的性质外，$ZnCl_2$ 浸渍比和热解温度也对生物炭的结构性能如比表面积和孔体积有很大的影响。低温和高浸渍比有利于增加生物炭的比表面积和孔体积，特别是中孔面积和体积。

（2）孔隙结构后处理裁控　后活化过程通常涉及两个步骤：生物质的直接热解以产生具有非常低的孔体积和比表面积的原始生物炭；使用物理或化学方法活化生物炭，以改善其多孔结构和表面积。与使用 H_3PO_4 和 $ZnCl_2$ 的催化热解方法相比，此方法可以产生具有更发达的孔结构和较大比表面积的生物炭。此外，通过直接热解获得的生物油的质量和产率通常优于通过催化裂解获得的生物油的质量和产率。然而，通过后活化产生的多孔生物炭的产量通常远低于通过催化裂解产生的生物炭的产量。

物理活化和化学活化是后活化的主要形式。对于物理活化过程，具有基本孔结构的原始生物炭被暴露于具有蒸汽、二氧化碳或它们的混合物的受控气化。气化过程可以选择性地从原始生物炭中消除大多数活性碳原子，从而产生孔隙率和比表面积。用 CO_2 或 H_2O 活化可以扩大碳微孔，最终活化的生物炭通常具有良好的微孔性，孔隙度的贡献非常小。化学反应涉及 H_2O 和 CO_2 作为活化剂，可表示如下：从椰壳裂解获得的生物炭被不同的活化剂活化，包括蒸汽、二氧化碳以及蒸汽-二氧化碳与微波加热的组合。这些活化剂活化后的生物炭的 BET 比表面积达到 $2000m^2/g$，并且活化的生物炭主要是微孔的（微孔约为总孔体积的80%）。由于 H_2O 和碳之间的反应比二氧化碳和碳之间的反应更快，与二氧化碳活化相比，蒸汽活化的孔隙形成过程更快。与常规加热相比，使用微波加热的 CO_2 活化生物炭，产率增加了 1 倍，而对于蒸汽活化来说，其活性生物炭的产率没有显著变化。然而，使用微波加热由 H_2O 活化的生物炭的孔体积和比表面积是使用常规加热获得的生物炭的 2 倍。

为了实现化学活化，原料生物炭通常用碱性化学品如 NaOH 和 KOH 浸渍，然后在惰性气体流下在高温（450～1000℃）下加热。掺入原始生物炭中的碱性化学品的量和浸渍持续时间决定了所得到的活性生物炭的孔隙率。这些参数可被调节以制备具有各种孔径分布的多孔生物炭材料。KOH 是用于活化生物炭的最广泛使用的化学品，并且 KOH 活化过程中增加比表面积和形成孔结构的机理为：原料生物炭的官能团可以在高活化温度下进一步分解以释放一些挥发性物质（如 H_2O、CO_2 和 CO），其可由 KOH 捕获以形成 K_2CO_3；活化系统中 H_2O 和 CO_2 的形成也通过二氧化碳和蒸汽的物理活化来积极促进孔隙度的发展；在高温下，KOH 本身可以与碳反应以释放 CO 和 H_2，甚至新形成的金属 K（沸点 774℃）可以在高温下气化；气态物质的逸出产生许多多孔结构，并且原位形成的金属 K 在活化期间有效插入碳基体的晶格中，导致碳晶格的膨胀；随着温度的进一步升高，新形成的 K_2CO_3 可与碳释放更多的气态物质（如 CO 和 K），导致形成更大的孔；通过酸洗除去插层的 K 化合物后，获得具有高孔隙率和大比表面积的活性生物炭。

根据上述讨论，可以得出经 KOH 活化的生物炭中高孔隙率和大比表面积的形成与金属 K 插层的化学活化、物理活化和碳晶格膨胀存在协同效应。然而，在实际的反应过程中，许多参数（如 KOH 用量和活化温度）也可能影响生物炭的结构性质。已经证明较低的 KOH 剂量可以产生较低的活化程度，它有助于形成具有窄孔径分布的微孔。另一方面，较高的 KOH 剂量可以导致更高的孔隙率，且伴随着比表面积和孔体积的增加。较高的孔隙率部分是孔扩大的结果，孔径分布转移到超细孔和中孔范围。除了 KOH 的用量和活化温度之外，生物质的反应性也对生物炭的结构特性有很强的影响。例如，毛发来源的生物炭经 KOH 活化导致微孔生物炭的比表面积为 669～1306m^2/g，均匀孔径分布为 2.05～3.13nm，孔体积为 0.38～0.90cm^3/g。将合成材料用于制备高性能超级电容器电极，并且证明了在 -800℃下由 KOH 活化的人的头发制备的生物炭在电流密度为 1A/g 的 6mol/L KOH 中具有 340F/g 的比电容，并具有超过 20000 次循环的良好稳定性的大电荷存储容量。在有机电解质（1mol/L 碳酸亚乙酯/碳酸二乙酯中的 1mol/L $LiPF_6$）中，电流密度为 1g/g 时，其电容达到 126F/g。这种优异的超级电容器性能可以归因于微/中孔性具有高表面积和杂原子掺杂效应，所有这些都结合了 EDLC 和有效电容性的贡献。相比之下，来自小麦秸秆的生物炭经 KOH 活化后具有 2316m^2/g 的比表面积、1.496cm^3/g 的孔体积和 0.4～3.5nm 的均匀孔径分布。这个麦秸制备的生物炭在 $MeEt_3NBF_4$/AN 电解质和 251.1F/g 比电容中达到大于 0.85nm 的孔径，被电解质浸渍后形成有效的电容器。

除了常规的物理和化学活化之外，一些其他方法，例如模板化也具有增加生物炭孔隙率的潜力。在典型的模板方法中，首先用生物质前体渗透多孔模板，然后将其热解以获得模板生物炭，随后除去原始模板，最后将孔隙率引入生物炭框架。研究已经证明了这种方法的可行性，用于将有序二氧化硅材料复制到相应的有序多孔碳材料中。SiO_2 含有量超过生物质重量 50%，如稻壳可以在某些条件下作为合成多孔生物炭的硬模板材料。

8.5　功能性生物炭材料的应用

生物炭制备特征之一是可持续且易于推广，因而可以制备一系列具不同功能性结构的碳及其混合纳米材料。迄今为止，人类开始极力关注功能性生物炭材料在催化、储能和转化以及环境保护等领域的应用。新材料的引入使得化学和生物医学分析中出现了新的机遇。在这里，我们简要总结了这些领域的最新进展以及通过使用新颖的功能性生物炭材料，为上述应用提供一些新的可能性。

8.5.1 催化应用

（1）生物炭表面官能团的催化 由于存在 O、N 和 S 型官能团，生物炭材料的表面官能团显示出令人惊喜的催化性能。研究表明不含金属成分的生物炭催化剂和碳氮化物是一些金属催化剂非常有意义的替代品，甚至可以被认为是一类新型的催化剂。含有生物炭的—SO_3H 基团，也称为生物炭基固体酸，代表了一种普遍用于各种化学反应的无金属催化剂。如前述用硫酸对生物炭的简单处理可以产生一系列多孔固体布朗斯特酸。已经证明这些基于生物炭的固体酸是用于各种酸催化反应的有效催化剂，如在水介质中有机酸的酯化、醇和胺的酰化、芳族化合物的烷基化以及生物质的水解。在催化过程中，基于生物炭的固体酸可以将大量的亲水分子（如 H_2O）掺入到碳基质中。因为与生物炭的柔性碳基质结合的亲水性官能团的密度高。这种结合可以使反应溶液中的—SO_3H 基团能够很好地进入反应物，导致各种化学反应的高催化性能，使合成后的材料通常具有非常低的表面积。

生物柴油是通过酯化由固体酸催化生产的典型工艺过程。在催化含—SO_3H 基团的生物炭的情况下，游离脂肪酸和甲醇的酯化可以在 6h 内产生相应的生物柴油，产率为 97％。松木屑在 400℃ 热解然后在 100℃ 下磺化合成的催化剂表现出更好的催化性能和更高的反应速率。此外，与其他固体酸相比，当多次重复使用时，观察到催化活性降低较低。由含有—SO_3H 基团的柔性碳骨架组成的固体酸催化剂通过磺化来自植物油的生物炭进行合成沥青，对游离脂肪酸和甲醇的酯化具有很高的催化活性。4.5h 内游离脂肪酸的转化率达 94.8％。这种高催化活性可归因于高酸强度（2.21mmol/g）；碳片的疏水性，防止甲醇的—OH 基团的水合；亲水官能团（如—SO_3H、—COOH 和酚类—OH），其允许甲醇更容易进入游离脂肪酸的质子化羧基。

生物炭基固体酸催化剂在三油精和甲醇的催化酯交换反应中也表现出良好的性能。与传统的固体酸催化剂如铌酸（$Nb_2O_5 \cdot nH_2O$）、Amberlyst-15（磺化聚苯乙烯基阳离子交换树脂）和 Nafion NR50（全氟磺化离聚物）相比，生物炭基固体酸显示出更高的生物柴油产量。这种现象可以解释为：首先，生物炭表面除了含有—SO_3H 基团之外，还存在一些其他官能团（如—COOH 和酚—OH），其不仅可用作催化位点，而且还增加了催化剂的亲水性，便于反应物进入到催化部位；第二，吸电子—COOH 基团可以增加碳和硫原子之间的电子密度，并降低催化剂循环期间—SO_3H 基团的浸出速率。

生物炭基固体酸材料也起到生物质水解作用的有效催化剂作用。由竹、棉和淀粉制备的生物燃料磺酸（BC—SO_3H）催化剂与液体无机酸（例如，稀 H_2SO_4，TON＝0.02）和 Amberlyst-15 相比显示出更高的周转数值（TON＝1.33～1.73）。纤维素水解可能是由于带有—SO_3H、—COOH 和—OH 基团的生物炭与其他酸相比，纤维素的 β-1,4-糖苷键的亲和力更强。研究表明使用基于玉米作物生物炭的固体酸可以有效地水解木质纤维素生物质（来自玉米作物）以产生可溶性糖。在温和的温度（110～140℃）微波照射下，玉米芯生物质中的纤维素和半纤维素可分解成相应的糖。葡萄糖、木糖和阿拉伯糖的最大产量分别达到 34.6％、77.3％ 和 100％。催化剂重复使用三次后，催化活性显著降低。通过生物固体酸检测大肠杆菌的吸附和水解，进一步研究了带有—SO₃H、—COOH 和酚类—OH 基团的生物炭的高催化活性。纤维六糖是由通过 β-1,4-糖苷键连接的六个葡萄糖单体组成的水溶性 β-1,4-葡聚糖，其预期通过强的分子内力和分子间氢键结合在水中。—SO₃H 基团是 β-1,4-葡聚糖的吸附位点，以纤维素为例，仅含有聚合物的固体布朗斯特酸（如 Amberlyst-15 和 Nafion NR50）—SO₃H 基团不能有效地水解大肠杆菌。相比之下，生物炭基固体酸中的—SO₃H 基团可以有效地攻击碳材料上的酚—OH 基团与 β-1,4-葡聚糖中的中性—OH 基团之间的氢键吸附的 β-1,4-葡聚糖。因此，用于水解纤维素的生物炭基固体酸的改进的催化性能可归因于强布朗斯特酸位点（—SO₃H 和—COOH）的多官能作用以及 β-1,4-葡聚糖吸附的有效位点（酚类—OH）。酰基化是有机合成中最基本和最常用的反应之一，也可以被固体酸有效地催化。使用具有—SO₃H 的淀粉生物炭硅复合材料作为非均相催化剂，成功地实现了—NH₂、—OH 和—SH 等基团的高效酰化。该反应适用于所有芳族、杂环和脂族化合物。合成的催化剂可以循环使用数次，而不会明显地损失活性。

（2）使用生物炭支持纳米结构的催化 众所周知，金属纳米颗粒催化剂的性能受其支撑材料的影响极大。生物炭材料由于其高表面积和功能性而被直接研究作为用于稳定金属纳米颗粒以用于不同催化应用的载体。在纤维素衍生的碳负载 Pt 纳米粒子的合成及其在氧还原反应（ORR）催化中的应用，合成原料的 Pt NPs 具有非常窄的粒度分布的金属芯和氧化物壳。ORR 中的循环伏安曲线表明，合成后的材料对于 O₂ 电解还原具有与现有技术的 Johnson Matthey Pt/C 相当的催化活性。含有合成阴极的 MFC 电催化剂可以产生 (1502 ± 30) mW/m 的高功率密度，比 Pt/C$[(1192 \pm 33) \text{mW/m}]$ 高 26.01%，18 周期后下降 7.12%。由于复合材料具有高氧还原反应性、低电荷转移电阻和长期稳定性，因此它们是用于 MFC 的 Pt 基阴极电催化剂的有希望的替代物。

除了电催化性能外，还报道了生物炭载金属 NPs 用于氢化的催化活性。发现负载在椰壳衍生的碳上的 Pd 纳米合金，例如 Pd-B 和 Pd-Ni-B 是与硝基芳族衍生物氢化有关的广泛反应的有效和高度选择性的催化剂。功能碳的高表面积和 Pd 纳米颗粒的高分散体在催化过程中导致高的周转频率值。合金化的 Pd 可以导致非晶结构的形成和 Pd 活性位点的表面电子态的修饰。另一方面，与 Ni 合金可以加强氢与活性 Pd 金属位点的相互作用，从而进一步提高催化活性。活化的生物炭载体 Ru NPs 被用作催化氢化 CO、CO₂ 以生成 CH₄ 的催化剂。生物炭载体 Ru 催化剂显示出 70% 的 Ru NPs 分散度，远远高于由 Al₂O₃（43%）负载的催化剂，Y₂O₃/ZrO₂（33%）、CeO₂（19%）和 SiO₂（17%）。这对于表面反应中的催化活性是非常有益的。因此，生物炭可被认为是对 Ru 催化的 CO 和 CO₂ 加氢过程的良好支持。合成后的材料显示出良好的催化性能，CO 和 CO₂ 转化率分别为 97% 和 55%。另外，CH 选择性脱氢被广泛用于从富氢化合物生产 H₂ 生物炭负载的 Pt NPs 已经被证明是用于甲基环己酮脱氢形成甲苯的有效催化剂，转化率超过 95%，大部分 HCN 在 300℃下水解并转化为对 H 和甲苯几乎 100% 的选择性。金属纳米颗粒也可以原位装载到生物炭载体上。最近开发出简便的一个途径，以使用 Ni（Ⅱ）-负载的稻壳生物质的热解气化来合成具有高度分散的 Ni NPs 的 Ni/生物炭。原位形成的催化剂表现出良好的性能，通过与生物质的复溶解，转化效率为 96.5% 的焦油催化转化。更重要的是，在每个催化运行之后，通过热处理容易地再生失活的生物炭/Ni NPs 催化剂。它也可以直接催化气化成适用的合成气，伴随着二氧化硅基镍纳米粒子的生产。在热解气化过程中，生物炭具有多重作用：首先，生物炭可以作为还原介质，将 Ni 氧化物转化为 Ni NPs，从而提高催化性能；其次，生物炭本身可以具有催化作用并吸附焦油，从而也增强焦油重整过程。此外，通过热处理$Fe(NO_3)_3$浸渍的松木生物炭来制造封装在生物炭中的Fe NPs的简便的原位路线/纳米颗粒具有核壳结构，铁在石墨壳内原位包裹，从而形成大量的碳化铁界面连接碳质壳和铁芯。费-托合成试验表明，生物炭包裹的Fe NPs对于生物合成气的转化具有良好的催化活性，对液态烃具有良好的选择性。在1500h的运行中，催化剂对于失活显示出显著的稳定性，CO转化率约95％，液体烃选择性约68％。使用炭载体的Fe催化剂来催化NO_x前体的破坏，例如HCN和NH_3，并转化来源于生物质热解的焦油。该催化剂表现出高分解HCN和NH_3的活性，其中HCN的水解和NH_3的分解是连续反应。大部分HCN被水解并在炭载铁催化剂上被转化为NH_3。此外，如果在蒸汽重整过程中有足够的接触时间，则NH_3可进一步分解成N_2。一些无定形生物炭材料通常具有半导体特性。这些可以通过电子转移过程改善负载型纳米粒子的反应性。生物炭用作电子半导体材料，增加了半导体的寿命。它还提供最佳的纳米结构作为光吸收的光电阳极。此外，支持的纳米颗粒和半导体生物炭之间的相互作用可以改善该混合体系结构的固有特性，例如光电荷载流子密度、带隙和光电荷分离的寿命。如先前关于纳入椰子壳生物炭中的TiO_2纳米催化的亚甲基蓝光催化降解的研究所清楚地证明的，发现生物炭载体在光催化机理中起重要作用。结果是载体和TiO_2颗粒之间的协同效应，这又导致光催化活性的改善。上述结果表明，生物炭支撑的金属NPs不仅表现出与单独的金属NPs和生物炭本身相关的性能的组合，而且还表现出从这两种不同组分之间所提出的协同作用衍生的新特性。换句话说，生物炭可以稳定和分散金属NPs，为催化提供更多的活性位点。因此，金属NPs在生物炭上的并入为开发具有更好的适应性和提高各种催化体系的催化性能的新型和具有成本效益的催化剂提供了有效的策略。

除了生物炭负载的纳米结构材料之外，由于存在大量无机化合物，生物炭本身也可以用作催化剂。研究表明236种无机物种如Ca、K、Na、P、Si和Mg（仅占杨木生物炭的2％）在用于甲烷裂解反应的催化过程中，活性发挥重要作用。此外，发现碳百分数在生物炭的催化活性中起着重要作用，既作为催化剂又作为分散有无机物质的载体。为了比较，没有这种无机物质的生物炭的催化（用16％HCl洗涤以除去95％以上）效果与原始炭样品相比，反应的甲烷产量降低了18％。虽然生物炭的功能材料在不同的反应中表现出良好的催化性能，然而，由于复杂的表面化学和异质性，生物炭基催化剂的性能在催化选择性和稳定性方面仍然受到极大的限制。此外，生物炭中的无机物质可能引起催化剂中毒，从而降低了一些有机或电化学反应中的催化活性。虽然预洗处理可以显著降低无机物质的影响，但在实践中，会涉及额外的成本和有害物质排放。在这种情况下，需要研发更有效且可持续的方法以便合理地定制这些催化剂的物理化学性质，从而能够适用于苛刻条件下的特定应用。

8.5.2 储能与环保应用

除了催化应用外，生物炭功能材料也被广泛应用于储能环保领域。例如，生物炭基纳米复合材料已被广泛用作超级电容器的电极材料。与常规碳材料相比，生物炭材料通常是富含氧化官能团如—OH、—C＝O和—COOH的物质。通过调控热解条件（如温度和加热速率）可以微调氧含量。另外，通过合理选择合适的生物质前体、热解条件和催化剂，可以将潜在的假电容性能大大提高，提升在超级电容器中的储存能量的能力。此外，一些电化学惰性的氧化官能团可以改善碳电极的润湿性，从而通过改善孔隙进入和提高表面利用率来提高比电容。与此同时，高氧化官能团含量可以防止碳的进一步氧化在大范围的电位下的基体，这大大提高了电极材料的循环稳定性。由于生物炭材料表面积高、功能性强，在环境保护方面也起着重要作用，被广泛应用于二氧化碳捕集、有机和无机污染物去除和土壤修复。

8.6 结论与展望

在本章中，详细讨论了一系列生物质前体热解生物炭的形成机理。由于直接从生物质热解获得的生物炭具有有限数量的表面官能团和孔隙率，因此在将其用作常规功能材料之前需要官能化过程。由于其易于调节的表面功能和孔隙率，生物炭被认为是合成广泛功能材料的最有希望的平台材料之一。通过氧化、胺化、磺化和重组来调节表面官能团，可以将丰富的官能团（如$-C=O$、$-OH$、$-COOH$、$-NH_2$ 和$-SO_3H$）、金属纳米颗粒和无机纳米结构全部引入生物炭表面。这对于使生物炭用作功能材料至关重要。除表面功能外，生物炭孔隙度也很重要。通过使用各种化学或物理方法的原位调节和后活化，可以赋予具有高表面积和可控孔径分布的孔隙率，从而扩大潜在应用的范围（包括催化、储能和环境保护）。对于催化应用，磺化生物炭已经显示出对各种酸催化的化学反应有利的活性，包括有机酸在水介质中的酯化、醇和胺的酰化、芳烃的烷基化和生物质水解。生物炭载体金属纳米粒子表现出高性能，用于催化许多有机反应，包括燃料电池中的 ORR、氢化和脱氢以及热分解或气化中生物质的热分解。对于能量储存应用，当用作超级电容器的电极材料时，基于生物炭的多孔碳材料表现出高性能，包括大比电容和优异的循环稳定性。当用于 H_2 储存时，生物炭基材料也显示出高吸附能力。

第一，生物炭基材料具有丰富的表面官能团和易于调控的孔隙度，可用于 CO_2 捕获和污染物的吸附。因此，生物炭材料为新一代功能材料的开发提供了具有成本效益和可持续发展的平台。然而，目前对生物炭基功能材料的应用研究仍然有限，调整表面功能和孔隙度的研究仍处于初期阶段。许多科技挑战依然存在，引起了相当大的研究关注。首先，应该做出更多的努力来阐明生物炭形成的机制，这是复合生物质热解的基础。与单一组分（即纤维素、半纤维素和木质素）的热解相比，生物质的热解更复杂，因为不同的组分在热解过程中彼此影响。此外，无机物质（如 K、Na、Mg 和 Ca）的存在也极大地影响生物质的热解行为，特别是改变生物炭形成机制。阐明这些机制还可以帮助开发更有效的方法来调节所得生物炭的组成、表面官能度和孔隙率。例如，如果完全了解生物质中固有的无机物质的催化机理，则可以充分利用热解过程中固有无机物质的催化作用来控制生物炭的组成和结构。这可以通过调节热解条件，包括生物质前体、加热速率和热解温度来完成。

第二，在生物材料原料的功能化方面，更多的研究需要集中在开发环保和有效的方法来调节表面功能和孔隙率。生物质本身具有丰富的功能基团，广泛用作从水和废水中重金属去除的生物吸附剂。然而，吸附后，废弃的生物质总是受到金属的严重污染，不能轻易处理。快速热解是处理这种重金属污染生物质的优选技术，因为在很大程度上，重金属最终富集成残留的生物炭，并随后在快速热解过程中转化为金属纳米颗粒。相比之下，许多重金属在有机合成、污染物降解和催化重整等各种化学反应中表现出较高的催化活性。因此，从重金属污染生物质的快速热解获得的生物炭，可直接用作催化剂的自我功能化。与常规的功能化过程相比，如通常涉及复杂操作或有毒化学品的表面氧化、胺化和磺化，通过重金属污染的生物质的快速热解自身功能化更环保，因为它提供了一种同时处理生物质废物和从废水中去除重金属的新途径。为了更有针对性合成功能化生物炭材料，需要根据其源头（即前体生物质）特征开展相应的合成工作。在植物生物技术的协助下，植物生物质的组分可以调整以满足进一步生物炭功能化的要求。在生长周期中，除了 H_2O 和 CO_2 之外，植物还需要摄取许多其他元素，如 N、P、Mg 和 S，这些元素可以通过调整土壤性质和调节肥料而富集到植物组织中利用。因此，如果富含某些元素的生物质被热解，则可以直接获得具有特定官能团和杂原子掺杂的生物炭。

第三，对于基于生物炭的功能材料的催化应用，需要进一步的努力来通过将新型表征技术与理论建模相结合，了解催化期间表面官能化所涉及的机理。深刻理解生物炭中表面官能度和催化活性之间的关系，可能更好地在工业催化中寻找新的应用，特别是在生物质燃料化过程中的生物精炼领域。具有碱性或酸性基团的生物炭功能材料可以催化不同的化学反应，从而为生物质本身生产化学品或生物燃料中利用生物质衍生碳提供了巨大的优势。因此，生物炭功能化提供了一种易于集成的方法，很容易纳入未来的生物炼制计划。未来，还应该强调对生物炭的调控研究，因为它制约了生物炭在工业催化领域中的应用。

对于能量储存应用，未来的工作应该是研发以具有成本效益和可持续的方式，以高电荷容量和最小等效串联电阻的功能化生物炭材料。无须附加活化工艺获得高功能性和高孔隙率的生物炭或复合材料，一步热解将极大地促进高性能储能装置的紧凑设计。生物炭中含有多种无机元素（如 N、P、S 和 Si），这一特性有利于制备多元素掺杂的碳材料。假电容的引入有望大大提高生物炭的储能性能。另外，为了开发生物炭基功能材料，从而提高储能性能，通过电子或离子传输，需要氢吸附和反应活性，研究储能性能与材料结构与组成之间的关系至关重要。

除了上述应用之外，生物炭基功能材料将应用的另一个领域是色谱分离。如前所述，生物炭基材料具有丰富且易于调节的表面官能团。因此，通过调整其表面官能度可以容易地控制生物炭的表面极性和亲水性/疏水性，从而产生具有不同潜在用途的生物炭基材料。

参考文献

[1] 刘金鹏，鞠美庭，刘英华，等.中国农业秸秆资源化技术及产业发展分析 [J].生态经济，2011，(5)：136-141.

[2] 赵军.解读生物能源：新能源产业及对环境、生态与社会经济发展的影响 [J].中国科学院院刊，2012，27 (2)：219-225.

[3] 郭亚萍，罗勇.生态农业模式与节能型家庭农场的构建 [J].重庆社会科学，2009，(9)：117-120.

[4] Li K，Liu R H，Sun C. A review of methane production from agricultural residues in China [J]. Renewable and Sustainable Energy Reviews，2016，54：857-865.

[5] Sarifuddin Gazi. Valorization of wood biomass-lignin via selective bond scission：A minireview [J]. Applied Catalysis B：Environmental，2019，257：117936-117953.

[6] Himmel M E，Ding S Y，Johnson D K，et al. Biomass recalcitrance：Engineering plants and enzymes for biofuels production [J]. Science，2007，315：804-807.

[7] 王洪涛.农村固体废物处置与资源化技术 [M].北京：中国环境科学出版社，2006.

[8] 鞠美庭，李维尊，等.生物质固废资源化技术手册 [M].天津：天津大学出版社，2014.

[9] 边炳鑫，赵由才，康文泽.农业固体废弃物的处理与综合利用 [M].北京：化学工业出版社，2005.

[10] Sadaka S，El-Taweel A. Effects of aeration and C：N ratio on household waste composting in Egypt [J]. Compost Science & Utilization，2003，11 (1)：36-40.

[11] Hogland W，Bramryd T，Marques M，et al. Physical，chemical and biological processes foroptimizing decentralized composting [J]. Compost Science & Utilization，2003，11 (4)：330-336.

[12] 朴哲，崔宗均，苏宝林.高温堆肥的物质转化与腐熟进度关系 [J].中国农业大学学报，2001，6 (3)：74-78.

[13] 何品晶.固体废物处理与资源化技术 [M].北京：高等教育出版社，2011.

[14] 田伟.牛粪高温堆肥过程中的物质变化、微生物多样性以及腐熟度评价研究 [D].南京：南京农业大学，2012.

[15] 牛文娟.主要农作物秸秆组成成分和能源利用潜力 [D].北京：中国农业大学，2015.

[16] 中华人民共和国统计局.中国统计年鉴 [M].北京：中国统计出版社，2016.

[17] 茹菁宇，尹雯，王家强，等.农田秸秆高温好氧堆肥试验研究 [J].可再生能源，2007，25 (2)：37-40.

[18] 赵建荣，高德才，汪建飞，等.不同 C/N 下鸡粪麦秸高温堆肥腐熟过程研究 [J].农业环境科学学报，2011，30 (5)：1014-1020.

[19] 兰时乐.鸡粪与油菜秸秆好氧高温堆肥研究 [D].长沙：湖南农业大学，2011.

[20] 冯致，李杰，张国斌.不同微生物菌剂对玉米秸秆好氧堆肥效果的影响 [J].中国蔬菜，2013，12：82-87.

[21] 唐淦海，刘郡英，谷春豪，等.作物秸秆与城市污泥高温好氧堆肥产物对土壤氮矿化的影响 [J].农业工程学报，2011，27 (1)：326-330.

[22] 孙永明，李国学，张夫道，等.中国农业废弃物资源化现状与发展战略 [J].农业工程学报，2005，21 (8)：169-173.

[23] 席旭东，晋小军，张俊科.蔬菜废弃物快速堆肥方法研究 [J].中国土壤与肥料，2010，3：62-66.

[24] 莫舒颖.蔬菜残株堆肥化利用技术研究 [D].北京：中国农业科学院，2009.

[25] 张相锋，王洪涛，聂永丰，等.高水分蔬菜废物和花卉、鸡舍废物联合堆肥的中试研究 [J].环境科学，2003，24 (2)：147-151.

[26] 张静，何品晶，邵立明，等.分类收集蔬菜垃圾与植物废弃物混合堆肥工艺实例研究 [J].环境科学学报，2010，30 (5)：1011-1016.

[27] 张相逢，王洪涛，周辉宇，等.花卉废物和牛粪联合堆肥中的氮迁移 [J].环境科学，2003，24 (3)：126-131.

[28] 张喻.污泥与绿化废物共堆肥研究及其与生物干化工艺的对比 [D].北京：清华大学，2013.

[29] 沈洪艳，李敏，杨金迪.餐厨垃圾和绿化废弃物换向通风好氧堆肥 [J].环境工程学报，2014，8（3）：1179-1184.

[30] 邵华伟，葛春辉，马彦茹，等.施入城市生活垃圾堆肥对玉米植株重金属分布及土壤养分的影响 [J].农业资源与环境学报，2013，30（6）：58-63.

[31] 张红玉.厨余垃圾、猪粪和秸秆联合堆肥的腐熟度评价 [J].环境工程，2013，3：471-474.

[32] 巨秀，李志西，杨明泉.果渣资源的综合利用 [J].西北农林科技大学学报（自然科学版），2002，30（增刊）：103-106.

[33] 杨茜，李维尊，鞠美庭，等.微生物降解木质纤维素类生物质固废的研究进展 [J].微生物学通报，2015，42（8）：1569-1583.

[34] 野池达也.甲烷发酵 [M].刘兵，薛咏梅，译.北京：化学工业出版社，2014.

[35] 王晓娇.牲畜粪便与秸秆混合的厌氧发酵特性及工艺优化 [D].咸阳：西北农林科技大学，2010.

[36] Chandra R，Takeuchi H，Hasegawa T. Methane production from lignocellulosic agricultural crop wastes：A review in context to second generation of biofuel production [J]. Renewable and Sustainable Energy Reviews，2012，16：1462-1476.

[37] Mabel Q，Liliana C，Claudia O，et al. Enhancement of starting up anaerobic digestion of lignocellulosic substrate：Fique′s bagasse as an example [J]. Bioresource Technology，2012，108：8-13.

[38] 杨茜，鞠美庭，李维尊.秸秆厌氧消化产甲烷的研究进展 [J].农业工程学报，2016，32（14）：232-242.

[39] Heribert Insam，Ingrid Franke-Whittle，Marta Goberna.微生物的作用——从废物到资源 [M].鞠美庭，王平，黄访，等译.北京：化学工业出版社，2012.

[40] 郝春霞，陈灏，赵玉柱.餐厨垃圾厌氧发酵处理工艺及关键技术 [J].环境工程，2016，34：691-695.

[41] 王苹.组合预处理对玉米秸秆厌氧消化产气性能影响研究 [D].北京：北京化工大学，2010.

[42] Li K，Liu R H，Sun C. A review of methane production from agricultural residues in China [J]. Renewable and Sustainable Energy Reviews，2016，54：857-865.

[43] 余紫苹，彭红，林妲，等.植物半纤维素结构研究进展 [J].高分子通报，2011（6）：48-54.

[44] 彭锋.农林生物质半纤维素分离纯化、结构表征及化学改性的研究 [D]．上海：华南理工大学，2010.

[45] 杨秋林.农业废弃物固体碱预处理过程中木素的结构表征及其脱除机理研究 [D].上海：华南理工大学，2013.

[46] Li J H，Zhang R H，Muhammad A H S，et al. Enhancing methane production of corn stover through a novel way：Sequent pretreatment of potassium hydroxide and steam explosion [J]. Bioresource Technology，2015，181：345-350.

[47] 邓勇，陈方，王春明，等.美国生物质资源研究规划与举措分析及启示 [J].中国生物工程杂志，2010，30（1）：111-116.

[48] 张希良，岳立，柴麒敏，等.国外生物质能开发利用政策 [J].农业工程学报，2006，22（增1）：4-7.

[49] 刘明山.蚯蚓养殖与利用技术 [M].北京：中国林业出版社，2004.

[50] 李清飞，刘冰，余国忠，等.有机生活垃圾蚯蚓堆肥处理技术探讨 [J].现代农业科技，2014，（6）：242-248.

[51] Zaller J G. Vermicompost as a substitute for peat in potting media：Effects on germination，biomass allocation，yields and fruit quality of three tomato varieties [J]. Scientia Horticulture，2007，112：191-199.

[52] 张婷敏.蚯蚓在有机固体废弃物处理中的应用研究 [D].咸阳：西北农林科技大学，2012.

[53] 李清飞，路利军.农村生活有机垃圾蚯蚓堆肥处理研究进展 [J].安徽农业科学，2012，40（11）：

现代生物质资源化应用技术

6484-6485，6492.

［54］ Fujishima A，Honda K. Electrochemical photolysis of water at a semiconductor electrode ［J］. Nature，1972，238：37-38.

［55］ Kawai T，Sakata T. Conversion of carbohydrate into hydrogen fuel by a photocatalytic process ［J］. Nature，1980，286：474-476.

［56］ O'Regan B，Grätzel M. A low-cost，high-efficiency solar cell based on dye-sensitized colloidal TiO_2 films ［J］. Nature，1991，353：737-740.

［57］ Bach U，Lupo D，Comte P，et al.，Solid-state dye-sensitized mesoporous TiO_2 solar cells with high photon-to-electron conversion efficiencies ［J］. Nature，1998，395：583-585.

［58］ Zou Z，Ye J，Sayama K，et al. Direct splitting of water under visible light irradiation with an oxide semiconductor photocatalyst ［J］. Nature，2001，414：625-627.

［59］ Khan S U M，Al-Shahry M，Ingler Jr W B. Efficient photochemical water splitting by a chemically modified n-TiO_2 ［J］. Science，2002，297：2243-2245.

［60］ 李灿. 太阳能光催化制氢的科学机遇和挑战 ［J］. 光学与光电技术，2013，11：1-6.

［61］ Konstantinou I K，Albanis T A. TiO_2-assisted photocatalytic degradation of azo dyes in aqueous solution：Kinetic and mechanistic investigations：A review ［J］. Applied Catalysis B：Environmental，2004，49：1-14.

［62］ Tong H，Ouyang S，Bi Y，et al. Nano-photocatalytic materials：Possibilities and challenges ［J］. Advanced Materials，2012，24：229-251.

［63］ Asahi R，Morikawa T，Ohwaki T，et al. Visible-light photocatalysis in nitrogen-doped titanium oxides ［J］. Science，2001，293：269-271.

［64］ Chen X，Liu L，Yu P Y，et al. Increasing solar absorption for photocatalysis with black hydrogenated titanium dioxide nanocrystals ［J］. Science，2011，331：746-750.

［65］ 陈昱，王京钰，李维尊，等. 新型二氧化钛基光催化材料的研究进展 ［J］. 材料工程，2016，44（3）：103-113.

［66］ 刘欢，翟锦，江雷. 纳米材料的自组装研究进展 ［J］. 无机化学学报，2006，4：585-597.

［67］ Zhang Z，Xiao F，Guo Y，et al. One-pot self-assembled three-dimensional TiO_2-graphene hydrogel with improved adsorption capacities and photocatalytic and electrochemical activities ［J］. ACS Applied Materials and Interfaces，2013，5：2227-2233.

［68］ Huang J，Liu W，Wang L，et al. Bottom-up assembly of hydrophobic nanocrystals and graphene nanosheets into mesoporous nanocomposites ［J］. Langmuir，2014，30：4434-4440.

［69］ Liu L，Ouyang S，Ye J. Gold-nanorod-photosensitized titanium dioxide with wide-range visible-light harvesting based on localized surface plasmon resonance ［J］. Angewandte Chemie -International Edition，2013，52：6689-6693.

［70］ 戴翼虎. 介孔金属氧化物催化苯甲醇气相选择性氧化 ［D］. 杭州：浙江大学，2013.

［71］ 赵国锋. 介孔氧化铝和金属纤维负载金催化剂催化醇分子氧氧化的醛酮绿色合成研究 ［D］. 上海：华东师范大学，2012.

［72］ Li S H，Liu S，Colmenares J C，et al. A sustainable approach for lignin valorization by heterogeneous photocatalysis ［J］. Green Chemistry，2016，18：594-607.

［73］ Bruijnincx P C A，Weckhuysen B M. Biomass conversion：Lignin up for break-down ［J］. Nature Chemistry，2014，6：1035-1036.

［74］ Li C，Zhao X，Wang A，et al. Catalytic transformation of lignin for the production of chemicals and fuels ［J］. Chemical Review，2015，115：11559-11624.

［75］ Mallat T，Baiker A. Oxidation of alcohols with molecular oxygen on solid catalysts ［J］. Chemical Review，2004，104：3037-3058.

［76］ Chen Y，Li W Z，Wang J Y，et al. Microwave-assisted ionic liquid synthesis of Ti^{3+} self-doped TiO_2

hollow nanocrystals with enhanced visible-light photoactivity [J]. Applied Catalysis B: Environmental, 2016, 191: 94-105.

[77] Chen Y, Li W Z, Wang J Y, et al. Gold nanoparticle-modified TiO_2/SBA-15 nanocomposites as active plasmonic photocatalysts for the selective oxidation of aromatic alcohols [J]. RSC Advances, 2016, 6: 70352-70363.

[78] Bridgwater A V. Review of fast pyrolysis of biomass and product upgrading [J]. Biomass and Bioenergy, 2012, 38: 68-94.

[79] Bridgwater A V. Catalysis in thermal biomass conversion [J]. Applied Catalysis A: General, 1994, 116: 5-47.

[80] Tianliang Xia, Yingchao Lin, Weizun Li, et al. Photocatalytic degradation of organic pollutants by MOFs based materials: A review [J]. Chinese Chemical Letters, 2021, 2: 58.

[81] Qidong Hou, Weizun Li, Meiting Ju, et al. Separation of polysaccharides from rice husk and wheat bran using solvent system consisting of BMIMOAc and DMI [J]. Carbohydrate Polymers, 2015, 133: 517-523.

[82] Qidong Hou, Weizun Li, Meiting Ju, et al. One-pot synthesis of sulfonated graphene oxide for ecient conversion of fructose into HMF [J]. RSC Advances, 2016, 6: 104016-104024.

[83] 候其东, 鞠美庭, 李维尊, 等. 基于离子液体的生物质组分分离研究进展 [J]. 化工进展, 2016, 35 (10): 3022-3031.

[84] Qidong Hou, Meiting Ju, Weizun Li, et al. Pretreatment of lignocellulosic biomass with ionic liquids and ionic liquid-based solvent systems [J]. Molecules, 2017, 22: 490-513.

[85] Qidong Hou, Meinan Zhen, Le Liu, et al. Tin phosphate as a heterogeneous catalyst for efficient dehydration of glucose into 5-hydroxymethylfurfural in ionic liquid [J]. Applied Catalysis B: Environmental, 2018, 224: 183-193.

[86] Qidong Hou, Weizun Li, Meinan Zhen, et al. An ionic liquid-organic solvent biphasic system for efficient production of 5-hydroxymethylfurfural from carbohydrates at high concentrations [J]. RSC Advances, 2017, 7: 47288-47296.

[87] Qidong Hou, Meinan Zhen, Weizun Li, et al. Efficient catalytic conversion of glucose into 5-hydroxymethylfurfural by aluminum oxide in ionic liquid. Applied Catalysis B: Environmental, 2019, 253 (15): 1-10.

[88] Yannan Wang, Qidong Hou, Meiting Ju, et al. New developments in material preparation using a combination of ionic liquids and microwave irradiation [J]. Nanomaterials, 2019, 9: 647-672.

[89] Yannan Wang, Yu Chen, Qidong Hou, et al. Coupling plasmonic and cocatalyst nanoparticles on N-TiO_2 for visible-light-driven catalytic organic synthesis [J]. Nanomaterials, 2019, 9: 391-401.

[90] Fang Huang, Weizun Li, Qidong Hou, et al. Enhanced CH_4 production from corn-stalk pyrolysis using Ni-5CeO_2/MCM-41 as a catalyst [J]. Energies, 2019, 12 (5): 774-785.

[91] Liu J, Hou Q, Ju M, et al. Biomass pyrolysis technology by catalytic fast pyrolysis, catalytic co-pyrolysis and microwave-assisted pyrolysis: A review [J]. Catalysts, 2020, 10 (7): 742.

[92] Yifan Nie, Qidong Hou, Weizun Li, et al. Efficient synthesis of furfural from biomass using $SnCl_4$ as catalyst in ionic liquid [J]. Molecules, 2019, 24 (3): 594-611.

[93] 杨茜, 鞠美庭, 候其东, 等. 微波辅助 MgO/SBA-15 预处理对玉米秸秆厌氧消化的影响 [J]. 太阳能学报, 2018, 39 (6): 1711-1719.

[94] Qian Yang, Lianghuan Wei, Weizun Li, et al. Effects of feedstock sources on inoculant acclimatization: Start-up strategies and reactor performance [J]. Applied Biochemistry and Biotechnology, 2017, 183 (3): 729-743.